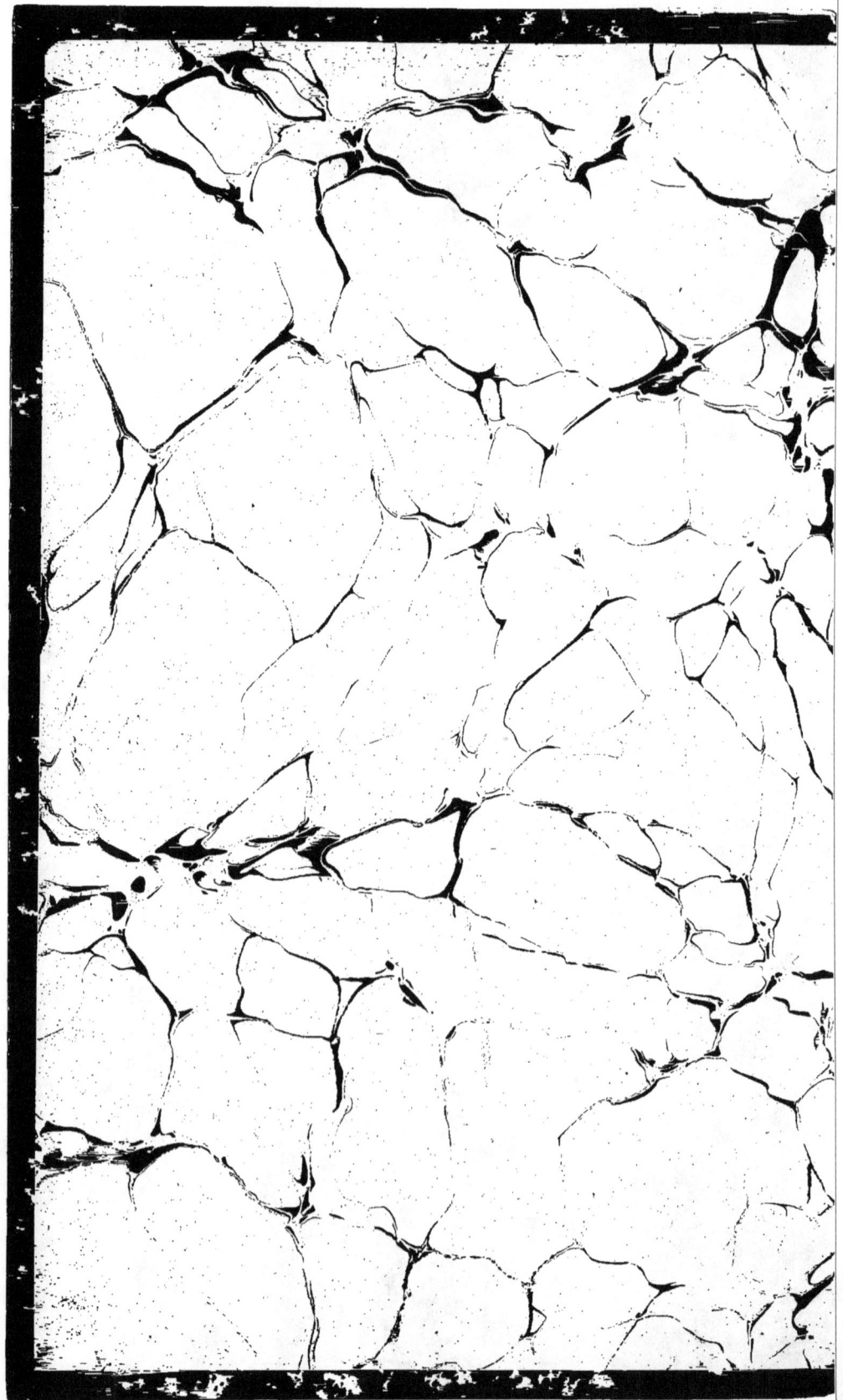

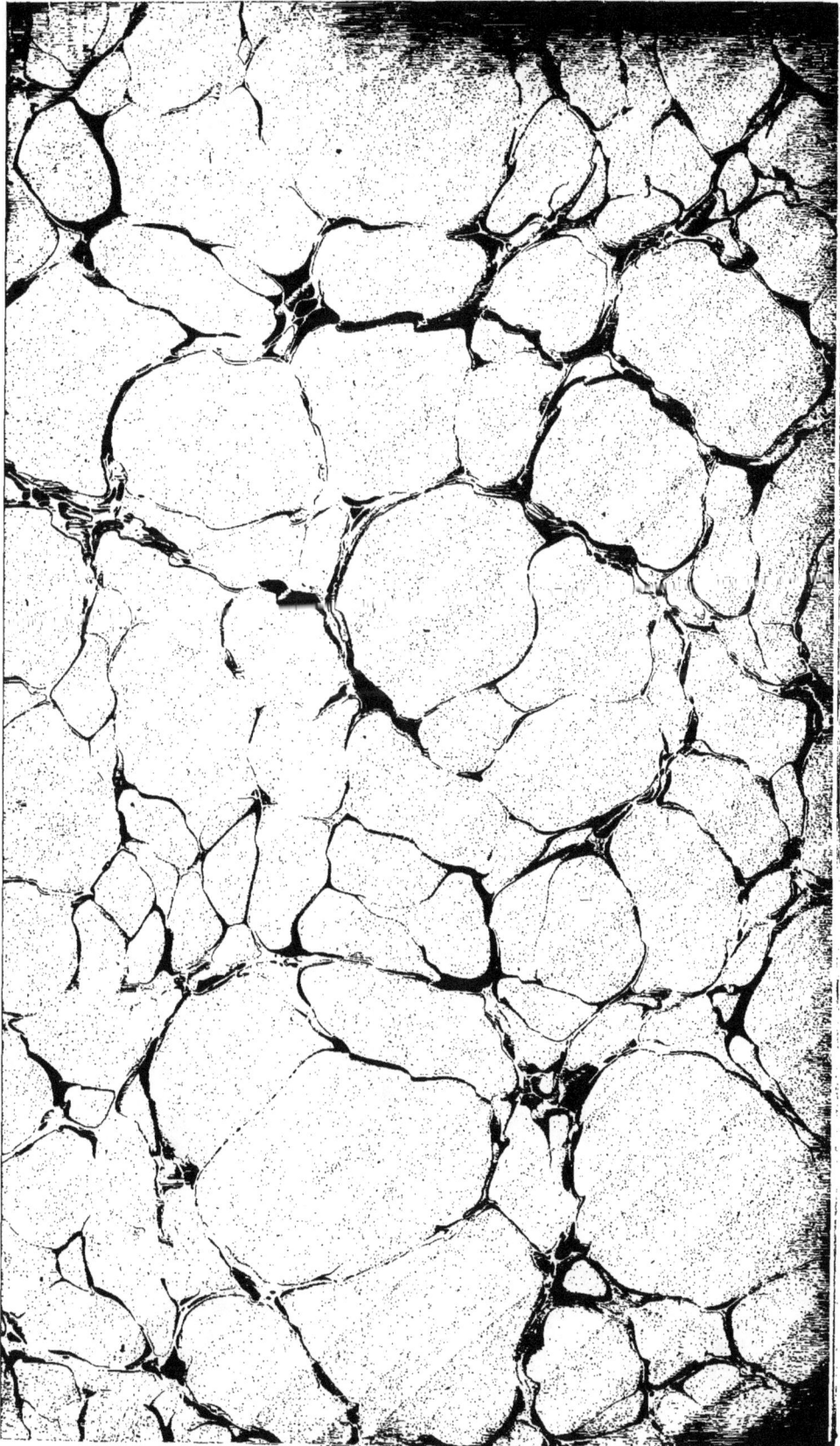

EXCURSION

AGRONOMIQUE EN RUSSIE

PAR

A. JOURDIER

Auteur d'une *Excursion agronomique* en Angleterre et en Ecosse, du *Matériel agricole* de la Bibliothèque des Chemins de fer, du *Catéchisme d'agriculture*, etc., etc., membre de la Société Impériale et Centrale de médecine vétérinaire de France, du Conseil d'administration de la Société d'Encouragement pour l'Industrie nationale; des Sociétés d'agriculture de Seine et Oise, de Meaux, etc., etc.

ST-PÉTERSBOURG
CHEZ S. DUFOUR, LIBRAIRE DE LA COUR IMPÉRIALE.
A Moscou chez Ch. Krogh.
A Paris chez Victor Masson et chez Lacroix & Baudry
1860.

# EXCURSION

AGRONOMIQUE EN RUSSIE

PAR

A. JOURDIER

Auteur d'une *Excursion agronomique* en Angleterre et en Ecosse, du *Matériel agricole* de la Bibliothèque des Chemins de fer, du *Catéchisme d'agriculture*, etc., etc., membre de la Société Impériale et Centrale de médecine vétérinaire de France, du Conseil d'administration de la Société d'Encouragement pour l'Industrie nationale; des Sociétés d'agriculture de Seine et Oise, de Meaux, etc., etc.

ST-PÉTERSBOURG
CHEZ S. DUFOUR, LIBRAIRE DE LA COUR IMPÉRIALE.
A Moscou chez Ch. Krogh.
A Paris chez Victor Masson et chez Lacroix & Baudry.
1860.

Печатать позволяется,

съ тѣмъ чтобы по отпечатаніи было представлено въ Цензурный Комитетъ узаконенное число Экземпляровъ.

С. Петербургъ, 30 Декабря 1859 года.

Цензоръ Статскій Совѣтникъ Карлъ Станиславовичъ ОБЕРТЪ.

Imprimerie de F. Bellizard.

EXCURSION
AGRONOMIQUE EN RUSSIE.

I.

A Monsieur le Rédacteur en chef du JOURNAL DE ST-PÉTERSBOURG.

Moscou, le 2 (14) juin 1859.

Mon cher Cappellemans,

Vous m'avez demandé les premières notes que je vais recueillir pendant mon voyage agronomique à l'intérieur de la Russie ; je vous les ai promises et je tiendrai parole (¹). Mais auparavant, je crois indispensable d'expliquer, sommairement au moins, la cause et le but de mon excursion.

La cause entière de mon voyage est au fond indifférente ici, elle sera largement et utilement exposée d'ailleurs dans l'ouvrage que je publierai sur la Russie AGRICOLE, *Industrielle* et *Commerciale* dès ma rentrée en France.

(¹) Nous laisserons à ces lettres l'ordre dans lequel elles ont été publiées et leur cachet propre, celui qu'elles peuvent avoir ayant été écrites sur place et sous l'impression du moment. Les modifications que nous pourrons faire ou les notes que nous ajouterons seront le résultat rigoureux de l'observation et de l'expérience. Cette collection ne pourra donc qu'y gagner ; néanmoins, nous n'abuserons ni des corrections ni des annotations ; nous chercherons avant tout à être aussi bref et aussi substantiel que possible. C'est dire que nous élaguerons notamment tout ce qui n'avait qu'une valeur d'actualité que le temps a fait perdre maintenant. Mais nous laisserons avec soin tout ce qui peut avoir une valeur propre.　　　　　　　　　　　　　　　　　A. J.

Ce qu'il importe d'en savoir, pour le moment du moins, c'est qu'elle a été due, pour une grande partie, au manque presque absolu de renseignements précis sur l'économie rurale de ce pays-ci.

J'ai été frappé de cette lacune malgré les efforts de Haxthausen, de Tegoborski et du ministère des domaines de l'État lui-même.

Je cherchais l'ouvrage d'un Arthur Young qui put bien me faire connaître la Russie agricole avant l'émancipation, comme le célèbre touriste anglais a fait connaître la France avant la révolution sociale et pacifique de 1789 ; je ne l'ai pas trouvé, il n'existe pas.

Cependant on était venu à moi me questionner sur le parti que la propriété foncière devrait prendre en présence des événements actuels, pour devancer le mouvement au lieu de se laisser devancer par lui.

On savait que j'avais cultivé pour mon compte avec assez de succès, que j'avais fait un voyage agronomique en Angleterre et en Ecosse, sur lequel j'ai publié un volume plusieurs années avant que mon collègue et mon maître, M. Léonce de Lavergne, n'ait publié le sien. Bref, on désirait de moi une consultation sur place. C'est en recherchant quelle pouvait être l'étendue de la tâche proposée que j'ai été frappé de l'obscurité qui régnait sur un si grave sujet.

Mon parti fut bientôt pris alors, et ma présence ici vous dit ce qu'il a été.

Si je ne réussis pas comme l'illustre agronome anglais, — je suis loin de me flatter de cette espérance, — au moins ferai-je tout ce que je pourrai pour en approcher.

Maintenant donc, ce n'est pas tout que d'être sur place, il faut encore savoir se bien faire piloter, si je puis m'exprimer ainsi.

Ceci m'apparaît comme étant de la plus haute importance.

Le premier résultat de mon expérience, en effet, est que, à moins d'avoir avec soi quelqu'un du pays, il n'y a absolument aucun profit possible, ni moral ni physique, à espérer de n'importe quel effort isolé et de n'importe quelle dépense personnelle.

Ceci me conduit tout droit, vous le voyez, à la réponse que vous m'avez demandée si catégoriquement au sujet de mon *itinéraire*, et me fait rentrer au cœur de mes projets et de mes promesses avec vous.

Pour vous donner le résumé de mon opinion, vous le comprendrez parfaitement, il faut que je sois bien mis à même de m'en former une. Il faut donc, en quelque sorte, que je procède de relai en relai; c'est pourquoi j'ai fixé mon vrai point de départ de Moscou.

Pour le moment, voici l'itinéraire adopté d'après les meilleurs avis, et notamment d'après les cordiaux et hospitaliers concours qui m'ont été offerts.

De Moscou j'irai successivement à Riazan, à Vladimir, puis à Nijni-Novgorod, Kasan, Simbirsk, Samara, Saratow.

De là mon retour est un peu indécis; il dépendra beaucoup de la saison, car vous savez que je désire rentrer pour l'hiver dans ma famille.

Si donc le temps et la saison le permettent, il est extrêmement probable que je m'abstiendrai de pousser jusqu'à Astrakhan, comme j'en avais d'abord le projet, et que, ajournant cette région à l'année prochaine, je reviendrai cet automne par Balachow, Voronèje, Koursk, Orel, Toula, Kalouga, et je rentrerais par Moscou, Vérébia, Suchakinskaïa et St.-Pétersbourg ([1]).

([1]) On verra par la suite de ces lettres que je n'ai pu accomplir qu'en partie le programme que je m'étais tracé moi-même. Mais comme je compte, encore aujourd'hui, consacrer deux ans, trois ans s'il le faut, à l'achèvement de mon excursion, je passerai bien certainement par tous les endroits que j'ai nommés et je m'écarterai même beaucoup plus encore à l'ouest et au midi   A. J.

Pour le commencement de cette seconde partie, cela dépendra beaucoup des concours qui me seraient offerts plus au midi.

Je dois, à ce sujet, bien préciser ce que j'entends par concours ; je demande uniquement que la partie intéressée à me l'offrir prenne personnellement toutes les dispositions nécessaires voulues pour que je puisse explorer les lieux aussi commodément et aussi rapidement que possible.

Quant à mes conseils, quand je trouve l'occasion d'en donner, ils sont entièrement désintéressés ; je m'applique toujours à les mettre au moins à la hauteur des efforts qu'on a faits pour moi, et je ne dois pas craindre d'avouer que jamais, à ma connaissance, ils ne m'ont constitué en retour avec ceux avec qui des concours de cette nature ont déjà été courtoisement échangés.

Je trouve ma part en étant renseigné directement à l'une des sources dont l'ensemble doit former le tout que j'étudie.

Le propriétaire y trouve la sienne en sachant suffisamment, et en peu de temps, ce que les expériences de la pratique agricole la plus avancée (ce que j'en sais du moins) peuvent avoir d'utilement applicable chez lui, dans toutes les conditions de modération et de prudence voulues et indispensables en un aussi difficile sujet.

Voilà la première partie de ce que je vous ai promis, à bientôt la seconde ; ce ne sera pas la plus commode.

Je vous confirme en même temps, comme vous m'en avez manifesté le désir, la mise sur le chantier de la traduction de mon petit *Catéchisme d'agriculture* que la librairie Dufour a déjà en français, et qu'elle aura bientôt, j'espère, aussi en russe.

Je fais venir les clichés des 100 figures qui sont dans le texte, et toutes mes mesures seront prises pour que l'édition russe soit aussi correcte que l'édition française. Je veux que la propagation du *Catéchisme d'agriculture* soit faite principalement à cause des bonnes méthodes qu'il recommande et dont je ne suis moi-même qu'un des plus humbles apôtres (¹).

(¹) Le Catéchisme est un véritable *Cours élémentaire d'agriculture,* aussi complet que possible dans un cadre aussi restreint. Je n'ai qu'un fait à citer, d'ailleurs, pour qu'on puisse l'apprécier, c'est que, en France, il est répandu à près de 15,000 exemplaires. Il y a des conseils généraux qui en ont voté la distribution jusqu'à 600 exemplaires dans leurs propres départements et cela spontanément, c'est-à-dire sans sollicitation ni provocation aucune, pas plus de la part de l'auteur que de celle de l'éditeur. En faisant faire la traduction russe, j'ai cédé aux demandes qui m'ont été souvent faites à ce sujet, dans l'espérance principale qu'elle pourra rendre quelques services au pays que j'étudie en ce moment avec autant de plaisir que d'attention. A. J.

II.

Le gros bétail. — Manque de vétérinaires. — La Peri-Pneumonie. — Le Piétin.

Kolomna, le . . . . . .

J'ai dû beaucoup hésiter avant de me décider à promettre, pour le *Journal de St-Pétersbourg*, le relevé de quelques-unes des notes que je recueille pendant la première année de mon *voyage agronomique en Russie*. Je me proposais, et cela paraît assez naturel en apparence, d'attendre au moins à l'année prochaine avant de rien livrer à la publicité. Mais des observations aussi judicieuses qu'amicales m'ayant été faites à ce sujet, je me suis rendu aux raisons qui m'ont été données.

Une des principales, je l'avoue, a été notamment celle-ci : c'est que, en livrant au contrôle d'un public compétent, comme je dois le faire ici, quelques-unes de feuilles de mon cahier d'observations (lesquelles je me proposais d'ailleurs de soumettre ultérieurement à une sorte d'enquête supplémentaire, à cause de la gravité du sujet), il arrivera que je pourrai me trouver renseigné bien plus vite et bien mieux, soit par suite d'une discussion ou même d'une polémique sérieuse, soit par tout autre moyen.

Je me félicite à l'avance de toutes les observations qui pourront m'être adressées, et je fais même des vœux pour qu'elles soient nombreuses, mon seul désir étant d'arriver aussi près que possible du vrai.

Dans les études que je viens d'entreprendre, je dois le répéter ici, je tiendrai à bien constater quel est l'état actuel et réel de l'agriculture en Russie ; je dirai plus tard mes raisons : elles sont toutes, je dois néanmoins insister là-dessus, de pur intérêt scientifique et *économique* ; elles admettent donc tous les concours ; elles n'en repoussent aucun, si faible qu'il puisse être.

Ceci posé, j'entre en matière, c'est-à-dire que, sans méthode autre que celle du voyageur qui prend ses notes au jour le jour, je vais relever successivement celles qui me semblent avoir le plus d'importance, ou celles, tout au moins, dont le sujet principal m'a, à tort ou à raison, le plus particulièrement, j'ajouterai même, le plus profondément, frappé.

Je dirai ailleurs qu'en Russie, (où l'on est naturellement familier avec tout ce qui concerne ce pays) les impressions que j'ai éprouvées à la vue de ces vastes étendues de terres fertiles ou fertilisables, de ces richesses aussi incalculables qu'inépuisables TERRES PROMISES que vous appelez *tschernozème* ; je veux seulement, pour aujourd'hui, vous parler d'une des plus considérables de vos forces productives, de celle qui, en même temps, me semble devoir être le plus tôt possible l'objet de toute l'attention du pays.

Le *bétail*, car c'est du bétail qu'il s'agit, doit être considéré en général, chacun le sait de reste, avec une sollicitude toute particulière, parce qu'il présente à lui seul cet assez remarquable phénomène économique, à savoir ; qu'en même temps qu'il est *produit* lui-même, comme viande, suif, cuir, etc., etc., il est également *producteur*, non-seulement comme *machine de travail*, mais encore, et ceci est capital, comme *machine à engrais*.

Par bétail on entend assez communément tous les animaux domestiques qui font partie d'une ferme. C'est ce que nous appelons en France le *cheptel* vivant. Pour vous, c'est tout simplement une des branches de revenu de ce que vous nommez vos *ménages*.

Mais tout ceci importe peu au fond de la question. Ce qu'il faut savoir, c'est que je ne prends pas ici le mot bétail dans la large acception qui précède (le temps et l'espace me feraient défaut) ; je me borne, pour le moment, à ne considérer que la seule *race bovine* sur laquelle les circonstances ont tout d'abord et tout particulièrement fixé mon attention.

Je ne nie pas avoir été quelque peu incrédule dans ma vie, aux récits qui m'ont été faits des pertes que les propriétaires russes éprouvaient sans cesse, disait-on, sur leurs troupeaux. Je ne pouvais pas admettre que, quand on est possesseur important d'aussi grandes et d'aussi fécondes richesses, il fût possible de rester *indifférent* ou tout au moins *insouciant* devant des désastres pareils à ceux qu'on me dépeignait.

Le peu que j'ai vu depuis que je parcours le pays, non-seulement ne me laisse plus de doute sur l'étendue du mal possible, mais encore il me le fait apparaître comme étant beaucoup plus grand qu'on ne pourrait se l'imaginer à la lecture de n'importe quelle description que ce soit.

Sans doute, quand on consulte les chiffres des statistiques, on est frappé par la masse imposante des bêtes à cornes qu'ils disent être sur pieds, et si, pour se rendre compte plus exactement, on compare deux périodes d'enquête l'une avec l'autre, il semble qu'on devrait être tout à fait rassuré en constatant un état sans cesse croissant qui donne, pour ainsi dire, un démenti à tous ceux qui prétendraient qu'on doit s'alarmer, parce que le capital *bétail* se détériore au lieu de s'améliorer.

Je ne révoque en doute aucun des documents officiels que j'ai consultés à ce sujet; je me réserve cependant de les examiner à fond ultérieurement. Pour le moment, j'en suis et je dois en rester aux simples impressions que je constate dans ma propre et privée enquête, et je déclare que je suis très-frappé de *l'état d'abandon à peu près absolu* dans lequel se trouve le bétail, non-seulement quant aux soins de l'homme de l'art lorsque le mal vient à se déclarer, mais encore et surtout au point de vue *hygiénique* et *préventif*. C'est-à-dire que, si la science vétérinaire n'existait absolument pas, les contrées que j'ai parcourues seraient un spécimen parfait de l'état dans lequel on devrait nécessairement s'attendre à trouver les choses dans un *pays primitif* abandonné entièrement à lui-même.

J'ai visité des étables; j'ai vu des bêtes malades; j'ai fait l'autopsie d'animaux qui venaient de succomber; j'ai fait tout ce que je pouvais faire pour bien me rendre compte des choses et je déclare très-formellement que telles grandes que soient pour un pays les sources d'une richesse de ce genre, elles ne pourront jamais suffire indéfiniment à maintenir le niveau voulu tant qu'elles auront à combler des gouffres comme ceux que peuvent creuser librement *l'épidémie* et *l'enzootie*, voire même les simples maladies sporadiques. (¹)

Quand un Empire a le bonheur de posséder d'aussi grands biens que ceux qu'il y a ici comme souche à bétail, rien, à mon sens, ne doit être négligé, non-seulement pour les entretenir, mais encore pour les augmenter. Or c'est précisément cette tendance que je n'ai pas du tout constatée: au contraire.

J'ai vu, en effet, des propriétaires aussi indifférents qu'on puisse se l'imaginer en présence de pertes qui cependant auraient dû les toucher, non-seulement à cause des pertes en elles-mêmes, mais encore à cause de celles qu'elles peuvent présager.

L'initiative privée, puisqu'il s'agit, après tout, initialement du moins, d'intérêts privés, voilà ce que je voudrais voir dominer ici. C'est là, qu'on ne l'oublie pas, une des principales forces de l'Angleterre. Dans ce riche pays, en effet, s'agit-il de chevaux, de bêtes à cornes, de machines, chaque chose a

---

(¹) On m'a affirmé qu'en 1859 la Russie aura perdu plus de trois millions de têtes de gros bétail. Les documents officiels en avouent déjà seize cent mille de janvier à novembre.   A. J.

son homme spécial; tout prospère au lieu de dépérir; et cependant, ce ne sont pas les écoles publiques qui abondent; mais c'est mieux que cela: c'est l'intérêt privé qui sert de guide.

Je voudrais donc voir vos grands propriétaires prendre plus sérieusement à cœur qu'ils ne le font l'importante question du bétail. Avec les moyens d'action dont ils disposent, ils peuvent faire l'éducation de plusieurs jeunes gens qui, après avoir étudié un peu à l'étranger et beaucoup dans vos écoles spéciales, à Dorpat et à Kharkoff notamment, où il y a un très-bon établissement, m'assure-t-on, reviendraient dans les domaines maintenir la vie et préparer la prospérité vers laquelle on doit toujours tendre.

D'après ce que j'ai vu, je n'hésite pas à déclarer que la science vétérinaire devrait être en Russie en plus haut honneur que partout ailleurs, parce qu'il n'y a aucun pays au monde où elle soit appelée à rendre de plus grands services.

Pour ne citer qu'un fait, et j'aime à prendre celui-ci qui me paraît typique, je dirai, par exemple, que j'ai visité un village assez important qui est sur le point de perdre exactement tout son bétail des suites de la *pleuro-pneumonie*. Or, MALGRÉ LA DIVERSITÉ DES OPINIONS A CE SUJET, je suis de ceux qui ne doutent pas le moindrement que l'*inoculation* aurait mis à peu près tout le bétail en question à l'abri d'une mort actuellement certaine.

On a beaucoup discuté à ce sujet, je le sais; mais je sais aussi ce que valent les faits dans les discussions de ce genre. Je citerai donc le suivant, qui est on ne peut plus à ma connaissance, comme on va voir.

Mon beau-père, M. Decrombecque, possède à Lens (Pas-de-Calais) un établissement agricole et industriel assez connu où, avec les résidus de sa sucrerie et de ses distilleries, il engraisse depuis vingt ans un nombre considérable de bêtes bovines.

Quand la pleuro-pneumonie fit dernièrement de si grands ravages en Belgique et en France, mon beau-père fut atteint comme les autres, et comme sur 3 à 400 bêtes qu'il y a toujours à l'engrais il en perdait de 25 à 40 p. %, il était disposé à renoncer à cette branche lucrative de son industrie, quand il fut question de l'inoculation. Il en fit résolument l'essai.

Je puis *affirmer* que depuis sept ans que l'expérience dure (toute bête qui entre à la ferme est inoculée à l'instant même), aucun cas de maladie ni contagieuse ni sporadique ne s'est déclaré. Je pourrais citer d'autres propriétaires – cultivateurs qui, à l'exemple de M. Decrombecque, ont pratiqué l'inoculation, et qui *tous* s'en trouvent parfaitement.

Ceci suffit, ce me semble, pour prouver combien il est important de se tenir au courant de découvertes qui, trop souvent, restent longtemps enfouies dans de vagues et stériles polémiques avant d'entrer dans le domaine de la pratique. J'ai personnellement fait beaucoup d'inoculations, et je déclare à mes adversaires qu'ils s'abusent fort, s'ils sont de bonne foi, en objectant la prétendue difficulté qu'il y a à se procurer du bon virus. Rien n'est plus facile, ainsi que je l'ai déjà démontré plusieurs fois depuis que je suis en Russie.

Quant aux prétendues recettes particulières ou brevetées, en ce qui concerne cette merveilleuse pratique, c'est du pur charlatanisme. L'inoculation n'est la propriété de personne ; elle est aussi bien du domaine public que la vaccine, dont elle est d'ailleurs une parfaite imitation comme manipulation chirurgicale, si toutefois on peut appeler ainsi un simple coup de lancette donné à la peau.

Eh bien, en présence de ces faits, je dis qu'il est extrêmement regrettable qu'on laisse périr, comme j'en ai eu des exemples, le bétail tout entier d'une même localité, alors que, par un procédé aussi simple qu'inoffensif, on pourrait presque à coup sûr l'en préserver. J'en ferai la preuve quand on voudra.

Pour en revenir au principal de nos préoccupations actuelles, du moins au point de vue spécial que j'ai envisagé ici, je dirai donc qu'à mon sens rien ne serait plus urgent pour la propriété rurale en Russie que l'introduction prompte et très-intense de l'*élément* VÉTÉRINAIRE, sous quelque forme que ce soit. Ce n'est certes pas à moi à la déterminer. Elle ne saurait d'ailleurs être bien difficile à trouver.

Avec une plus grande somme de science vétérinaire pratique on verrait bientôt s'amoindrir les effets de ces funestes germes que transportent trop souvent avec eux les *troupeaux des* STEPPES, mal visités ou insuffisamment visités aux postes sanitaires, très-peu nombreux d'ailleurs, qu'ils rencontrent sur leur route. Puis, avec un tel secours, ne serait-il pas permis de compter au moins sur une atténuation sensible et prompte de ces épidémies typhoïdes si redoutées, en supposant que par l'hygiène on ne parvienne pas dès les premières années à triompher tout à fait du fléau?

En même temps qu'on arriverait à ces améliorations on serait conduit forcément à la suppression de cette *énervante* et peu productive *culture* EXTENSIVE dont je ne saurais trop blâmer la pratique. On ne paraît pas savoir assez, d'après ce que j'ai vu, qu'*il vaut mieux n'avoir qu'une déciatine de terre bien labourée, bien fumée et bien hersée, que d'en avoir deux* où les choses ne sont faites qu'à demi. Dans ces conditions, la première étant en blé ou en seigle, par exemple, rapportera plus que les deux autres, toutes choses étant égales d'ailleurs.

Si on voulait se convaincre de la justesse de cette observation il n'y aurait qu'à comparer les seigles des seigneurs et ceux des paysans; il y a des différences des plus sensibles en faveur de ceux-ci ([1]). Il n'y a pas d'autre raison à chercher

[1] Ce serait bien pis encore si on faisait entrer en comparaison les récoltes des *paysans de la Couronne*, en général du moins, ce sont les plus inférieures de toutes. Je dirai l'enseignement qu'on peut tirer de ce fait si un jour je discute la question de la grande propriété comparée à la petite.   A. J.

que la constante activité des soins du paysan et de sa famille. Cela saute aux yeux.

En résumé, la conservation du bétail en général, et des bêtes bovines en particulier, intéresse au plus haut point la fortune publique et celle des particuliers. On ne doit donc rien négliger pour atteindre ce but. Le succès me paraît très-possible en peu d'années; il n'y a qu'à former une pépinière de jeunes gens à bonne école, et leur faire donner, en plus, de bonnes notions d'agronomie qu'ils répandront chemin faisant.

On devrait d'autant plus arriver facilement et vite à ce résultat qu'il y a abondance d'intelligence et d'activité chez le *bon paysan russe*, qui de plus semble aimer le cheval avec passion, et partant, tous les autres animaux, car une affection ne va guère sans l'autre.

Avec l'augmentation du bétail on aurait naturellement une plus grande somme d'engrais avec lequel on arriverait, quand on voudrait, à ces merveilleux *fourrages artificiels* qui font notre fortune et qui font tant défaut ici. Aucun pays n'en a pourtant plus besoin que la Russie, à cause du long hivernage de son bétail. C'est encore là un sujet d'un très-haut intérêt sur lequel je serai obligé de revenir une autre fois.

J'insiste, en attendant, sur l'urgence qu'il y a pour les propriétaires à se mettre dès à présent en mesure de combattre préventivement la *pleuro-pneumonie*, et, je le répète, aucun moyen n'est préférable à l'inoculation.

Il paraît que du côté de Samara les moutons sont également atteints d'une maladie contagieuse qui les décime en grand nombre. D'après ce que m'en a dit un propriétaire qui est déjà victime du fléau, cette maladie ne serait rien autre que notre *piétin* ou *mal fourchu*. Or toutes les personnes un peu au courant des choses de ce genre savent parfaitement que rien n'est plus facile à prévenir ou à guérir que cette affection spéciale des bêtes à laine.

On les laisse périr néanmoins, à ce qu'il paraît, sans songer au moindre remède (¹). Ce fait est on ne peut plus confirmatif de tout ce que je viens d'avancer. J'aurai peut-être plus d'une fois encore à y revenir dans le cours de ces quelques réflexions que je continuerai, je vous en réitère l'assurance, autant et aussi souvent que le temps et les circonstances me le permettront.

(¹) J'ai vu guérir en quelques jours tout un troupeau atteint de cette maladie. On s'était borné à employer le très-simple moyen que voici : à la porte de la bergerie on a construit une petite fosse en briques de 2 archines ½ de long sur 3 verschoks de profondeur; la porte déterminait la largeur. Dans cette espèce de fossé-cuvette on a mis un *lait de chaux*; c'est-à-dire de la chaux délayée dans l'eau comme s'il se fût agi de badigeonner un mur. (On comprend qu'en prenant ce *bain de pied* forcé, soit pour entrer à la bergerie, soit pour en sortir, les moutons se cautérisaient eux-mêmes leur mal; aussi, en très-peu de temps, le troupeau fut-il complétement guéri.

III.

Le bétail des steppes et les postes sanitaires. — Défectuosités de la culture du sol russe. — Les instruments de labourage et de hersage. — Le Rouleau.

Riazan, le . . . . . .

Depuis que j'ai écrit mon précédent article, rien n'est venu modifier mon opinion sur l'urgence qu'il y aurait à prendre les mesures les plus promptes pour veiller d'une façon quelconque à la conservation du bétail. En effet, si, d'une part, l'observation portée sur un plus grand nombre de points a diminué à mes yeux les *dangers actuels* de la péripneumonie, qui est moins générale qu'on pourrait le craindre, sans toutefois cesser d'être menaçante là où elle sévit, d'autre part, le ravage causé par l'infection apportée avec les troupeaux venant des *steppes* m'est apparu bien effrayant avec son formidable et hideux aspect.

Les conséquences de ce mal sont véritablement incalculables, car voici quels en sont les moindres résultats.

Effrayés par des pertes sans cesse renaissantes, les propriétaires riverains des chemins parcourus par les troupeaux des steppes finissent par renoncer à toute acquisition de bétail.

Il résulte de cet état de choses qu'une grande quantité d'herbe des pâturages et des pâtis est perdue, et pour le consommateur, puisqu'elle ne se transforme plus en viande, et pour le propriétaire, qui n'a plus ni son capital bétail, ni les résidus si précieux avec lesquels il fume ses terres.

Or le fumier, quoi qu'on en dise, est indispensable, même et surtout dans les *tchernozèmes*. Je sais bien qu'il y a des agronomes qui ont cherché à remplacer les bêtes à cornes par des chevaux, précisément pour avoir de l'engrais; mais il n'y a pas du tout de comparaison à établir au point de vue qui m'occupe ici, et cela pour plusieurs raisons qu'il serait trop long même d'énumérer.

Sous la préoccupation de cette pensée d'une meilleure surveillance des chemins parcourus par les troupeaux, j'ai examiné avec attention la situation des *postes sanitaires* qui sont établis sur les routes principales de la *Russie Blanche*, de *Staraïa Roussa*, du *Don*, de *Mourom*, de la *Sibérie*, d'*Arkhangelsk* et de *Révél*, et j'ai reconnu, je dois l'avouer, qu'il était impossible de mieux combiner les choses *en théorie*. Car je n'ai pas trouvé un seul faux-fuyant par lequel une bande suspecte pût s'échapper.

Maintenant ces postes sont-ils bien composés et y exerce-t-on une surveillance bien impartiale? N'existent-ils que de nom et pas de fait? Toute la question est là.

Dans cette occurrence, et quoi qu'il en soit, la conclusion est bien simple à tirer, dès l'instant qu'il m'a été prouvé sur place que la contagion avait exercé ses ravages bien près des lieux destinataires, c'est-à-dire après que les troupeaux avaient traversé au moins cinq ou six postes dits de santé: *la surveillance avait donc été insuffisante*, soit par cause d'incapacité, *soit pour toute autre* qu'il ne m'appartient pas d'examiner ici, pour le moment du moins.

Depuis que je suis en Russie, plusieurs propriétaires m'ont déjà demandé avec instance mon opinion sur la manière dont on cultive le sol et sur les meilleurs instruments qu'il conviendrait d'introduire dans les exploitations pour les mettre à la hauteur des progrès du jour. Je répondrai ici à ces questions, qui, après tout, ne manquent pas d'une certaine importance, je le comprends.

Je commencerai par dire très-nettement et très-formellement que le principal défaut du travail russe appliqué au sol, c'est l'*insuffisance absolue* de régularité et d'énergie, insuffisance telle que je n'hésite pas à déclarer qu'à mes yeux la terre n'est *ni labourée*, ni *hersée*, ni enfin *façonnée*, comme on l'entend partout avec raison et non par pur caprice ni pour complaire à l'œil, mais bien par calcul, et surtout par économie.

De même qu'on dit : « L'œil du maître engraisse le bétail, » dans les comparaisons figurées, de même on peut dire ici, mais bien réellement au moins : « *Tout sol bien remué est à demi fumé*. » Ceci est rigoureusement vrai.

Plus on expose chaque parcelle du sol aux influences atmosphériques, plus on le fertilise. Ce n'est pas pour une autre raison que les jachères sont si productives ; l'exposition du sol pendant un long temps aux influences extérieures joue un rôle au moins égal à celui de l'engrais qui y est mis habituellement.

Ceci est si vrai qu'un certain *Jethro Tull* a été sur le point de passionner tout à fait l'Angleterre du 18ᵉ siècle en préconisant une *culture sans engrais*, qui reposait uniquement sur des façons sans cesse données au sol dans le but de le pulvériser, et même de le façonner en petits billons très-bombés, de manière à en doubler pour ainsi dire la surface.

On partage ici, je le vois, le préjugé qui veut que la terre ait besoin de *repos*, et qui attribue à cela tout le mérite de la jachère. Depuis longtemps on savait déjà qu'il n'en était rien, et on admettait parfaitement l'influence des agents extérieurs sur le sol. Aujourd'hui le fait n'est plus douteux, notamment depuis les belles expériences entreprises sur les eaux de pluie. Il a été démontré que celles-ci, sous le climat de Paris, apportaient en moyenne annuelle plus de 30 kilogrammes d'azote sur le sol. C'est ainsi que la science est venue justifier et la pratique et l'opinion des hommes éclairés.

Les instruments qui servent ici de *charrue* ne sont pas du tout à dédaigner par rapport aux mains qui sont chargées de les conduire et aux attelages qui doivent les tirer. Etant bien menées, ces sortes d'araires ne font pas de trop mauvais ouvrage ; mais les *herses* sont impuissantes à corriger ce qu'il y a de défectueux en fin de compte. Elles sont beaucoup trop légères, et la manière trop rustique dont les dents sont attachées ne permet même pas de placer quoi que ce soit dessus, de façon à les *charger* pour rendre leur travail plus énergique (¹).

Les dents d'ailleurs, ne résisteraient pas, elle sortiraient de l'espèce de gaîne dans laquelle les retient d'une façon tout à fait illusoire un lien qui peut serrer le jour où il est appliqué, ou bien les jours de pluie (on ne herse précisément pas ces jours-là), la pluie faisant gonfler le bois ; mais aux premiers rayons de soleil l'étreinte cesse, et on n'a plus du tout un hersage, mais une façon tout à fait insignifiante.

J'estime que le temps est à peu près perdu quand on travaille de cette manière, ainsi qu'on le fait presque partout, principalement quand la terre est un peu dure.

C'est au *rouleau* ordinaire qu'il faudrait absolument avoir recours pour tirer autant que possible un bon parti de ce sol noir notamment, qui ne demande qu'à rendre plusieurs fois ce qu'il donne aujourd'hui. Mais tant qu'on lui refusera ce qu'il faut pour cela il en sera ainsi.

Je ne peux pas admettre qu'il n'y ait pas déjà un grand nombre de propriétaires russes, qui en sachent à ce sujet autant qu'il en faut pour avoir une conviction ; mais ce qui leur fait défaut, c'est peut-être la volonté et le courage, ou, si l'on veut, la ténacité qu'il faut absolument pour vaincre les résistances

---

(¹) D'après M. Kittary, il paraîtrait que je me suis trompé puisque, s'il faut l'en croire, les Russes mettent leurs *enfants* sur lesdites herses pour les charger! Lequel des deux a mal vu?

qu'on rencontre. La *force d'inertie* est plus puissante qu'on ne le croit.

Cette force négative est en effet la plus terrible de toutes celles que l'on rencontre sur son chemin quand on veut entrer dans la voie du progrès. Aussi, ne conseillerais-je jamais à personne de chercher à introduire dans son exploitation n'importe quelle amélioration autrement que petit à petit.

Si donc j'étais à la place d'un des propriétaires qui ont bien voulu me consulter, je n'hésiterais pas: je me bornerais à procéder *par gradation*, surtout par l'exemple. C'est-à-dire que je confierais à un homme intelligent et soigneux (et je ne les crois pas rares dans la classe rurale russe) une des meilleures *charrues* du pays, une *herse* ordinaire, mais solidement établie, et un *rouleau* moyen, comme on peut en faire partout.

Je concentrerais le travail de cet *ouvrier moniteur* sur une même pièce de terre pendant plusieurs années de suite, sans rien dire à aucun des autres ouvriers ou paysans du même domaine, sans même leur offrir les mêmes instruments ni les exciter à suivre l'exemple.

Je suis bien convaincu qu'après une première ou une seconde récolte au plus, les différences de rendement auraient suffi pour convaincre les plus incrédules, surtout si, au lieu d'éparpiller son fumier et son travail sur une grande surface, on avait eu le soin de le *concentrer* de telle façon que toute la terre entreprise ait pu être copieusement fumée et irréprochablement bouleversée jusqu'à pulvérisation convenable et ensemencement rationnel, c'est-à-dire à grains espacés les uns des autres.

Plus je médite sur les méthodes culturales de ce pays-ci, plus je suis convaincu que s'il était possible de calculer avec assez d'exactitude quels sont les résultats nets que l'on obtient à la fin de chaque campagne pour une somme connue *d'efforts employés*, on arriverait, en ce moment du moins, aux plus tristes conséquences économiques que l'on puisse imaginer comme gaspillage de main-d'œuvre.

Je suis persuadé qu'en bien des circonstances, si ce n'est toujours, une contribution d'efforts considérables arrive à une production économique radicalement nulle, c'est-à-dire bornée à ce qu'il a fallu pour la subsistance des êtres qui ont fourni ladite contribution de travail. Avec le régime que l'émancipation apportera forcément avec elle, cet état de choses ne peut plus exister.

S'il était besoin de chercher des preuves de ce que j'annonce, je n'aurais qu'à prendre les moyennes officielles connues des rendements en céréales dans tout l'Empire, mais cela n'avancerait absolument à rien. J'aime bien mieux revenir au point de départ et dire qu'avec le sol que j'ai déjà vu, la nature tout à fait bonne des populations rurales que j'ai pu étudier pour ainsi dire à l'œuvre, dans le champ même du seigneur ou dans le sien propre, ce qui n'est pas toujours la même chose; avec un nombreux et rustique cheptel vivant comme celui qu'on possède ici, oui, on peut dire qu'il y a tout à espérer de l'agriculture russe.

Mais, pour sortir de l'ornière où elle est positivement, il faut que les parties intéressées au succès se décident à entrer, je ne dis pas dans la voie des *innovations hasardées* ni des *acquisitions folles* de matériel; il faut, au contraire, *éviter ces excès* suivant moi, et entrer tout simplement et tout *modestement* dans la voie des améliorations rationnelles, positives, connues, et dont l'excellence est surtout sanctionnée par la pratique dans plusieurs pays déjà, par le plus grand nombre possible de praticiens.

Dans ma prochaine communication je démontrerai l'importance qu'il y aurait pour le producteur russe à adopter l'usage du *rehersage* des céréales, des avoines particulièrement. Cette façon est notamment indispensable dans les terres à base argileuse.

C'est une opération, à mon sens, qui vaut une fumure en couverture et qui peut à elle seule donner de un à deux grains de plus qu'on n'en aurait eu sans elle. Je viens d'en faire l'expérience dans le gouvernement de Riazan. Les résultats qui seront obtenus seront publiés en leur temps dans ces colonnes si je parviens à les connaître à temps.

IV.

Du rehersage des céréales. (¹)

Celo-Krasnoe, ce . . . . . .

J'ai dit précédemment que je démontrerais l'importance qu'il y aurait à introduire dans les pratiques rurales de la Russie le *rehersage* des céréales et en particulier celui des avoines que nous avons adopté déjà assez fréquemment en France sur un certain nombre de points et qui demanderait à l'être bien davantage encore, eu égard aux véritables services qu'il rend.

Disons d'abord ce que c'est que le *rehersage*.

Comme son nom l'indique, c'est une opération qui consiste à herser le sol à nouveau quand la semence qui lui est confiée a déjà acquis un certain développement.

Dans ma pratique comme fermier, travaillant par conséquent à mes risques et périls, pour mon propre et privé compte, je n'ai jamais manqué une seule fois de reherser mes avoines et il m'est arrivé même assez souvent de reherser des froments d'hiver que je trouvais languissants au printemps. Jamais je n'ai eu à m'en repentir.

C'est une chose bien singulière, le fait qui nous occupe en ce moment en est une preuve, que l'étude comparée des cul-

---

(¹) Cette lettre n'est pas arrivée en temps utile à sa destination et n'a pu être publiée à sa place dans le *Journal de St-Pétersbourg* nous lui restituons donc son véritable numéro d'ordre pour conserver à cette collection le cachet de sincérité qu'elle doit avoir. A. J.

tures de divers pays. On y trouve notamment des contrastes comme celui-ci par exemple : qu'une façon du sol est bonne ici pour telle ou telle raison, tandis qu'elle est indiquée ailleurs pour un tout autre motif. C'est précisément le cas qui se présente actuellement.

En France, ai-je dit, nous rehersons nos avoines ; c'est principalement pour faire périr les mauvaises herbes surtout la moutarde sauvage qui ne manque pas ici non plus. En Russie le but principal doit être de briser la croûte dure qui s'est formée à la surface des terres battues par les pluies, afin de dégager le collet de la plante et d'aérer le sol dans lequel ses racines ont à chercher la vie.

La destruction des mauvaises herbes n'est pas à dédaigner, mais elle n'est plus ici qu'accessoire.

Il suffit d'examiner en ce moment avec un peu d'attention la première pièce de terre venue, pourvu qu'elle soit ensemencée en avoine de ce printemps. Dans les *Tchernozèmes* surtout, on remarquera que la couche du sol en contact avec l'atmosphère est lisse, luisante relativement, et dure.

Elle forme par conséquent une sorte de suaire rigide qui, non-seulement empêche l'introduction de l'air dans les couches inférieures, mais encore repousse les rayons bienfaiteurs du soleil, puisque nous avons dit que cette surface était lisse et luisante ; nous aurions pu ajouter aussi, il est vrai, qu'elle est, de plus, un peu blanchâtre.

Cette dernière circonstance, due à une sécheresse constrictive qui met à nu et en relief les parties siliceuses, d'aspect en quelque sorte micacé que recèle la terre, conduit à une perte notable de calorique, ce que la physique explique parfaitement.

Si quelqu'un voulait une preuve facile à observer de ce que j'avance ici, je dirai qu'il n'y a qu'à faire attention à ce qui se passe sitôt qu'il pleut : Le sol *se noircit* comme on dit vulgairement, mais c'est-à-dire, tout simplement, que la sécheresse et la blancheur efflorescente de la surface de la terre disparaissant, celle-ci reprend sa couleur foncée naturelle avec l'état hygrométrique qui lui convient, et elle devient à l'instant apte à absorber autant de chaleur que le soleil lui en envoie, c'est-à-dire, le maximum, comme cela a lieu, chacun le sait, par toutes les surfaces noires.

Nous n'avons pas d'autres raisons que ces simples lois élémentaires de physique pour porter des vêtements blancs en été afin de nous mettre le plus possible à l'abri de la chaleur. C'est pour des motifs opposés qu'on noircit à la suie goudronnée l'intérieur des serres. Il y aurait bien d'autres applications vulgaires à citer mais cela nous entraînerait bien trop loin en dehors de notre sujet.

Ce qui précède étant bien compris explique parfaitement pourquoi après une pluie d'été la végétation semble avoir marché en quelques jours à pas de géant, c'est que la formule agricole si connue chez nous se justifie en tous points : *Humidité et chaleur égalent fécondité* (Humidité + chaleur = fécondité) il y a une sorte de réaction très-intense à laquelle n'est pas étrangère, il s'en faut, la désagrégation provisoire de la couche durcie du sol par le seul effet de l'imbibition de la pluie tombée.

Replaçons-nous maintenant aux débuts de notre démonstration raisonnée et considérons encore avec attention la croûte dure dont nous venons de parler.

Si nous dirigeons bien nos investigations, nous verrons bientôt que le jeune plant qui la traverse est mal à l'aise, mal venant ; on dirait qu'il va se faner, et cependant il est enraciné dans un terrain riche auquel rien ne manque.

Regardons bien, le plus près de terre possible, et nous ne tarderons pas à nous apercevoir que le *collet* de la plante, ce nœud vital de tous les végétaux, est étreint comme dans un *carcan* par cette croûte durcie du sol qui, d'un côté, lui donne, paraît-il, tout ce qu'il lui faut par l'intermédiaire de ses racines et qui, de l'autre, empêche en quelque sorte la translation des principes nutritifs par les canaux séveux trop comprimés à cette sorte de frontière des régions souterraines avec les régions aériennes.

Si on pouvait douter de la vigueur effective de l'étreinte que nous considérons s'exerçant ainsi par une terre délayée puis desséchée sur une simple et frêle tige d'avoine, je n'aurais qu'à rappeler la dureté des chemins russes qui ont été fréquentés par les voitures alors qu'ils étaient humides. Une fois qu'ils sont secs après avoir été pétris ainsi, leur surface est dure et raboteuse à l'excès. Quiconque a voyagé en Russie n'a pu, hélas, constater que trop souvent ce phénomène!

Nous croyons avoir prouvé suffisamment que le durcissement de la couche superficielle du sol était extrêmement nuisible à la prospérité et même à la simple croissance de la céréale d'été dont nous nous occupons particulièrement ici. Il nous sera bien facile maintenant de faire comprendre quel doit être le remède qu'il y a à apporter à ce mal qui est aussi général que possible en Russie et d'autant plus dangereux, à mon sens, qu'on n'en soupçonne pas la gravité. La majorité des propriétaires, certainement, en ignore même l'existence.

Pour combattre, non-seulement victorieusement, mais encore avec un véritable succès l'état de choses que je viens de signaler, il faut uniquement avoir : d'abord de la conviction et de la volonté, ensuite et toujours : de la volonté et de la conviction.

Pour la conviction, rien n'est plus facile à acquérir. Il n'y a qu'à choisir une pièce d'avoine, la plus mal venante de toutes celles qui souffrent le plus de cette sorte d'étouffement combiné avec un étranglement. On se procurera ensuite un rouleau comme on s'en sert ici pour les allées de parc (puis qu'ils sont à peu près inconnus pour l'agriculture) plus une herse ordinaire, mais à pointes, sinon affilées, au moins médiocrement mousses.

Avec ces deux seuls instruments traînés chacun, comme de raison, par un bon cheval, on se rendra sur le champ d'expérience, on promènera le rouleau sur toute la surface du sol qu'il crèvera en mille endroits tout en pulvérisant les mottes qui se trouveront sur son chemin. On fera passer ensuite la herse partout où le rouleau aura passé lui-même, de façon à éparpiller et diviser encore les parcelles de terre déjà désagrégées par compression.

On ne s'effraiera pas si quelques brins d'avoine sont arrachés et jetés çà et là, les racines en l'air, derrière la herse, pour un de perdu il repoussera la valeur de trois ou quatre autres, à côté.

Il n'y a que la pluie qui soit un peu à craindre quand elle survient trop immédiatement derrière cette opération qui, on le voit, n'est pas autre chose qu'un binage et un sarclage exécutés sur une grande échelle et d'une manière expéditive.

Peu de jours après le travail que je viens de décrire la différence du champ *rehersé* avec ceux qui ne l'auraient pas été sera des plus évidentes. Mais le jour de la récolte, ce sera bien plus apparent encore, puisque, toutes choses étant égales d'ailleurs, on obtiendra au moins de 1 à 3 grains pour un de plus que si on avait laissé les choses en l'état où on les laisse partout en ce moment.

Voilà pour la conviction, car, avec la confirmation de ce qui précède, il y a de quoi, ce me semble, convaincre les plus incrédules. Et comme, en somme, l'expérience peut se faire très-bien sur moins d'une déciatine, on n'a pas grand risque à courir à faire un essai.

Il faudra de préférence choisir le moment où l'avoine n'est pas encore très-haute, car si on attendait qu'elle fût sur le point d'épier, cela ne vaudrait rien, on pourrait même faire plutôt du mal que du bien quoique, il ne faut pas l'oublier, l'avoine ne craigne presque pas d'être piétinée, au contraire. Cependant, il sera toujours préférable de procéder autant que possible avant l'épiage, après il y aurait témérité.

Quant à la volonté, c'est une affaire de tempérament, de caractère et de santé; je n'ai donc rien à dire à ce sujet, bien que le plus grand obstacle de tout progrès ait souvent pour base cette pierre d'achoppement à deux fins.

Il y aurait ensuite à considérer la *possibilité de faire*. On m'a déjà dit plusieurs fois, en effet, que tous les travaux des champs étaient réglés d'après les moyens d'action dont on disposait, et que, par conséquent, tout travail supplémentaire, ou même la moindre des tentatives d'essais non prévue au budget des dépenses de main-d'œuvre, était radicalement impossible en Russie.

Je ne me préoccupe pas plus de cette objection que de n'importe quelle autre qui pourrait être faite dans ce cas. Je dis que le jour où la conviction sera faite, les moyens d'action se trouveront; voilà pourquoi je me borne ici à insister pour que les propriétaires fassent cette année, puisqu'il en est temps encore, le plus grand nombre d'expériences possible.

Quand le paysan aura vu et bien vu, le progrès sera fait, c'est ma conviction très-profonde. Le reste viendra seul; j'ai confiance dans le paysan.

On voit, qu'en cela je diffère bien carrément d'opinion avec M. de Haxthausen qui a dit: «le paysan russe a horreur des travaux de la terre.» J'en demande bien pardon à l'illustre voyageur; il a droit à une assez belle part d'éloges, pour qu'on ne se gêne pas pour le contredire sur quelques points quand l'occasion s'en présente comme ici.

A mon sens donc, M. de Haxthausen, tout bon observateur qu'il était, croit-on, n'aurait pas dit cela s'il avait été plus agriculteur-praticien. Pour celui-ci, en effet, il suffit de lire en plein champ ce que le paysan y a écrit avec la pointe du soc de sa charrue trempée dans sa propre sueur et celle de ses attelages. Il y a du goût, de l'amour et presque de la passion dans les cultures du paysan. Il ne demande qu'à mieux faire, mais il ne sait pas; qu'on lui fasse voir, il fera.

S'il y a des endroits en Russie où le paysan n'aime pas le travail de la terre, et cela est puisque M. de Haxthausen l'a constaté, c'est certainement exceptionnel et, dans tous les cas, cela tient à des causes qu'il faut savoir bien étudier à fond.

L'une de celles qui m'apparaît avec le plus de probabilité et même d'évidence, c'est l'insuffisance relative du salaire définitif comparé aux efforts de toute la famille.

Mais il y a dans ce fait trois autres causes prédominantes qui sont sur le point de disparaître et qui disparaîtront *quand même* par la force des choses, l'une entraînant l'autre et réciproquement. Ce sont, *ex æquo :*

1. Le manque de débouchés.
2. L'incertitude de l'avenir de l'homme et de sa famille.
3. La culture extensive.

Les remèdes ne sont pas loin, heureusement, ce sont :

1. Les chemins de fer.
2. L'amélioration projetée du sort des paysans.
3. L'instruction agricole, théorique et pratique.

Nous examinerons ultérieurement, dans le cours de nos études, quelles sont à notre avis les précautions qu'il y a à prendre pour réussir le mieux et le plus vite possible dans cette voie féconde du progrès, qui est déjà jalonnée, mais qui est bien loin encore d'être bonne à livrer à la circulation locale d'abord, et à la circulation internationale ensuite.

V.

Les machines à faucher, à faner, à râteler et à moissonner. — D'un établissement pour la construction et l'épreuve des machines agricoles perfectionnées à bon marché.

Retkino-lez-Riazan le . . . . . .

A cause de l'approche de vos récoltes, sans doute, on me demande fréquemment mon avis sur la valeur réelle des machines à faucher, à faner, à rateler et à moissonner.

On m'adresse également des questions sur quelques autres machines perfectionnées dont on tire un plus ou moins bon parti en Occident; le tout au point de vue spécial de la Russie.

Je ne demande pas mieux que de dire ma manière de voir à ce sujet. Je le connais assez à fond pour cela. Cette étude m'a coûté assez de temps et d'argent pour que je sois empressé et heureux d'en faire profiter les autres. De plus, enfin, cela me dispensera de faire un certain nombre de réponses particulières aux lettres qui m'ont été écrites. Je ferai ainsi d'une pierre plusieurs coups.

Et d'abord, en ce qui concerne les machines à *faucher les foins*, jusqu'à ce jour il n'y en a pas une seule qui ait rempli les conditions du programme le moins exigeant.

Je sais bien que cette année même, M. Robiou de la Tréhonnais en a importé une en France dont on dit beaucoup de bien. Je l'ai vue avant de quitter Paris, mais au repos; je ne puis donc rien dire, ni en bien ni en mal, de cette faucheuse, la seule que je n'aie pas pu juger à l'œuvre.

Quant à toutes les autres, je n'ai même pas besoin de citer leur nom; je les déclare toutes *mauvaises* sans exception, dans n'importe quel pays que ce soit et à plus forte raison en Russie.

On a longtemps prétendu que la machine Mac-Cormick, celle qui a eu le premier prix à l'Exposition universelle de Paris, pouvait parfaitement bien faucher.

Il n'en est absolument rien; elle ne coupe pas mieux le foin que les céréales.

Si on en veut une preuve, elle ne se fera pas attendre, je pense. J'ai vu en effet, à mon passage à Moscou, dans l'établissement de M. Boutenopp une machine de ce genre qui vient directement d'Angleterre. Elle a par conséquent pu recevoir tous les perfectionnements qui ont été imaginés, depuis quatre ans; eh bien, je suis convaincu d'avance que, mise dans un pré bon à couper à la faux ordinaire, cette machine fera la plus triste figure. (¹)

Le même sort attend toutes celles qui se sont produites jusqu'à ce jour, par conséquent, en fait de *faucheuses;* il n'y a donc qu'à attendre, si l'on ne veut pas perdre son argent.

Quant aux *faneuses* et aux *rateaux*, leur complément indispensable, c'est bien différent. Il y a autant de bien à en dire qu'on peut, j'ajoute même, *qu'on doit* dire du mal des précédentes.

La faneuse et le rateau ont fait leurs preuves; il n'y a plus qu'à savoir bien choisir.

(¹) Les expériences faites alors à la ferme de la société d'agriculture de Moscou n'ont pas été satisfaisantes. Il n'y a guère, m'at-on assuré, que la machine Wood qui ait un peu passablement marché, et encore s'agissait-il de céréales et non de pré. Je compte au surplus la voir à l'œuvre l'année prochaine chez le prince Léon Gagarin qui en est très-chaud partisan et qui en a acheté plusieurs. J'ajourne donc mon jugement définitif jusqu'à la prochaine moisson. Je dirai franchement ce que j'aurai vu.   A. J.

Ce qu'il faut savoir éviter, par-dessus tout, ce sont les complications, surtout les petits pignons de commande. J'en ai vu à la faneuse de Smith et Ashby qui ne duraient pas un jour ; c'est intolérable.

Celles de Barrett sont peut-être moins commodes, mais, par contre, elles sont plus rustiques. Ce sont là de ces choses qui, pour être bien jugées, demandent à être vues sur place, à l'œuvre, et cela est très-difficile.

Il faudrait absolument l'intervention d'un grand propriétaire ou celle d'un gouvernement pour entreprendre de créer un établissement comme il n'y en a nulle part, pas même à Paris. Ce qui est le plus essentiel, en effet ici, c'est l'espace, or dans aucune ville on ne peut l'avoir en quantité suffisante.

En Russie un établissement de ce genre (¹) rendrait les plus grands services, dès l'instant qu'on pourrait y voir à l'ouvrage tous les instruments dont on pourrait avoir besoin ; on n'hésiterait plus alors à l'acheter. L'intervention d'un gouvernement serait surtout indispensable si l'on voulait faire les choses tout à fait bien, c'est-à-dire vendre à aussi bon prix que possible.

Il n'y a de propagation efficace qu'à cette condition.

Si je me suis un peu écarté de mon sujet principal, c'est que j'aurai souvent à revenir sur cette idée, qui est une de celles que la Russie, notamment, aurait le plus besoin de voir se réaliser. Les environs de Moscou seraient parfaits pour cela. Mais où que ce soit, il faut que les moyens de transport soient faciles et rapides, et qu'en tout temps on soit sûr d'y voir l'instrument de l'époque à l'ouvrage sur le terrain ou à l'intérieur de cet établissement qui, pour bien faire, devrait être une véritable ferme-modèle.

Reprenant les questions qu'on a bien voulu me poser, et auxquelles je suis, comme toujours, très-empressé à répondre, je dirai à peu près des *moissonneuses* ce que j'ai dit des faucheuses ; cependant, pour être juste, il faut reconnaître qu'elles

(¹) Il est question d'en créer un aux portes de St-Pétersbourg.

sont plus avancées et plus sur le point d'entrer dans la pratique que les premières.

Sous quelques jours il doit y avoir en France un concours spécial de moissonneuses, comme complément des concours régionaux du mois de mai. (¹) Il importerait donc d'attendre qu'on connût les résultats de cette lutte officielle avant de se prononcer, surtout avant de prendre un parti pour acheter. (Ceci dit pour ceux qui se sont montrés les plus pressés et qui, quoiqu'ils fassent d'ailleurs, n'auront jamais le temps de rien faire venir d'utile pour cette année-ci.

Toutes les moissonneuses qui sont connues jusqu'à ce jour ont un défaut capital, pour la Russie notamment, c'est que, surtout par la rosée, elles *s'engorgent* facilement de mauvaises herbes. Or les seigles, cette année, sont extrêmement sales, malgré la sécheresse du printemps.

Si l'on ajoute à cette considération qu'on laisse ici beaucoup d'assez grosses mottes de terre après les semailles, on comprendra à quelles difficultés on doit s'attendre le jour où l'on voudra entrer dans un pareil champ avec une sorte de *machine de précision*, confiée à toute la brutalité de chevaux qui ne sont habitués ni à la nature de l'ouvrage, ni au bruit qui résulte de son exécution. Puis, *comment réparer la moindre avarie?* Voilà ce qu'on oublie constamment de prendre en considération en Occident, quand on veut parler de la Russie sans la connaître.

En résumé, pour les machines précitées, il n'y a que la *faneuse* et le *rateau* à cheval qui soient parfaitement pratiques, et encore faut-il bien savoir choisir.

Quant aux faucheuses et aux moissonneuses, le parti le plus sage, c'est d'attendre encore un peu le résultat des concours et celui de l'expérience.

L'agriculture me paraît devoir n'être exposée à aucun essai qui ne soit absolument certain. Avec des populations rurales

(¹) Voir plus loin le résultat de ce concours.   A. J.

comme celles que je rencontre dans les champs, je suis convaincu que tout échec, si petit qu'il soit, reculera le progrès, à ses yeux d'un bon quart de siècle.

Si les grands propriétaires comprenaient bien leur intérêt, la première chose qu'ils feraient, ce serait de se réunir et de *former un fond commun* destiné à un établissement, importateur d'abord, et producteur ensuite d'un matériel agricole complet perfectionné, mais approprié aux besoins du pays.

Un domaine un peu étendu avec prés, terres et bois, facilement abordable, deux contre-maîtres et quelques ouvriers tout formés suffiraient pour les débuts.

Plus tard, non-seulement un établissement de ce genre prendrait de l'extension, en s'occupant d'animaux reproducteurs également et de *semences de choix*, mais encore il formerait des ouvriers charrons, maréchaux, laboureurs, jardiniers et autres.

Je suis bien convaincu que chacun voudrait y envoyer un homme à lui ; de cette façon, tout le monde y gagnerait, et l'agriculture ayant chaque jour de meilleurs leviers ferait des progrès qui n'ont pu encore être que désirés, à peine ébauchés, mais jamais réalisés.

Je suis bien convaincu, je le répète, que si quelqu'un d'important et d'inattaquable, au point de vue personnel, se mettait à la tête d'une idée pareille, en moins de 15 ans il y aurait un grand nombre de succursales sur beaucoup de points du territoire de l'Empire.

Dans un pays comme celui-ci, un des points qui devraient le plus attirer l'attention, si on exécutait l'idée que j'expose ci-dessus, ce serait la propagation des procédés, si faciles, à l'aide desquels on peut faire faire sur place tel instrument construit que ce soit, *sur un dessin à l'échelle*, de même qu'un maître maçon qui connaît son métier, sur le vu d'un plan dressé par un bon architecte, exécute telle construction que ce soit.

Au point de vue des distances, et partant des prix de transport, cette partie-là prendrait un grand développement (¹).

On commencerait d'abord à faire exécuter dans les villes, en attendant que, comme chez nous, il y ait un charron et un maréchal à peu près dans chaque village.

Je vous ai promis le résumé des observations principales que je serais conduit à faire pendant mon voyage, un peu au jour le jour; vous voyez que je tiens parole en parlant des choses un peu comme elles me viennent. C'est dire que je ne puis annoncer d'avance sur quoi portera le prochain article ; cela dépendra beaucoup de ce que je verrai d'ici à quelques jours.

(¹) Outre les plans à l'échelle, on pourrait se servir de modèles en petit comme on sait très-bien les faire dès à présent ici, puisque j'en ai vu à l'Institut technologique de St-Pétersbourg.

Quant à l'établissement dont je viens de parler plus haut, je sais qu'au moment où j'écris (janvier 1860) le comptoir technique de MM. Hanet et Papoff s'occupe de réaliser le projet tout près de St-Pétersbourg, non-seulement pour la fabrication mais encore pour la réparation *à tâche* de toutes les machines quelconques hors de service.

VI.

Salaison des foins COMPROMIS pour les préserver de la pourriture EN CAS DE PLUIES CONTINUES pendant la fenaison.

MÉTHODE KLAPPMAYER.

Krasnoe-Célo, le . . . . . .

J'ai assisté ces jours-ci à l'exécution d'un genre de travail agricole qui me plaît toujours : c'est celui de la *fauchaison*. J'ai été d'autant plus impressionné cette fois-ci que j'avais devant moi *cent* vigoureux faucheurs russes qui marchaient avec un ensemble et une ardeur qui ne laissaient rien à désirer.

J'ai fait couper pour mon compte et vu couper bien souvent l'herbe de prairies naturelles ou artificielles, et j'avoue ne jamais avoir été aussi avantageusement réjoui, comme dirait Olivier de Serres, que je ne l'ai été ici par l'attitude aisée et leste des travailleurs.

Ils *emboîtaient* pour ainsi dire le pas avec mesure en se cadençant presque avec harmonie, sans jamais cesser pour cela de donner à leur faulx deux bons mètres d'envergure ou de portée. J'en étais tout aussi étonné que content.

Ce qui m'en plut davantage ne fut pas seulement le résultat de la satisfaction que j'éprouve toujours quand je vois de vrais bons ouvriers à l'ouvrage ; c'est que, de plus, après quelques instants d'attention, je découvris dans la manière dont chaque faucheur était échelonné une véritable tactique des plus habiles pour les obliger les uns les autres, pour ainsi dire, à travailler avec la même activité, sans qu'il y ait possibilité matérielle de s'en dispenser.

Chaque homme, en effet, suit celui qui l'a précédé de quelques pas seulement, à la largeur d'un coup de faulx ; et il est suivi lui-même par un autre ouvrier qui est, c'est le cas de le dire, sans cesse sur ses talons qu'il menace de la pointe de sa faulx parce qu'il est menacé lui-même, et ainsi de suite de chacun. Il en résulte qu'une fois une brigade en train — elle est de dix hommes habituellement, à ce qu'il paraît — les choses vont d'une manière à peu près mécanique, et aussi rondement qu'on puisse raisonnablement le désirer.

Je venais d'assister, et je m'en réjouissais fort, au travail de corvée fait par les habitants d'un village de 198 *tiaglos*. Je pense donc avoir eu sous les yeux un exemple tout à fait normal de la main-d'œuvre du pays où j'étais : je me plais encore une fois à déclarer qu'elle était aussi bonne que n'importe où j'ai pu en voir d'analogue, soit en France, soit en Angleterre, soit en Allemagne, soit ailleurs.

Le lendemain j'ai assisté au travail de la *fenaison* fait par un nombre égal de femmes du village. Ici, rien que de très-ordinaire. Je n'aurais même de longtemps songé à exhumer ces quelques lignes de mon registre d'observation sans la circonstance que voici :

Le troisième jour de cette importante opération pour les pays à foin, la pluie est venue avec une telle abondance que le tableau riant formé dans ma pensée par le pas cadencé des faucheurs et les allures gaies des faneuses, endimanchées comme aux plus beaux jours de fête, a bien vite cédé le pas aux préoccupations qui d'instinct m'absorbaient déjà et qui assaillaient désagréablement, sans aucun doute, le propriétaire d'une marchandise de prix après tout, et qu'il voyait déjà avec effroi compromise.

La continuation de la pluie changea bientôt mes doutes en certitude. J'étais occupé à formuler par écrit la règle de conduite qu'il convenait de suivre en pareil cas quand mon agronome en herbe entra.

Dès les premières paroles je lui fis voir ce que je faisais, en lui expliquant qu'il n'en aurait même pas eu connaissance sans l'ouverture qu'il était venu me faire. J'expliquerai ailleurs les raisons de cette manière d'agir, je crois inutile de les énumérer ici, cela ne servirait en aucune façon au but que je me propose pour le moment. Je veux en effet que ce qui suit puisse servir, comme données au moins, pour faire des essais si la pluie continuait à entraver la fenaison, comme elle a déjà commencé à le faire cette année. Je n'ai d'ailleurs qu'à transcrire ce que j'avais déjà écrit dans les circonstances signalées plus haut.

« Étant donné un temps constamment pluvieux pendant ce qu'on appelle l'*époque des foins*, il n'y a pas à songer, en Russie notamment, à la méthode dite de *Klappmayer* (¹), qui s'applique surtout, d'ailleurs, aux prairies artificielles. Il faudrait au surplus une sorte d'outillage particulier et une main-d'œuvre exercée exprès qui ne se trouve guère nulle part, pas même en Allemagne peut-être, où cette méthode a pris naissance.

« Cette ressource étant éliminée, il n'y a pas à compter en trouver une dans la méthode que recommande Dombasle pour

---

(¹) Depuis j'ai appris avec plaisir que j'étais dans l'erreur. M. Poltaratsky fils m'a assuré qu'il avait essayé cette méthode et qu'il s'en était extrêmement bien trouvé. Il doit me remettre une note spéciale sur ce sujet. Si je l'ai à temps je l'insérerai dans ce volume *in extenso*. Il faudra pour cela qu'il ne soit pas trop Russe. Il est de fait qu'en ceci je ne connais personne qui promette plus facilement que le Russe, mais qui tienne moins, même pour les choses les plus insignifiantes. A la dernière extrémité je décrirai avec détails la méthode Klappmayer purement et simplement, mais je préférerais de beaucoup en parler d'après une expérience faite dans le pays même et avec succès.

A. J.

la fabrication du *foin brun*.(¹) Ici encore il faut une main exercée pour la construction des meules et un œil surtout très-expert pour surveiller la marche de la fermentation qu'on provoque dans la masse, de façon à former du tout un immense gâteau très-dur qu'il faut attaquer ensuite avec des haches et des couteaux spéciaux.

«D'ailleurs, bien qu'on prétende que le bétail recherche ce genre de fourrage concret, je n'en ai pas fait l'expérience ; je n'oserais donc pas me hasarder à recommander cette méthode sans réserve. De plus, pendant les pluies continues dont il s'agit, on ne pourrait même pas opérer convenablement.

«J'aime donc mieux me borner à signaler un procédé fort simple et très-facilement applicable. Il m'a toujours réussi dans les *cas extrêmes*, LES SEULS DONT IL S'AGISSE ICI ; il a de plus pour lui la sanction d'une grande pratique et après tout il n'entraîne ni à grands frais, ni à grandes chances.

«Je suppose donc du foin coupé et constamment mouillé en tas ou en meule, sur le champ, de telle façon enfin que déjà il ne soit *plus possible*, même avec le beau temps, de songer à en retirer du foin de bonne qualité.

«Je suppose encore que les choses tournent de telle façon que, la pluie continuant à tomber, non-seulement *on perde tout à fait l'espoir d'avoir* du foin médiocre, et qu'on en arrive à craindre une *perte* quasi *absolue*.

«On peut bien appeler perdu, du foin, par exemple, qui n'a plus aucune espèce de goût, par suite de la fermentation putride, qui a lieu en tas petits ou gros et qui ne laisse plus subsister qu'une chose filamenteuse bonne au plus à faire des emballages ou à empoisonner tout un troupeau si l'on s'avise de

---

(¹) J'en ferai cependant l'expérience l'année prochaine. Le fait que je viens de citer pour la méthode *Klappmayer* doit me rendre plus circonspect dans mes appréciations ; il faut bien que l'expérience serve à quelque chose ! Après tout il n'y a que ceux qui ne font ou qui ne disent rien qui ne se trompent jamais.   A. J.

chercher à l'utiliser ainsi ; ce qui arrive, soit dit en passant, plus d'une fois, sous le prétexte que ce qui n'est plus bon pour le gros bétail doit être excellent pour le petit.

«Étant donc dans un CAS EXTRÊME — comme celui qui a déterminé la rédaction de la présente note — je n'ai jamais hésité et me suis toujours très-bien trouvé de l'emploi du procédé que voici :

«Je fais rassembler sur un ou plusieurs points élevés de préférence le foin compromis ; il y a toujours des moments de répit pour cela, et je fais tous les préparatifs nécessaires pour la construction d'une meule carrée ou ronde, peu importe.

«Je dispose d'abord une couche de paille sur le sol convenablement nivelé, quoique à la hâte, et là-dessus j'étale une couche de foin épaisse d'environ une *archine*, sur laquelle je fais semer du sel de cuisine jusqu'à ce que j'aie une surface comme presque neigeuse, si j'ai du sel assez blanc, ou jusqu'à ce que je m'aperçoive que ma couche est suffisamment stratifiée. Je n'hésiterais pas ici à mettre environ *une livre* de sel par *poud* de foin pour me servir des expressions du pays. (C'est d'ailleurs ce que j'ai fait dans l'exemple précité.)

«Sur cette première couche de foin humide et salée on marche à pieds nus, de façon à obtenir le tassage le plus pressé possible, et on recommence.

«On peut et l'on doit aller ainsi aussi haut qu'on a l'habitude d'aller pour les meules de grain pareilles à celles que j'ai vues à peu près partout ici.

«Quand on a formé sa toiture à la manière ordinaire, on ne s'occupe plus de rien. On laisse la fermentation s'opérer, le tassage se faire, et, comme si de rien n'était, on va ailleurs traiter de même tous *les foins que menace la pourriture*.

«Je puis affirmer avoir SAUVÉ de cette manière beaucoup de fourrages naturels et artificiels dont je n'aurais absolument rien pu tirer que de la litière et dont je faisais le plus grand cas au beau milieu de l'hiver pour la nourriture à l'étable ou à la bergerie.

«La seule précaution qu'on doive prendre quand on entame une meule ainsi traitée, c'est de s'assurer soi-même que le sel a bien pu se répandre et pénétrer partout. Quand on voit des places couvertes de moisissures, il faut les enlever et ne les donner en mélange, comme tout le reste d'ailleurs, qu'après leur avoir fait subir un lavage préalable et soigné.

«Une année j'ai eu plus de moisissures que d'habitude, et j'ai résolu de modifier la méthode l'année suivante. Heureusement pour moi, mais malheureusement pour l'expérience, je n'ai eu qu'une petite quantité de fourrage à traiter.

«Voici en quoi consistait mon perfectionnement :

«Quand j'étais arrivé à moitié de la meule, j'arrosais le tas avec de l'eau saturée de sel. Je me servais pour cela de simples arrosoirs de jardin à pommes percées de trous, comme chacun sait. Je ne m'arrêtais qu'après avoir vu l'eau pénétrer jusqu'à la couche qui était en contact avec le sel.

«Je faisais une nouvelle aspersion à la fin du travail, et tout était dit.

«Cette seule et toute petite tentative a été couronnée d'un entier succès; au lieu de foin pourri, j'ai eu du fourrage de bonne deuxième qualité.

«Je n'ai employé que la première méthode ici, parce que les arrosoirs et surtout le feu sacré de la confiance et de la bonne volonté ont fait défaut. On trouve peu de propriétaires qui osent, même par une expérience très-petite, braver les sourires narquois et les railleries des paysans. C'est partout la même chose! Voilà pourquoi je recommande constamment de procéder *sur une très-petite échelle* en toutes choses. Il faut arriver au succès effectif pour réussir, car la confiance ne s'impose pas, elle s'inspire.»

Je n'ai rien à ajouter à cette note que je viens de reproduire textuellement, si ce n'est qu'il faut se préparer à ne pas s'effrayer ni de la fumée qui se dégage souvent pendant la fermentation, ni de l'odeur qui suit. Après deux mois il ne reste plus rien de tout cela, si ce n'est un fourrage bon à donner en mélange avec du meilleur. Cela fait plus de profit que du fumier. (¹)

(¹) Je n'ai rien voulu changer à cette lettre j'ai seulement souligné les passages qui prouvent bien jusqu'à la dernière évidence que je n'ai jamais voulu parler ici de la salaison de *tous les foins* qu'on récolte en Russie, ainsi que quelques personnes l'ont cru à ce qu'il paraît. Cet article est en effet celui qui m'a attiré le plus d'observations. J'ai toujours répondu en appuyant sur ce fait, à savoir que je ne voulais parler que des cas tout à fait exceptionnels, et il suffira, je pense, de lire avec plus d'attention ce qui précède pour en être entièrement convaincu.   A. J.

VII.

De la coupe des céréales un peu avant leur maturité complète.

Petrovskoe-Cokolovo, près Rézan, le . . . .

L'approche de la moisson m'engage à ne pas tarder davantage à reproduire ici les notes que j'ai prises et les réflexions que j'ai faites au sujet de la dessication des grains, qui semble être une opération générale et régulière en Russie.

Nous n'avons aucune idée en France des séchoirs qu'on appelle ici *ovines* ou *avines*. Nous n'avons aucun besoin, fort heureusement, de faire subir à nos grains de pareilles manipulations.

Je ne m'en suis pas moins très-vivement préoccupé des causes de cette exception fâcheuse pour l'agriculture russe, et de l'ensemble des renseignements que j'ai recueillis, et de tout ce que j'ai vu, il résulte pour moi la conviction que pour atténuer, *sinon pour supprimer*, cette coutume, on pourrait utilement introduire ici une pratique excellente partout et qui commence assez à se répandre en France : celle de la *coupe des céréales un peu sur le vert*, c'est-à-dire avant la complète maturité.

Jusqu'à ces derniers temps on avait pensé qu'il fallait attendre que le grain fût tout à fait mûr pour commencer la moisson, et certes toute assertion contraire à celle-ci serait à coup sûr bien mal accueillie encore dans l'immense majorité du monde agricole.

Sous l'impression de cette conviction très-profonde, (je ne cherche pas à nier le fait, on attend donc généralement, pour faire la moisson, que les grains soient aussi complétement mûrs que possible ; puis on met la faucille ou la faux dans les champs. Chez nous on y met également la merveilleuse *sape*, dont je n'ai pas encore rencontré de traces ici.

Mais il faut croire qu'il s'est trouvé un beau jour un observateur intelligent qui n'a pas été satisfait de perdre la quantité relativement énorme de grains qui reste tous les ans sur le sol après l'enlèvement des récoltes. Sans doute encore, il a fait des expériences les années suivantes. Je dis sans doute, car on ne sait rien de l'origine du procédé dont je veux parler,

Quoi qu'il en soit donc, petit à petit le raisonnement suivant s'est répandu :

Quand on coupe un arbre, disait-on, au commencement du printemps et même avant, bien que cet arbre soit radicalement détaché du sol et tout à fait couché à terre, sans communication aucune avec ses racines, complétement isolé en un mot, il ne lui pousse pas moins au printemps, comme aux autres arbres restés debout, de nombreuses et vigoureuses tiges garnies de fort belles feuilles. C'est un fait que tout le monde a constaté, sans chercher à s'en rendre compte peut-être, mais enfin personne ne l'ignore.

On n'est pas non plus sans avoir remarqué assez souvent des branches d'arbres fruitiers rompues en partie, mais restant cependant encore attachées à l'arbre par n'importe quoi, quelquefois même tout à fait isolées, et l'on s'est peut-être demandé comment il pouvait se faire que les fruits que cette branche mutilée portait pussent être plus mûrs que ceux qui restaient encore sur la tige mère.

Les horticulteurs connaissent tous les méthodes de torsion, de pincement de telle ou telle tige, de telle ou telle extrémité florale ou fructifère. Le dernier des habitants d'un pays vignoble a vu tailler la vigne ; personne d'ailleurs n'ignore cet usage.

Pour les gens qui savent un peu leur physiologie végétale, il n'y avait rien dans tout cela de bien difficile à expliquer. Il suffisait de ne pas oublier le rôle que joue la *séve* dans l'acte général de la végétation, pour se rendre un compte suffisamment exact de la chose. C'est ce que notre premier observateur inconnu fit sans doute, et, partant de là, il se fit encore très-probablement le petit thème que voici :

Puisque, s'est-il dit, la séve qui existait dans l'arbre au moment où il a été abattu a suffi pour déterminer une végétation effective, c'est que cette séve ne se dessèche pas tout de suite dans les vaisseaux qui la charrient, tant qu'elle trouve à s'utiliser et à se transformer suivant l'état de croissance de l'individu dont elle fait partie.

Cela n'est même pas douteux, puisqu'ici, au printemps par exemple, elle donne des feuilles, témoin l'arbre coupé plus tard ; elle donne des fleurs, témoin les bouquets de boutons de roses (ou autres) qu'on met dans un vase rempli d'eau ; et enfin, plus tard encore, elle donne de fruits, témoin les épis de maïs tordus à l'arrière-saison, ou mieux des branches à fruit détachées non mûres d'un arbre.

S'il en est ainsi, s'est-il dit, pourquoi donc ne couperait-on pas les céréales un peu avant leur maturité? De cette façon, tout choc de l'instrument tranchant contre la tige serait sans inconvénient, puisque le grain non encore mûr ne se détache pas facilement comme on sait.

Pendant les quelques jours qu'on doit laisser les épis au bout de leur tige sur le champ, en javelle, pour laisser les herbes étrangères se dessécher au soleil; pendant ce temps, se dit-il, *le grain achèvera de se mûrir avec la séve* que renfermait la tige au moment de la séparation d'avec le tronc.

Indépendamment de l'avantage que présentait *à priori* l'application de ce procédé, en ce sens qu'il permettait *d'avancer* l'époque de la moisson de plusieurs jours, tout en évitant la perte du grain pendant la coupe, il prévenait encore une seconde perte pendant les manipulations ultérieures: mise en gerbes, transport, emmagasinage, etc.

L'expérience ayant confirmé les prévisions de notre agronome, le bruit s'en est répandu de proche en proche. On a essayé timidement d'abord, et tous ceux qui s'y sont pris maladroitement — c'est toujours le plus grand nombre — ont échoué; de là une certaine défaveur qui a failli couvrir et anéantir le témoignage de ceux qui avaient été plus habiles et qui avaient réussi à souhait.

Néanmoins la découverte était menacée de l'oubli le plus fâcheux quand le bruit en est parvenu aux oreilles de notre illustre Dombasle. Après essais, le savant agronome l'a prise sous sa protection dans sa ferme de Roville, dans ses leçons, dans ses écrits, et, grâce à lui, *dans vingt-cinq ou trente ans* d'ici, elle sera très-répandue en France où elle rendra les plus grands services.

Avec le temps qui s'est déjà écoulé, ce sera près *d'un demi siècle* qu'il aura fallu pour faire adopter cette excellentissime pratique que je recommande à toute l'attention des cultivateurs russes.

Ayant moi-même exclusivement appliqué cette méthode dans mes fermes de *Villeroy* et du *Vert-Galant*, près Meaux et près Paris, je puis facilement la décrire ici dans toute sa simplicité, en recommandant de nouveau, *non pas de l'appliquer en grand* cette année, ce serait trop demander, mais au moins d'en faire l'essai sur une ou plusieurs déciatines, ou même sur une toute petite fraction de déciatine si l'on veut; pourvu qu'on essaie, c'est tout ce que je désire.

Voici quelles sont les indications à suivre:

Quand les épis commencent à jaunir, qu'ils se recourbent un peu en arc de cercle, ce que nous appelons chez nous *faire la faucille*, il est temps de *songer* à la moisson Très-souvent la floraison du lys blanc est notre guide le plus sûr ; la moisson a généralement lieu un mois après, jour pour jour. Jamais cette indication ne m'a fait défaut. Néanmoins, il faut arriver à d'autres constatations avant de donner les ordres.

C'est quand on voit que les tiges sont déjà très-pâles, que les *nœuds* seuls restent encore un peu verts, qu'il faut entrer dans les pièces pour s'assurer que le phénomène caractéristique, tout à fait décisif, existe bien réellement.

Pour cela on détache un épi de sa tige et on l'égraine. On s'assure alors de l'état de maturité de chaque grain. Tant que ce grain est *laiteux*, très-mou à la pression, que l'ongle le coupe *facilement*, il faut ajourner.

Mais sitôt que le grain (seigle, blé, froment ou sarrasin-gruau) offre assez de *résistance* à la pression de l'ongle, que celui-ci ne fait qu'y creuser un sillon sans pouvoir passer outre à moins d'effort marqué, qu'on sent nettement comme une résistance élastique très-ferme qui empêche l'ongle d'entamer le grain et de le couper en deux ; quand, en un mot, ce même grain (et quelques autres avec lui pour se donner une moyenne) est aux *huit* ou *neuf dixièmes* formé, il n'y a plus à hésiter on peut donner ses ordres, et non-seulement on récoltera *quelques jours plus tôt* que par les anciens procédés, mais encore on ne perdra presque pas de grain sur le sol ni sur les chemins au moment du transport.

Ce procédé est surtout précieux pour le seigle, qui fait si fortement *hernie* de ses enveloppes, et qui, pour cette raison, s'égraine avec la plus grande facilité.

Il y aurait bien à recommander encore en ce moment-ci une pratique qui doit être très-certainement des plus précieuses pour la Russie, c'est la mise en moyette des céréales sitôt qu'elles sont coupées.

Avec cette méthode, j'ai vu des récoltes résister à plusieurs journées continues de pluies sans la moindre avarie.

Mais je ne crois pas que l'on puisse songer encore de sitôt à introduire ici ces merveilleux procédés (¹).

J'en ferai cependant l'essai cette année même partout où je me trouverai à l'époque de la moisson, et, si les difficultés que je prévois ne sont pas aussi grandes que je le pense d'après ce que je connais des paysans et plus encore de ceux qui les commandent, je reviendrai avec quelques détails sur ce très-important sujet.

Je reviendrai également sur les procédés qu'il convient d'employer dans les pays comme celui-ci, où l'on met beaucoup de grains en tas hors des bâtiments d'exploitation. Il n'y a encore qu'en Angleterre où l'on sache bien faire ces *meules* de façon à éviter les dégâts que causent les *souris* et autres animaux destructeurs des grains.

L'expérience a permis de constater que le *cinquième* du grain mis ainsi en meule est mangé régulièrement par ces animaux si l'on n'a pas su le mettre à l'abri de leur voracité. On y a à peu près complétement réussi en Angleterre par les moyens que j'indiquerai ultérieurement, en ajoutant l'indication de ceux qui ont été employés en France dans le même but avec un succès presque égal.

(¹) Je me trompais encore en disant ceci. J'ai vu en effet beaucoup de moyettes en Russie ou tout ou moins des mises en tas qui y ressemblent fort. On trouvera le dessin de ces moyettes dans mon *Catéchisme d'agriculture* soit dans l'Édition française soit dans l'*Édition russe* si elle se fait.

VIII.

De l'insuffisance des labours, — du meilleur emploi de la force des chevaux, — du mal-emploi des fumiers, — de la destruction des mauvaises herbes.

Michino-Obolensky, le . . . . . .

Plus j'avance dans mon voyage, plus je vois, plus je compare, et plus je reste frappé par les *effets funestes* de la *culture* EXTENSIVE qui me paraît décidément dominer ici d'une façon déplorable.

Partout où je vais, je vois bien de grandes étendues de terres ensemencées, mais quand j'examine ce que recèle cette terre pour donner un si maigre épi relativement à celui qu'elle pourrait porter, je trouve un sol ayant été à peine *écorché*, quelques traces de fumier mal ou pas du tout soigné avant sa mise en terre, et je m'explique tout de suite la cause du mal que je vois.

Si j'avais dû avoir un seul instant d'incertitude, il m'aurait bientôt été facile de juger avec pleine connaissance de cause. On apporte en effet, en ce moment même, le fumier qui est destiné aux prochaines semailles, et on prépare le sol qui doit les recevoir.

Quant à ce dernier, je n'hésite pas à répéter qu'il est à *peine effleuré* par la charrue ou plutôt par le *bineau* à double soc dont on se sert. C'est à peu près la *culture arabe*; j'en suis bien fâché pour ceux que cette comparaison pourra toucher au point de vue de l'amour-propre national, mais elle est tellement vraie que je n'ai rien à en retrancher.

Qu'attendre donc d'un sol qui n'est réellement *pas labouré* et qui, de plus, n'est pas hersé suffisamment, et enfin n'est jamais roulé ?

Ajoutons à ces considérations la mauvaise qualité générale des fumiers, qui ne sont pas du tout soignés, et on comprendra les rendements fabuleusement bas que l'on obtient de terres aussi exceptionnelles que les tchernozèmes, par exemple.

On m'a souvent objecté déjà l'*impossiblité* dans laquelle on est de se procurer une *main-d'œuvre* intelligente, ardente et abondante.

Il est de fait qu'il peut, qu'il doit même se rencontrer là des difficultés, mais d'un autre ordre. J'en ai vu assez et tout à mon aise dès à présent pour déclarer que le travail n'est surtout gaspillé sans grand profit que *sur les terres du maître*. Je me suis assuré bien des fois que sur les terres du paysan lui-même il était bien autrement appliqué. (¹)

J'ai fait à ce sujet très-attentivement un certain nombre d'observations, et j'ai acquis la certitude qu'il y avait chez beaucoup de paysans une véritable *activité latente* qui restait telle le jour de corvée et qui se dégageait efficacement partout ailleurs sur son propre bien, si l'on peut s'exprimer ainsi.

D'ailleurs, il n'est même pas besoin de se donner la peine que j'ai prise en passant des heures et des journées entières à recueillir des notes sur place ; il suffit de se faire montrer dans une même localité deux champs ensemencés, l'un pour le seigneur, l'autre pour et par le tenancier même du sol, c'est-à-dire un lot appartenant au *tiéglo*; la différence ne sera pas bien difficile à constater ; la récolte de celui-ci sera toujours, règle gé-

_____
(¹) Cette observation est surtout vraie quand il s'agit de paysans appartenant à de *bons* maîtres, et, par conséquent, auxquels on ne demande que le nombre de jours de corvée voulu. Quant aux paysans des *mauvais* maîtres, c'est bien différent je dois l'avouer.

nérale, supérieure à celle du propriétaire, de plusieurs grains pour un. (¹)

J'ai mis d'autant plus de soin dans ces recherches que je voulais vérifier les assertions de Haxthausen, concernant «l'antipathie traditionnelle du peuple russe pour les travaux des champs.» J'avoue n'avoir rien vu qui pût me rallier à cette opinion; au contraire. Le célèbre voyageur n'a pas observé l'ouvrier en homme qui par métier ou par habitude sait juger les gens des champs à l'œuvre, ou bien alors, les choses sont bien changées depuis qu'il a écrit. (²)

L'insuffisance relative de la population rurale russe est une cause radicale d'un mal bien assez fondamental pour qu'on n'aille pas en chercher d'autre là où il n'y en a pas. Je suis donc porté à croire qu'avec un ou plusieurs stimulants convenables (je les indiquerai ultérieurement) on arriverait facilement à rendre toute la *main-d'œuvre* aussi efficace qu'elle devrait l'être, et je dis qu'alors, en SACHANT SE RÉFORMER ENCORE SUR LA TROP GRANDE ÉTENDUE DES TERRES QU'ON ENTREPREND D'ENSEMENCER, on parviendrait avant peu à obtenir les rendements auxquels on a le droit de prétendre.

Une réforme capitale et facile, je pense, qu'il conviendrait aussi d'introduire dans les méthodes culturales russes, c'est l'*attelage à deux chevaux* à la place de l'attelage à un seul cheval.

Et d'abord, il ne faut pas oublier qu'avec telle bonne et si légère charrue que ce soit, on ne parviendrait jamais, en n'employant qu'un seul cheval, à faire les choses convenablement. Or ce n'est pas le cheval qui manque dans ce pays-ci, ce me semble; c'est la main-d'œuvre intelligente.

Eh bien, en mettant *un levier plus fort* entre les mains d'un

---

(¹) Ceci n'est pas toujours vrai; il y a des cas où c'est l'inverse.
(²) J'ai pu constater qu'en effet les choses étaient bien changées d'après les quelques conservations que j'ai eues avec le général Lann qui a voyagé avec Haxthausen.

bon laboureur, on ne dépense guère en plus pour l'animal, et l'homme est par ce seul fait mis à même de rapporter davantage.

J'aimerais donc mieux voir des bandes de chevaux moins nombreuses dans le pâturage et plus de force vive sur la terre arable.

Si jamais pays fut bien doté sous ce rapport, c'est à coup sûr la Russie, et je n'en connais aucun autre où l'on se serve moins de ses propres avantages naturels à ce point de vue.

Le cheval est une machine, ne l'oublions pas. Eh bien, il est élémentaire de dire que partout où la main-d'œuvre est ou rare ou chère, il faut y suppléer par la machine.

Quoi donc! on aurait à sa disposition tout ce qu'on peut désirer de mieux sous ce rapport, et on ne s'en servirait pas! Mais ce serait de la démence!

S'il fallait démontrer que le travail modéré et bien distribué est plutôt utile que nuisible à l'élève du cheval, il me suffirait de citer ce qui se passe dans tous nos pays producteurs, en France, et la cause serait entendue. Mais, sans aller si loin, je ne veux m'adresser qu'à ce que j'ai sous les yeux ici.

Aurais-je besoin de faire le compte d'un cheval qui reste nuit et jour *entravé* étroitement de ses deux membres antérieurs, sans même qu'on prenne souci des fatigues qu'éprouvent notamment les boulets à chaque effort que fait l'animal pour se mouvoir?

Devrais-je comparer ce compte avec celui d'un autre cheval qui, une partie du jour, se façonnerait les épaules au collier et se fortifierait les membres, s'améliorerait les à-plombs par un travail doux sur la terre, à la herse ou au rouleau, et qui trouverait ensuite sa ration ou toute rassemblée au râtelier ou plus facile à prendre en liberté?

Faire un travail de ce genre serait superflu, car la différence frappe les gens qui sont le moins au courant de ces sortes d'appréciations.

Tant qu'on ne réformera pas cet état de choses, je considérerai la richesse chevaline de la Russie d'Europe comme étant relativement nominale. Que m'importe, en effet, qu'elle puisse donner 16,299,000 chevaux à une population mâle de 25,030,000 individus, si l'usage fait qu'on laisse à l'écart, sans en tirer aucune espèce d'emploi efficace, seulement le tiers de ces machines vivantes dont on pourrait disposer si utilement!

Ce n'est cependant pas le travail qui manque, tout le monde le sait de reste; mais ce qu'on ne sait pas également bien, ce sont les conséquences déplorables qui résultent de cette insuffisance de travail.

Je pourrais trouver des exemples à citer à chaque opération culturale qui s'exécute sur le sol dans le courant d'une année agricole, mais ce serait trop long et inutile d'ailleurs. Je n'ai besoin de m'arrêter qu'à une seule, celle qui se fait pour la préparation des semailles d'automne.

Voici exactement ce qui se passe:

On attaque le champ qui est destiné à recevoir du seigle avec la charrue que tout le monde connaît, et on retourne tant bien que mal les innombrables mauvaises herbes qui en tapissent très-généralement toute la surface.

Comme on est pressé, on passe ensuite une herse légère sur le premier travail. Ces mottes de terre étant dures et grosses, et la herse n'ayant que peu de prise à cause de son faible poids et de la forme de ses dents qui agissent plus souvent par le gros bout que par le petit, il en résulte que les *mauvaises herbes* ne font que croître au contact plus grand des influences atmosphériques. Elles sont là comme en autant de pots de fleurs (en mottes), et j'affirme qu'il n'en périt pas 15 p. % en moyenne à la suite des hersages.

Mais cette destruction de 15 p. % serait encore très-belle et presque suffisante avec le temps, si elle devait être définitive. Malheureusement; il n'en est pas long temps ainsi. On ne tarde pas en effet à apporter le fumier sur le sol quand on en apporte, soit en moyenne tous les 9 ans, souvent tous les 15 ans!! Les herbes prises sous les tas ne se font pas moins une provision de nourriture et les autres attendent.

Bientôt on étend le fumier et chaque mauvaise herbe a sa ration bien avant le seigle ou le blé, ou toutes autres plantes en vue desquelles cependant le fumier est apporté.

La seule chance qui reste pour l'avenir, c'est que l'engrais soit bientôt enterré et qu'il ne se perde pas, partie en faveur des mauvaises herbes contre lesquelles aucun mode de destruction n'est généralement employé, et partie par évaporation.

Admettons cependant un enfouissement assez prompt. Mais cette façon est une des plus difficiles de toutes celles qui doivent s'exécuter dans les champs. Or je déclare que presque jamais on ne parvient avec la charrue russe à mettre plus de la *moitié du fumier* à la place qui lui convient, c'est-à-dire exactement entre deux terres.

Quoi qu'il arrive dans ces conditions, il y a encore partie du fumier qui achève de se perdre à l'air, parce qu'il n'est pas recouvert, et partie qui continue à nourrir les mauvaises herbes.

Comme résultat final, il n'y a qu'à regarder en ce moment avec attention le premier champ de blé venu. Je déclare en avoir examiné beaucoup. Jamais je n'en ai trouvé un où la mauvaise herbe ne fût pas en majorité.

Que peut-on trouver de plus funeste aux intérêts de l'agriculture? rien, si ce n'est l'indifférence avec laquelle on semble considérer ce mal, absolument comme s'il était sans remède.

Rien n'est cependant plus possible que la destruction de mauvaises herbes dans les terres arables. On trouve sous le climat russe tout ce qu'il faut pour cela, mais il convient de savoir se servir de ses ressources. Les règles qui régissent la matière ne sont pas bien compliquées, les voici :

Un champ infesté de mauvaises herbes étant donné, il ne faut pas d'abord en laisser pousser aucune *à graine*, et ne rien négliger pour mettre leurs racines à nu au soleil.

Pour arriver à ce but, il n'y a pas autre chose à faire que de donner des labours aussi *peu profonds* que possible—la charrue russe est excellente pour cela — puis à herser, à rouler, à reherser et à continuer ainsi tant que le temps le permettra, jusqu'à ce qu'il ne reste plus de mottes de terre assez grosses pour receler ou protéger une mauvaise herbe.

Ce n'est qu'après une destruction radicale du *parasitisme* qu'on peut espérer des récoltes entièrement productives.

Il ne faut donc rien négliger pour arriver à ce résultat, dût-on y consacrer plus d'une année de *jachère*; jamais, on peut en être assuré d'avance, les peines et le temps employés ne seront mieux rémunérés.

Nous avons bien des instruments dits *scarificateurs* et *extirpateurs*, qui seraient d'un grand secours ici; mais le *rouleau* est encore plus indispensable, et voilà pourquoi c'est le premier dont je recommande l'adoption. Il faut savoir marcher avec une prudente lenteur et de la méthode, si on veut être certain de réussir en agriculture. (¹)

(¹) Je puis dire maintenant que j'ai eu la preuve du bien-fondé de mon opinion quant au rouleau, par l'usage même qu'en a fait M. le prince Serge Gagarin, président honoraire aujourd'hui de la Société d'agriculture de Moscou, après 30 ans de présidence active. Il a eu l'obligeance de faire venir de sa campagne, exprès pour moi, le rouleau squelette en fer dont il se sert dans sa pratique et dont il s'est trouvé si bien. A l'usure du fer j'ai vu combien il avait dû servir, d'ailleurs le témoignage du prince me suffisait.

En ce qui concerne les scarificateurs et les extirpateurs je déclare que j'en ai vu de très-bons à la ferme de la Société d'agriculture de Moscou. A. J.

IX.

De parcage des moutons avant et après les semailles d'automne.

Petrovsky-parc, près Moscou, ce . . . . . .

Dans la tournée que je viens de faire plus particulièrement à travers le gouvernement de Riazan, j'ai été extrêmement frappé, et de la qualité véritablement excellente du sol et de l'infériorité relative des récoltes qui recouvrent les champs qui ne sont pas au repos cette année.

Les seigles et les avoines sont d'assez belle venue, c'est vrai; j'ai même vu des pommes de terre et des millets qui ne laissent rien à désirer, je l'avoue. Mais qu'est-ce que cette exception en comparaison de ce qu'on pourrait obtenir!

J'ai déjà dit tout ce qu'on perdait, à mon avis, en négligeant de travailler le sol comme il conviendrait de le faire, je ne reviendrai pas aujourd'hui sur ce même sujet. Je me bornerai à signaler un autre moyen de production peu usité, on pourrait même dire pas du tout, qu'on a en main également, cependant, et dont on ne fait pas même usage une fois sur mille. C'est le *parcage* du sol à l'aide des moutons rassemblés très-près les uns des autres, soit sur le sol nu, soit sur le sol récemment ensemencé.

J'ai avancé qu'avec la main-d'œuvre dont on dispose, mais avec un meilleur emploi des forces qu'on trouve dans toute exploitation un peu importante, il serait possible d'obtenir du *blé froment* à la place du seigle qu'on récolte à peu près partout, en se servant seulement des moutons, comme on le fait en France et dans toutes les contrées agricoles un peu avancées.

J'ai dit ceci notamment pour tout le district de Mikhaïlow, et bien que je sois porté à croire et même presque convaincu que cela pourrait s'appliquer à beaucoup d'autres endroits, je limite cependant les observations qui vont suivre principalement à cette localité. (¹)

L'art agricole est, d'essence, si essentiellement local, qu'il faut prendre grand soin de bien préciser les choses comme je viens de le faire quand on tient à ne pas être taxé de légèreté. Je ne vais donc parler que de ce que j'ai pu bien voir, en répétant que je n'entends rien généraliser; au contraire. Je reviendrai ensuite sur ce que je verrai de très-près aussi, je l'espère du moins, dans la seconde partie de mon voyage, qui a lieu, comme vous le savez, du côté de Wladimir, Nijni-Novgorod et Kazan, où je me dirige après avoir fait une simple station à Moscou.

Dans le district précité, comme dans tous ceux qui lui sont analogues, et je les crois nombreux, je dis donc qu'on

---

(¹) J'ai pris le parti de dater mes articles à peu près exactement de tous les endroits où ils ont été écrits, parce que je tiens extrêmement à leur conserver la couleur toute locale qu'ils doivent avoir. J'insiste sur ce fait pour qu'on ne pense pas que j'aie l'idée de rien généraliser dans ce que je dis, il s'en faut de beaucoup au contraire. La Russie est si grande et si difficile à parcourir qu'il est impossible d'en parler comme on pourrait parler d'un pays abordable sur tous ses points principaux pendant la vie d'un homme viril et consciencieusement observateur. Ces réserves faites je ne pense pas qu'il soit possible de me faire dire ce que je n'ai pas dit — comme cela a eu lieu — en donnant une portée générale à des paroles qui doivent conserver au contraire un caractère tout à fait local, limité rigoureusement aux parties des quelques gouvernements que j'ai pu visiter du mois de mai au mois de décembre de cette année.   A. J.

pourrait récolter du blé froment au lieu de seigle, sans avancer un copek de plus à la terre ; par conséquent on pourrait doubler le revenu de ce genre de champ sans bourse délier ; c'est le mot propre.

Pour cela, il faudrait d'abord user aussi largement que possible des moyens d'action dont on dispose pour bien remuer le sol et notamment pour faire mourir les mauvaises herbes à l'aide de hersages énergiques pendant les grandes chaleurs.

On comprend tout de suite que si l'on met fréquemment les racines des mauvaises herbes hors du sol alors qu'il fait très-chaud, elles se dessèchent très-vite et perdent en conséquence toute vitalité. Le chiendent *(triticum repens)* fait cependant une exception fâcheuse, il faut en échange en faire une pour lui aussi ; c'est de le ramasser avec soin et de le brûler.

Ces précautions préliminaires étant prises autant que possible, et même à la rigueur sans ces précautions, il faut se mettre en mesure, d'avoir un *parc à moutons*, et rien n'est plus facile, comme on va voir.

Le *parc à moutons*, en Occident, est formé par une série de cloisons d'environ 10 à 15 archines de long sur 3 ou 4 archines de haut. Ces cloisons ou panneaux sont en bois de menuiserie ou simplement en baguettes de bois brut, arrangées et enlacées à la manière de beaucoup de clôtures russes près des habitations.

Une fois que ces claies sont sur le champ (il en faut 30 à 40), le berger les dispose successivement les unes à côté des autres sur le sol, en les tenant reliées entre elles par des bâtons recourbés qui, d'une part, s'accrochent à la partie supérieure des cloisons, et d'autre part se fixent dans le sol à l'aide de pieux. C'est ce que nous appelons des crosses et des clés.

On se forme ainsi et très-promptement un enclos dans lequel on enferme les moutons à raison d'une tête par chaque mètre superficiel circonscrit dans le périmètre de ce que nous nommons un parc à moutons. Dans la pratique, on ne met souvent qu'un mouton par mètre et demi et même par deux mètres superficiels, cela dépend.

Il faudrait d'ailleurs entrer dans trop de détails pour bien faire comprendre ce que c'est exactement que notre parc français. Je me bornerai donc à décrire l'expédient que j'ai conseillé pour faire l'essai en question ; il est aussi simple que possible.

On prend des pieux en bois de 2 archines $^{1}/_{2}$; on affile un des bouts et on enfonce cette partie affilée en terre, en frappant simplement sur l'extrémité opposée avec un maillet.

Supposons des pieux ainsi enfoncés soit à une sagène les uns des autres, plus ou moins, de façon à circonscrire dans leur périmètre telle fraction de déciatine que l'on voudra.

A la partie supérieure de chacun de ces pieux on enroulera et on fixera d'une manière quelconque une corde, comme par exemple s'il s'agissait d'étendre du linge.

On répétera la même opération au tiers supérieur et au tiers inférieur de chaque pieu, et on aura un parc à moutons très-convenable.

Faisons entrer maintenant un troupeau de moutons dans cet enclos, et tenons-le là emprisonné toute la nuit sur un champ labouré ou non, peu importe, mais où, je le suppose, il n'y aura presque rien à brouter. Nos porte-laine se tourmenteront d'abord, ils iront et viendront à droite et à gauche, se presseront les uns contre les autres, puis ils finiront par se coucher.

L'année prochaine, on verra au Salon de Paris un tableau de Rosa Bonheur qui représentera avec une rare fidélité un de ces parcs à moutons, pris au moment même que je viens de décrire.

En voyageant ainsi que je viens de le dire, les moutons remplissent l'office d'un *rouleau* pulvérisateur qui fait si grand défaut en Russie, à mon avis. Bientôt, en conséquence, il n'y a plus de grosses mottes dans l'espace circonscrit, les déjections de chaque mouton sont pétries pour ainsi dire avec ce sol piétiné sans cesse par des centaines de pieds fourchus, et il en résulte à la fois qu'on a une surface très-unie et très-bien fumée, car on sait que la terre absorbe très-fortement toutes les matières animales, de telle sorte qu'aucun gaz, notamment les gaz ammoniacaux, les meilleurs, n'est perdu pour le propriétaire du champ.

Il n'est pas jusqu'au contact de la surface extérieure du mouton qui ne soit bienfaisant pour le sol. Qu'on y fasse attention, après une parquée récente par exemple, et l'on reconnaîtra que l'*odeur du suint* s'est très-positivement imprégnée dans la terre.

Si nous sommes bien compris, chacun peut se procurer les avantages d'une fumure comme celle que je viens de décrire. Elle est facile à appliquer, aussi bien pour les moutons que pour les autres animaux, ce qui est des plus précieux dans un pays comme celui-ci où les difficultés des transports sont excessives et où les *rouleaux* sont inconnus ou à peu près.

Quand on aura ainsi enrichi une fraction de la surface d'un champ, il restera à changer trois des côtés dudit parc pour avoir une nouvelle parquée à faire, et ainsi de suite jusqu'à ce que le champ tout entier ait été parcouru en échiquier.

En France, je l'ai dit, nous mettons en moyenne un mouton par mètre superficiel, souvent moins, mais nous changeons le parc deux et trois fois dans une nuit; dans le jour, on mène le troupeau au pâturage et quelquefois on le met encore une ou deux fois au repos dans son enclos.

Tout cela est une question d'habitude et de situation.

Il ne serait pas possible d'énumérer ici les règles générales qui régissent la matière. Ce serait trop long et d'ailleurs fort inutile pour le moment. Je me réserve de les exposer plus en grand dans la *traduction russe* de mon petit *Catéchisme d'agriculture* qui va s'imprimer incessamment et dans l'ouvrage que je publierai cet hiver sur l'ensemble de mon voyage au point de vue *agricole*, *industriel* et *commercial*.

Pour le moment, je me bornerai à conseiller un seul parcage par nuit, soit avec des moutons, soit avec des chevaux, soit avec d'autres animaux.

On aura déjà bien assez de mal pour obtenir ce supplément apparent de travail, tellement on a de peine, d'après ce que j'ai vu, à faire faire quoique ce soit *en dehors des habitudes* reçues.

Il n'y a que quand les gardiens auront compris que c'est en quelque sorte plus agréable pour eux d'enfermer ainsi leurs moutons — ou les autres animaux qu'ils sont chargés de surveiller — qu'ils y mettront le restant de la bonne volonté dont on aura besoin pour faire tout à fait bien.

Il convient d'ajouter que le parcage peut s'appliquer non-seulement avant les semailles d'automne, mais encore après ces mêmes semailles jusqu'aux premières neiges, pendant la belle saison en un mot.

Il n'y a absolument pas à s'inquiéter, quand on parque après les semailles, des quelques pousses que les moutons peuvent brouter; au printemps il n'y paraît jamais, si ce n'est que le champ ainsi parqué, c'est-à-dire *fumé sans charrois et sans main-d'œuvre* quelconque, est beaucoup plus vert et mieux venant que les champs voisins.

A ceux qui n'oseraient pas du premier coup faire l'essai de la substitution du blé-froment au seigle cette année, je conseille le parcage sur une semaille de seigle ordinaire, et je suis sûr que l'année suivante l'hésitation n'existera plus, tellement les comparaisons seront tranchées.

J'avais déjà donné les conseils qui précèdent à un propriétaire qui va les suivre cette année même, quand j'ai appris qu'un de ses voisins faisait quelque chose d'analogue depuis plus de vingt ans, et qu'il s'en trouvait admirablement bien.

Je suis bien aise de pouvoir citer cet exemple que je préciserais avec des détails si cela pouvait être nécessaire.

Je ne nomme personne, parce que cela n'avancerait à rien non plus. Mais quand le moment sera venu, je ne manquerai pas d'être aussi explicite qu'il le faudra. (¹)

(¹) Le propriétaire dont je voulais parler ici est M. Eweritinoff que j'ai eu le plaisir de rencontrer près Riazan à Retkino, chez le maréchal de la noblesse du gouvernement, M. Retkine, à l'obligeanc duquel j'ai dû de voir plusieurs ménages bien tenus dans les environs de la ville. Quand j'aurai occasion d'en parler avec plus de détails que je ne puis le faire dans la présente collection de mes lettres je dirai aussi les remarques que j'ai faites sur les propres cultures de M. Retkine qui est en cela admirablement secondé par Madame Retkine, laquelle ne craint pas de suivre elle-même et de surveiller tous les travaux des champs. Pour le moment je me bornerai à payer un trop juste tribu de reconnaissance pour la cordiale hospitalité que j'ai reçue chez les deux frères Retkine, tous les deux aujourd'hui maréchaux de la noblesse, d'après ce que je viens d'apprendre, l'un de Riazan, et l'autre de tout le gouvernement.   A. J.

X.

Inconvénient de la mise en gerbe des céréales alors que les mauvaises herbes ne sont pas sèches.

Elpatievo, ce . . . . . .

Je n'ai pas besoin de vous dire quels énormes changements j'ai trouvés en passant du gouvernement de Riazan dans celui de Vladimir où je viens seulement d'arriver; je n'aurais, je crois, rien de bien nouveau à vous apprendre à ce sujet.

Je n'ai d'ailleurs guère à vous entretenir, dans le cadre que je me suis tracé, que des impressions particulières que j'éprouve en comparant les choses agricoles de ce pays-ci avec les nôtres; quand je vais plus loin, et cela m'arrive, je ne le nie pas, c'est que je suis entraîné par le désir constant que j'ai de voir faire mieux partout où je trouve qu'on le pourrait.

C'est en suivant cette pente, sur laquelle j'aime à descendre d'ailleurs, que je vais vous parler d'une pratique russe que je trouve très-mauvaise en ce qui concerne la conservation des céréales immédiatement après la récolte.

En visitant ces jours derniers une exploitation rurale des environs de Riazan, *un bien*, [1] comme vous dites, sur lequel j'aurai souvent à revenir (c'était un premier jour de moisson), j'ai été extrêmement surpris de voir les seigles, à peine abattus, être immédiatement liés en gerbes, et ces gerbes mises isolément sur le sol comme quand on doit rentrer la récolte.

[1] Celui de Madame la princesse Tcherkasky.

Cette première surprise fut bientôt surpassée encore près d'un village de la couronne qui touche à Pétrovsky-Sokolovo même. Là, en effet, mon étonnement était au comble, c'est le cas de le dire, car ces mêmes seigles, coupés et mis en gerbe dans la même journée, étaient déjà tassés en meule, exactement comme cela a lieu chez nous à la fin de ce que nous appelons la moisson dans toute l'acception du mot.

La première pensée qui m'était d'abord venue, c'est qu'il s'agissait de seigles extrêmement mûrs venus sur un sol très-propre. J'étais d'autant plus disposé à admettre cette raison que je visitais alors précisément des terres extraordinairement bien tenues sous ce rapport, grâce à des circonstances de voisinage sur lesquelles je me réserve de revenir avec détails, et je dois même ajouter avec plaisir, tellement j'ai été agréablement impressionné de cette exception, car c'en est une, comme je le dirai ultérieurement.

Je fus cependant bientôt dissuadé de ma première pensée quant à la propreté du sol. Il s'agissait, au contraire, d'un seigle venu en terrain mal soigné, rempli d'herbes, et néanmoins, sans plus de précautions quelles qu'elles soient, on tassait ainsi le tout ensemble, vert et sec.

Je voulais croire encore qu'il ne s'agissait, comme on me l'avait d'abord dit, que de malheureux paysans ayant été éprouvés par l'incendie et ayant besoin impérieusement du premier grain pour faire du pain. Mais quelques jours après, aux environs de Retkino, je constatai les mêmes faits, et depuis que je suis ici j'ai vu que c'était un usage à peu près général, à la mise en meule près.

Il ne faut pas être bien fort en agronomie pour comprendre quels peuvent être et quels sont en effet les inconvénients graves d'un pareil procédé. *En enfermant ainsi le loup dans la bergerie*, comme on dirait chez nous, on fait exactement tout ce qu'il faut pour déterminer à l'intérieur de la masse du seigle une fermentation considérable qui pourrait même en certain cas conduire jusqu'à une sorte d'incendie spontané comme on a pu en observer par suite d'une fermentation analogue dans du foin rentré trop tôt.

Dans tous les cas, il s'ensuit toujours un *échauffement*, une fermentation putride plus ou moins intense, qui donne mauvais goût à la fois et à la paille et aux grains, en leur conservant une sorte d'humidité moite qui plus tard engendre la moisissure.

Je comprends que dans ces conditions, on soit obligé d'avoir des *séchoirs* pour combattre ce mal tout à fait volontaire, mais je comprendrais encore bien mieux qu'on se mit à l'abri d'un pareil inconvénient, et rien n'est plus facile.

En France, et dans tous les pays un peu avancés, le blé ou le seigle étant coupé à la *faux à crochets* ou à la *sape*, (car on ne se sert plus guère de l'impuissante faucille) on le laisse sur le champ en *javelles* minces, de façon que l'air ambiant, généralement chaud à cette époque, puisse les pénétrer convenablement et sécher toutes les herbes qui doivent faire partie intégrante de la gerbe.

Quand le temps est favorable, on ne tarde pas à retourner cette même javelle pour favoriser la dessiccation des deux côtés. C'est là une opération qui nous revient à cinq ou six copeks par déciatine quand elle n'est pas comprise dans le prix de la tâche, ce qui est plus habituel.

En vingt-quatre ou trente heures en moyenne on a ainsi un produit qui est bon à être manipulé et ensuite rentré quand on veut. Il n'y a plus aucune crainte à concevoir.

Quand le temps est un peu douteux, *et on doit toujours le considérer comme étant ainsi*, on met ces mêmes javelles en petits tas que nous appelons *moyettes*. Ces tas étant recouverts d'une certaine façon peuvent braver sans avarie des pluies de quinze jours et plus. Je recommande d'abord la dessiccation préalable de la javelle, et cela de la façon la plus absolue, puis la mise en tas, très-usitée ici déjà, lesquels tas sont appelés *christsky*, je crois. Ces tas de douze gerbes placées en croix, et recouverts d'une treizième gerbe vigoureusement liée à sa base et renversée les épis en bas, sont excellents.

Ceux qui sont formés de gerbes mises debout les unes à côté des autres et recouverts également par une gerbe renversée ne sont pas mauvais non plus.

Notre illustre Mathieu de Dombasle a dit avec raison: « *En temps de moisson, il faut toujours agir comme s'il devait pleuvoir chaque nuit.* » Je crois que nulle part plus qu'ici on ne devrait suivre ce conseil, qui chez nous est considéré par les agronomes intelligents comme un axiome.

Une réforme qu'il serait également bon d'introduire dans les pratiques agricoles russes, à mon sens du moins, c'est celle du *lien* actuel qui sert à former la gerbe. Je ne connais rien de plus imparfait que ceux que l'on emploie. On se borne le plus souvent à prendre deux petites poignées de tiges et à les corder simplement par l'extrémité qui porte l'épi.

Cela est vicieux.

D'abord le grain s'échappe facilement par suite des froissements que les épis éprouvent pendant le temps de la torsion, ensuite, et ceci est très-grave, on n'obtient pas ainsi une solidité suffisante.

Or, pendant la moisson, rien n'est plus précieux que le temps et quand les gerbes se délient, on a deux inconvénients pour un. Outre le grain qu'on perd il faut encore passer beaucoup de temps pour réparer le mal, et, pendant qu'on est occupé ainsi, tous les ouvriers qui sont classés dans une brigade de rentrée en grange ou de mise en meule sont obligés d'attendre sans rien faire.

En France, nous préparons nos liens d'une année sur l'autre, avec la plus belle paille de seigle que l'on puisse récolter. On en sème même exprès de petits champs en vue de cet usage.

Ce seigle est battu au fléau avec soin, et l'hiver, dans les moments perdus, tout le monde s'occupe à confectionner de longs et solides liens. Quand on doit s'en servir, on les immerge un peu dans l'eau, et l'on a ainsi de quoi étreindre les gerbes aussi vigoureusement qu'avec une corde.

Nous nous servons également avec beaucoup d'avantages de *lanières d'écorces de tilleuls* (¹) et nous préparons aussi des liens avec des herbes de marécages; mais, comme ici où j'ai vu employer ce dernier procédé, c'est tout à fait l'exception.

Les imprévoyants, comme il y en a partout, se bornent bien quelquefois à user du procédé qui me paraît être le plus général ici, celui des liens faits sur place; mais au lieu de la simple et insuffisante torsion, il faudrait faire le nœud dit en 8, ou encore le *nœud droit* ou *nœud de marin*.

L'usage de ce nœud droit a, outre sa solidité, l'avantage de laisser plus de longueur à la disposition de l'ouvrier, et l'on évite ainsi ces ridicules gerbes comme on n'en voit que trop dans la partie du gouvernement de Vladimir que j'ai déjà parcourue, et qui sont grosses comme des *bottes d'asperges* de Paris.

Or, comme chacune de ces petites gerbes exige autant de temps que les grosses dans chacune des manœuvres qui doivent être exercées sur elles, du moment où elle est établie jusqu'à celui où elle doit être battue soit au fléau, soit à la machine, il en résulte un véritable gaspillage des forces vives, très en harmonie du reste avec presque toutes les coutumes agricoles russes que je connais, c'est vrai, mais très-préjudiciable aux intérêts généraux du pays.

(¹) Ces lanières chez nous s'appellent des *tilles* et se vendent sur le pied de 75 cop. à 1 rouble argent le mille. D'après ce que j'ai vu depuis que cet article a été écrit je crois que les tilles pourraient rendre des services en Russie. Il y aurait peut-être même là matière à une sorte de bonne spéculation agricole qui aurait pour but d'utiliser des écorces de bois comme on le fait déjà pour les sacs à grains. C'est là une question qui mériterait d'être étudiée à part et avec un peu de soin.   A. J.

Je sais bien que tout le monde parle haut de ces intérêts-là, et que peu de personnes s'en soucient : mais c'est égal, tôt ou tard toutes les questions qui s'y rattachent tiendront le *haut du pavé* comme on dit, et alors il faudra bien se soumettre à leurs exigences. Je crois d'ailleurs qu'aucune révolution salutaire ne pourra s'accomplir ici en agriculture sans que la force des choses n'en soit la cause initiale.

Si je signale plus particulièrement dans mes observations critiques des faits qui peuvent sembler secondaires à certains esprits prétentieux comme il y en a partout, il ne faut pas croire que ce soit faute de m'être aperçu que les faits principaux qu'il faudra révéler sont ailleurs que dans les champs.

Non, ils ne m'ont pas plus échappé que les autres ; au contraire, il sont venus se montrer eux-mêmes à moi ; je me propose donc d'y revenir.

L'ordre que j'ai suivi ici est logique ; j'ai voulu parler des choses au moment même où elles se passaient pour ainsi dire, de façon que chacun pût vérifier le plus ou moins bien fondé de mes observations, en profiter même dès cette année s'il les trouvait bonnes.

J'aurai ultérieurement tout le temps devant moi pour dire que l'*absentéisme* des campagnes et l'*ignorance colossale* des principaux propriétaires fonciers en matière agricole sont les plaies qu'il faudrait chercher à guérir les premières ; malheureusement, elles sont presque de nature incurable, tellement elles sont invétérées et tellement elles ont, je ne le nie pas, de très-grosses apparences de raison d'être.

Ce n'est donc qu'après la clôture de ce qu'on appelle la campagne agricole que je reviendrai sur les hommes si j'y reviens, et j'annonce d'avance qu'alors les types ne me feront pas défaut pour la formation des groupes que j'aurai à disposer, je dis groupe parce que je ne parlerai jamais des individus, les personnalités n'avançant en rien les choses.

XI.

Sur le cheval russe.

Goria, ce . . . . . .

Quand on arrive en Russie par St-Pétersbourg, comme c'est d'usage, on ne manque pas d'aller aux îles et là, pour peu qu'on soit connaisseur, ou simplement amateur — ce qui est loin d'être la même chose — on examine avec plaisir les superbes et excellents trotteurs qui sillonnent cette belle promenade en tous sens avec une rapidité réellement remarquable, que ne comporte cependant pas toujours la brièveté relative des courbes de la plupart des allées.

Quoiqu'il en soit, on est généralement *empoigné*, comme disent les artistes, et on se fait une fête d'avoir à parcourir un pays aussi bien doté sous le rapport hippique.

En ce qui me concerne, j'ai été positivement très-frappé des allures de ces magnifiques trotteurs que leurs propriétaires font tous descendre du haras du comte ou de la comtesse Orlow, exactement comme s'il était possible, après si peu de temps de création, d'avoir peuplé un pays comme celui-ci ! Mais cette pointe d'amour-propre laissée à part, il n'en reste pas moins vrai qu'on trouve effectivement ici des trotteurs du plus haut prix, à mes yeux du moins.

J'avais bien vu courir à Versailles les chevaux russes d'Horace Vernet, j'en ai également vu à Paris quelques-uns, mais à des voitures de pur luxe avec livrées à effet. Tout cela ne m'avait pas très-impressionné. Aujourd'hui c'est bien différent, j'ai été voir d'abord des types sûrs comme pureté : la fameuse *Victoria* qui a servi à l'empereur Nicolas et dont mon ami Blanchard a fait le portrait pour l'*Illustration* où je traiterai ce sujet à mon retour en France ; c'est un des plus beaux sujets que renferme à l'heure qu'il est la retraite des illustres invalides à Tsarskoé-Sélo.

J'ai vu depuis l'étalon pur sang de trait léger du dépôt impérial de Riazan, dirigé avec tant de soin et de succès par le colonel Poutiata.

J'ai vu le magnifique *Maladetzkoï* de M. Dmitri Narischkine, dans le gouvernement de Vladimir où je suis en ce moment ; j'en ai examiné plusieurs autres encore, soit au repos soit en action, et je déclare que je préfère de beaucoup ce type étoffé et léger à la fois, à allures rapides et soutenues, à toutes ces *ficelles anglaises* dont on a déjà empoisonné trop de contrées sans aucun discernement.

Je dis, sans discernement, car je ne suis pas l'ennemi du sang, bien et judicieusement employé, et non gaspillé comme nous l'avons fait surtout en France jusqu'à ce jour. Quant à ce que j'avais lu du cheval russe dans les journaux spéciaux de France, notamment de M. de Montendre et autres hippiâtres, de mérite pourtant, tout cela est si faux que je n'en parle que pour mémoire.

Dans mon admiration pour ce beau type de cheval russe dont je suis devenu presque un fanatique, je me faisais une fête de m'enfoncer dans l'intérieur des terres pour y goûter la jouissance que j'éprouve toujours quand je vois un bon cheval bien soigné, bien gâté même, soit avant soit après le travail.

Je me réjouissais de voir cet excellent serviteur faire partie de la famille comme chez les Arabes. J'étais d'autant plus tranquille et assuré dans ma conviction que je savais, par voie de tradition, qu'hommes et bêtes restaient ensemble dans le même isba pour ainsi dire, et je voyais déjà par la pensée le cheval du Russe admis à l'intérieur, caressé et soigné comme celui du Bédouin sous la tente de son maître.

La statistique me raffermissait encore dans mes idées. J'y voyais une population qui, en 1850, possédait environ un quart de cheval par habitant, soit un total de 15,314,060 têtes. Je trouvais au recensement plus récent que ce total s'était déjà élevé à 16,229,000. Mais ce qui me séduisait le plus, c'était de voir ces magnifiques environs d'Oufa, de Samara, de Saratow, de Simbirsk et d'Orenbourg, où je savais devoir trouver un demi cheval par habitant. Je regrettais presque d'avoir commencé mes stations par le gouvernement de Riazan, qui n'avait en 1850 que 407,693 chevaux, soit 310 par 1,000 habitants, et qui n'en compte aujourd'hui que 35 pour 100 des habitants, soit un total de 463,683.

Si je confesse si haut et si fort mes illusions, c'est que, je ne crains pas de le dire, la chute en a été terrible pour moi. Jusqu'à Moscou, le chemin de fer n'a naturellement rien changé à ma manière de rêver, je puis dire le mot. J'avais même résisté courageusement aux exemples, cependant déjà très-caractéristiques, que beaucoup d'isvoschiks avaient étalés sous mes yeux. Le pavage d'ailleurs (¹) m'avait donné un tel cauchemar, je l'avoue, que je l'accusais volontiers de tout ce qui était à St-Pétersbourg de nature à faire tomber le voile. Enfin il n'en fut rien ; il me fallut assister à plusieurs relais de poste d'abord, puis à des relais en pleine campagne, pour reconnaître mon erreur à l'endroit des *bons soins* dont je croyais que les chevaux russes étaient l'objet.

(¹) On a dit que Paris était l'*enfer des chevaux*, mais en vérité c'est un paradis, si on le compare à St-Pétersbourg, qui pourrait plus justement être appelé : *Enfer des chevaux* et *purgatoire des hommes*, — de ceux qui vont en petit drojki surtout !...

Je suis encore à me remettre, je ne cherche pas à le nier, d'une aussi terrible chute que celle-là, et cependant, il faut bien en convenir, l'évidence de faits est là, et il faut les proclamer bien haut. Il n'y a pas un pays au monde où la *loi Grammont* serait plus utile qu'ici, en supposant toutefois qu'elle put être appliquée beaucoup mieux qu'elle ne l'est en France, quoi qu'en disent ou puissent en dire mes collègues de la Société protectrice des animaux.

Il est de fait qu'en dehors de Paris, et de quelques autres villes peut-être, la loi Grammont est aussi bien une lettre morte que dans ce pays-ci même, où les mauvais traitements sont poussés jusqu'aux dernières limites; je puis l'affirmer, puisque *j'ai vu périr* des animaux à la peine et que je leur ai vu infliger des corrections odieuses.

A quoi donc servent, vais-je me demander maintenant, tous les sacrifices que le gouvernement s'impose pour procurer aux paysans des étalons aussi convenables que possible aux services dont ils ont besoin, si les produits de ces mêmes étalons doivent être maltraités comme cela a lieu si généralement?

Cela sert, me dira-t-on, à faire vivre des intermédiaires; sans doute, *ils sont ici dans leur patrie*, c'est vrai encore, mais ce n'est pas ainsi qu'on doit raisonner quand on se place au point de vue économique où je suis.

Précédemment, j'avais déjà déploré l'absence presque absolue de l'*élément vétérinaire* qui est si utile, indispensable même, pour soigner les maladies et atténuer les effets des terribles épizooties qui ravagent si souvent le pays. Aujourd'hui que j'ai vu les choses de plus près, je déclare que le manque de vétérinaires est une plaie considérable pour un pays qui a peut-être plus encore besoin, je dis même *certainement* plus besoin, de *prévenir* que de guérir.

Maintenant que j'ai examiné de près la manière dont les chevaux sont traités, je m'explique parfaitement la médiocrité du travail qu'ils donnent. Ce sont des lampes qui *manquent d'huile* et auxquelles on donne à peine la ration d'entretien, sans avoir égard aux lois si rationnelles qui devraient régir partout la matière.

Je vais les résumer en deux mots ici, parce qu'elles ont le mérite en même temps de s'appliquer à l'homme lui-même qui, à mon sens, est en aussi médiocre état que son cheval.

Prenons donc un cheval quelconque, par la seule pensée si l'on veut, et donnons-nous pour mission de lui administrer tous les jours exactement la quantité d'aliments qui sera suffisante pour réparer ce que le simple jeu quotidien des organes de la vie aura dépensé.

Ceci est facile à faire puisqu'on peut savoir très-approximativement, par l'analyse chimique, et la valeur alimentaire d'un foin, d'une avoine donnés, et la quantité qu'il en faut pour former l'équivalent de ce qui a été dépensé dans une journée.

N'est-il pas évident que si l'on nourrit ainsi pendant toute sa vie une bête quelconque sans jamais lui demander l'effort de travail dont elle est susceptible, on aura perdu et temps et argent? Il n'y a de compensation que dans la satisfaction d'un caprice de luxe, et c'est là un cas dont nous n'avons pas à nous occuper.

Supposons, pour la commodité du calcul, que notre cheval idéal exige 10 livres de foin et 10 litres d'avoine par jour pour son entretien, c'est-à-dire pour vivre. Mais il a en lui de quoi consommer et dépenser beaucoup plus si on le fait travailler, soit par exemple 15 livres de foin et 15 litres d'avoine. En le laissant au repos on économise les 5 livres de foin et les 5 litres d'avoine, c'est vrai; mais on perd radicalement la ration d'entretien qui, elle, ne peut être rachetée que par la ration de travail; voilà ce qu'il ne faut pas perdre de vue.

Elle seule, en réalité, représente un *effet utile négatif*, qui coûte cher cependant: avance du capital, intérêt et amortissement, risques, logement, peines et soins du palfrenier, etc., etc.

Mais si avec un supplément de ration nous obtenons un effet utile, comme 2 par exemple, nous créons tout de suite un *revenu* qui, dans un temps donné, balancera exactement par *doit* et *avoir* le compte de l'animal. Enfin, si au lieu de dépasser de très-peu la ration d'entretien nous l'augmentons au contraire du maximum possible, qui équivaudra alors à ce que le cheval peut dépenser par rapport aux forces qu'il est susceptible de développer, nous aurons un *effort utile comme dix*, si l'on veut, qui non-seulement paiera par sa valeur et la ration d'entretien et toutes les charges qui la grèvaient tout à l'heure en pure perte, mais qui encore donnera bientôt un *bénéfice* constituant une *rente* à la place d'une perte quotidienne.

Je mets en fait que les chevaux employés à l'agriculture, je dirai même les hommes eux-mêmes, ne reçoivent que très-peu en sus de la ration d'entretien qui leur est indispensable pour vivre ; aussi, le travail est-il bien en rapport avec cet état de choses, c'est-à-dire presque nul.

Quand un ouvrier est mal traité en France, on dit *qu'il travaille comme on le nourrit*. Ceci est vrai partout, et en Russie notamment.

Les faits qui précèdent me paraissent élémentaires et devraient facilement être compris de ceux qu'ils intéressent. Mais comment les faire parvenir à leur connaissance? C'est ici que s'ouvre tout un nouvel horizon: celui de l'*instruction* à introduire dans les campagnes, instruction qui doit être la base de toute prospérité et qui, cependant, fait à peu près défaut dans tout l'Empire ; mais pour instruire les autres il faut avant tout des *moniteurs*, et à ceux-ci des *professeurs*.

Je voudrais donc voir former en Russie une vaste *école d'économie rurale* comme Bourgelat l'avait rêvée chez nous en fondant Alfort, qui malheureusement a dégénéré depuis en simple école vétérinaire.

Il faudrait diviser les cours et faire des catégories.

Dans celle des professeurs en herbe il faudrait faire étudier à fond les sciences pures et appliquées. On devrait comprendre dans leur programme un voyage par groupes de 5 ou 6 dans tous les établissements étrangers qui méritent d'être étudiés.

Avant de rentrer au giron pour prendre le grade définitif, il faudrait imposer un voyage à l'intérieur même, et une sorte de service stagiaire dans un régiment.

Il faudrait imposer à peu de choses près les mêmes épreuves aux candidats qui devraient exercer seulement les fonctions de vétérinaires dans les divers gouvernements de l'Empire.

L'agriculture devrait être une des bases de leur éducation. Ils devraient surtout posséder à fond l'*Hygiène*, la seule science qui puisse rendre des services immédiats et étendus, puisqu'elle permet d'agir sur des masses avec un petit personnel. Or, comme le personnel fera longtemps défaut en Russie, ce point est de la plus haute importance.

En sous-ordre, il faudrait de nombreuses exploitations rurales où l'on formerait de bons *ouvriers-brigadiers*, et où les aspirants-professeurs et vétérinaires viendraient fréquemment et alternativement faire des stages :

Les *Fermes-Écoles*, si l'on veut, devraient appartenir à des particuliers, comme on a cherché à le faire en France.

L'INITIATIVE PRIVÉE devrait tenir la première place.

Tout ce qui est basé sur l'appui d'une administration ou d'un gouvernement périclite toujours, et finit par périr sans avoir rendu aucun service tout en ayant coûté très-cher.

Il y aurait beaucoup à étudier cette matière si on voulait agir. La première difficulté qu'il faudrait tourner ce serait de ne pas augmenter le nombre des employés de l'État. Il y aurait un *système d'abonnement* ou d'assurance qui pourrait bien convenir à merveille pour faire une position convenable aux praticiens. Je le développerai une autre fois plus à mon aise qu'aujourd'hui où mon but, d'ailleurs, a été uniquement de me récrier contre les traitements infâmes qu'on fait subir aux chevaux, le mal-soin dont ils sont l'objet, et les préjudices que cause un tel état de choses, en indiquant seulement un des moyens qu'il serait peut-être avantageux d'employer pour pallier le mal d'abord, le guérir ensuite, si un mal si grand est curable, ce qu'il n'est pas impossible d'admettre, avec le temps surtout.

XII.

De l'état actuel de la médecine vétérinaire.

Proudetskoï et Mont-Plaisir-lez-Elpatiro, ce . . .

Ce qui, décidément, continue à me frapper le plus, et cela avec une persistance qui ne s'est pas relâchée encore un seul instant, depuis que je suis ici, c'est toujours la situation déplorable de l'admirable richesse que possède la Russie en animaux domestiques de toutes les sortes.

Bien que j'aie déjà abordé ce sujet au moins une fois en passant, je n'hésite pas à y revenir encore avec plus de détails, tellement je le trouve important et tellement je considère le manque presque absolu de vétérinaires en Russie comme un mal considérable dont il est impossible qu'on ait bien sondé toute la profondeur.

Je dois déclarer préalablement, pour me mettre à l'aise et éviter de faux commentaires sur les sentiments qui me guident en écrivant ces lignes, que tout en ayant l'honneur d'être lauréat de l'école d'Alfort et membre de la Société impériale et centrale de médecine vétérinaire de France, il m'est arrivé plus d'une fois de critiquer chez nous-mêmes ce qu'il y a encore de vicieux dans la situation qui est faite de nos jours à cette utile profession dans la personne de ceux qui l'exercent. Je n'ai et ne veux avoir en vue aucune comparaison prématurée dans le but de relever cette science dans un pays au détriment ou en faveur de ce qu'elle est dans un autre.

Si d'ailleurs on me prêtait jamais une telle pensée, je couperais bientôt court à la discussion en déclarant nettement, qu'à mon sens, toute comparaison serait oiseuse, sinon impossible ici, puisque, pour moi, l'art vétérinaire n'existe absolument pas en Russie.

J'ai pu causer déjà avec des gens réputés vétérinaires et employés à ce titre dans des administrations de la couronne ou quelque chose de très-approchant; j'ai fait questionner des praticiens des campagnes; j'ai causé avec des propriétaires de haras réputés fameux; j'ai poussé mon enquête avec toute la persévérance possible, et il en faut beaucoup ici pour obtenir quelques renseignements sur lesquels on puisse compter.

De l'ensemble des faits que j'ai constatés il résulte surabondamment la matière des conclusions que j'ai posées en commençant. Mais avant de passer outre, pour les développer, j'éprouve le besoin de citer au hasard quelques-uns des faits auxquels je fais allusion, et qui me paraissent suffisamment topiques pour dispenser de tout commentaire.

Et d'abord, pour commencer par le sommet, comment admettre, je le demande qu'une clinique vétérinaire comme celle de St-Pétersbourg, par exemple, puisse être, pour ainsi dire, fermée pour cause de vacances? Est-ce que les maladies attendent, pour se déclarer, telle ou telle période que ce soit?

Aussi ai-je été peu surpris en questionnant un vétérinaire ayant fait ses études dans cette section même, de m'entendre répondre qu'il ne connaissait que les maladies des chevaux et non celles des bêtes bovines. (¹) Il s'agissait cependant de la

---

(¹) Il est de fait que dans mes recentes visites à cette école je n'y ai pas vu une seule bête à corne. Il y a cependant près d'ici des vaches malades dans les étables du grand-duc Nicolas, du prince d'Oldenbourg et de M. Stobeus. J'ai notamment visité avec beaucoup d'attention ces dernières qui sont surveillées avec autant de sollicitude que d'intelligence par M. Verder, de Zurich, et je m'étonne que quand il y a une si belle occasion d'étude à 19 verstes seulement de la capitale à Serghi, les élèves de l'école n'y soient

pleuropneumonie, et c'est à peine, ajoutait-il, s'il avait entendu parler de ce véritable fléau et de l'*inoculation* qu'on lui oppose avec tant de succès en Occident.

Dans une autre contrée j'assistais au pansement d'une plaie simple qui ne réclamait rien autre chose que la plus extrême propreté. Le vétérinaire du lieu faisait une pommade avec une *semelle de botte* bien vieille, bien pulvérisée, mélangée ainsi en poudre avec de la graisse et du goudron, et il l'appliquait sur la plaie.

Un autre jour, consulté sur une boiterie due à une fourbure évidente comme le jour, on me demanda si cela ne pourrait pas être le résultat de l'absorption d'une trop grande quantité d'eau bue la veille! Un maître du lieu avait préalablement palpé l'épaule, sans même regarder *ni faire déferrer* le pied du cheval, et il avait trouvé la cause du mal dans une petite grosseur existant à la pointe de l'épaule, et qui n'était rien autre que la saillie très-normale de l'acromion!

J'ai vu donner des pilules homœopathiques contre un mal de garrot! On a administré devant moi un breuvage, dont la terre ordinaire délayée dans l'eau faisait la base, pour combattre les ravages causés par un *javart* déjà ancien.

J'ai vu périr des bêtes à corne d'une pneumonie simple sans qu'elles aient même été saignées.

J'ai entendu traduire la lettre d'un intendant, racontant la perte de tout un troupeau de 1,500 moutons, atteints du *piétin*; et ce troupeau avait été traité par des breuvages enchantés!

J'ai visité 1,200 brebis, restant d'un troupeau de 2,000 têtes. La pourriture, qui continuait ses ravages, avait été combattue

---

pas envoyés à tour de rôle. Je suis avec attention des expériences d'inoculation qui y ont été pratiquées sur vingt sujets et tout me porte à croire que le succès couronnera cette louable tentative.

A. J.

par la *poudre à canon* en frictions et le *soufre en bâton* dans l'eau (¹).

Je n'en finirais pas si je voulais citer tous les faits analogues que j'ai recueillis. Je me bornerai donc à dire qu'il n'y a pas un garçon d'écurie en Angleterre qui ne connaisse mieux et ne sache mieux soigner un cheval malade que les vétérinaires empiriques qui sont attachés à beaucoup de haras de seigneurs, à ceux que j'ai vu tout du moins, car je ne généralise jamais. Un grand nombre n'ont pour titre que celui d'avoir passé quelque temps dans un haras réputé. C'est ainsi qu'on en rencontre assez venant des harras Orlow. J'en ai fait questionner plusieurs consciencieusement, et ils se sont montrés tous fort ignorants.

Je ne crois pas qu'en Russie même, on conteste bien sérieusement la profondeur du mal en question; on l'avoue le plus souvent sans détours, et c'est ce qu'il y a de mieux à faire. Quand on n'a pas d'illusion, on sonde bien mieux les plaies et l'on trouve plus facilement le moyen de les cicatriser.

Ceci posé, voyons un peu, afin de bien fixer les idées, quel est l'énorme *capital bétail* qui est en ce moment abandonné sans soins et sans secours possibles à toutes les chances d'épizooties si meurtrières qu'elles ont souvent causé la ruine de milliers de particuliers à la fois, et effrayé en masse les populations et même les classes élevées de la société aussi bien que les pays voisins.

D'après un travail officiel qui remonte à 1850, voici quelle était la situation de ce capital à cette époque. Nous mettrons en regard celle que le ministère des domaines a adoptée officiellement aussi il y a deux ans, en 1857. Il s'agit seulement ici de la Russie d'Europe, bien entendu.

(¹) Chacun sait que le soufre n'est pas soluble dans l'eau, par conséquent, mettre un bâton de soufre dans l'eau qu'on donne en breuvage c'est tout comme si on y mettait un caillou!

	1856.	1857.
Bêtes à laine fine . .	7,367,775	7,872,000
Bêtes à cornes . . .	19,696,517	21,785,000
Chevaux	15,314,060	16,299,000
	42,378,352	45,956,000

Si nous ajoutons 36 à 37 millions de bêtes à laine commune, on voit que nous avons affaire à une population composée au minimum de *quatre-vingt-deux millions de têtes*. C'est un chiffre assez rond, comme on le voit, et je le crois plutôt au-dessous qu'au-dessus de la vérité.

Je mets en fait que tous les vétérinaires de l'Europe ne suffiraient pas pour surveiller convenablement et soigner à point cette immense quantité d'animaux domestiques qui sont répandus sur une surface du sol énormément grande elle-même. C'est dire assez que je ne considère pas du tout la tâche comme facile, il s'en faut de beaucoup. Mais si, entre le difficile et l'impossible, il y a un grand espace à remplir, cela n'est pas contesté, il s'en faut que les obstacles soient tels qu'on ne puisse les surmonter.

Et d'abord, il y a ceci de commode en Russie, c'est que tout étant à faire, à ce point de vue spécial bien entendu, on peut tailler en plein drap, sur le meilleur modèle qu'il ne s'agira plus que de savoir bien choisir.

Je n'ignore pas que des tentatives ont été faites déjà. Je sais qu'il y a à Dorpat une école vétérinaire réputée, qu'elle compte même des hommes éminents dans la science.

Je connais moins celle de Kharkow. Quant à la section de St-Pétersbourg, j'ai dit dans quel état je l'avais trouvée.

Je n'ignore pas non plus les essais faits plus ou moins heureusement, au point de vue agricole, à Gorigoretz, à Kazan, à Moscou, à Viatka, à Nijni-Novgorod, à Smolensk, à Orel, à Tambow, à Samara, à Vologda et à Sainte-Marie près Saratow.

Je sais que des particuliers, la comtesse Strogonow notamment, ont fondé des établissements spéciaux ; qu'il y a même des écoles d'horticulture à Penza, à Ekaterinoslaw, à Kicheniew, à Odessa, à Astrakhan.

Je sais même qu'il y a ou qu'il y a eu une école de magnanerie à Simphéropol; un établissement pour l'éducation des abeilles à Prokopowitsch, et une école pour le lin, fondée par M. Karnowitsch.

Il y aurait peut-être encore d'autres tentatives à citer, mais cela n'avancerait à rien pour ce que je veux dire.

Ne jugeant que par les faits étudiés déjà avec un certain soin par moi dans six gouvernements, je n'hésite pas à déclarer que tous ces établissements ont été impuissants, car je n'ai pas trouvé *un seul de leurs* FRUITS nulle part. Ils sont éparpillés sans doute, et rendent des services partout où ils sont, je me plais à le croire; mais cela ne sera jamais suffisant. Il faut donc absolument aviser à quelque chose de plus efficace.

Quand on arrive, comme j'y suis en ce moment, à ce qu'on appelle le pied du mur, et qu'on ne se dissimule pas l'étendue de la tâche, il faut pour parler, être bien sûr de soi ou compter sur une haute indulgence de la part des lecteurs intelligents qui sont appelés à juger. C'est cette dernière considération seule qui me détermine à entrer en matière.

J'émettrai mes opinions avec conviction, sans m'interdire de les modifier si la discussion m'éclairait plus que je ne le suis en ce moment. Il y a toujours de l'honneur à reconnaître qu'on s'est trompé quand on l'a fait de bonne foi. C'est dans ces conditions et sous ces réserves que je me propose d'exposer mon plan dans le plus prochain de mes articles.

XIII.

De la création d'écoles d'économie rurale.

Derevné-Michoutine, ce . . . . . .

Si j'avais à faire un programme très-concis de ce que j'entends esquisser seulement dans cet article, je résumerais ma pensée en disant que je voudrais voir créer en Russie des établissements spéciaux où l'on formerait des vétérinaires qui seraient en même temps de vrais agronomes, parce qu'ils auraient été dirigés à peu près exclusivement dans ce but.

En un mot, le vétérinaire ne devrait pas être ce qu'il est aujourd'hui partout, et ce qu'il n'aurait jamais dû devenir suivant moi, un homme spécial à science bornée, ou à peu près, au seul art de guérir, mais bien, au contraire, essentiellement à *l'art de prévenir*. Or, pour cela, les connaissances agricoles complètes lui sont absolument indispensables.

Notre célèbre Bourgelat, je crois l'avoir déjà dit, avait parfaitement bien compris les besoins d'un pays qui, comme le nôtre, tient beaucoup à sa position florissante. En fondant Alfort, près Paris, il avait voulu former là une véritable *école d'économie rurale*, ayant aussi bien, par conséquent, l'agriculture que l'art vétérinaire pour bases.

Malheureusement, son but n'a pas été atteint; petit à petit, la médecine vétérinaire a dominé, et aujourd'hui elle règne à peu près en maîtresse absolue.

En 1848, cependant, il y eut une tentative de réorganisation sur un nouveau pied ; des *fermes-modèles* devaient être adjointes à l'école, et c'est là que les élèves auraient dû aller compléter leur éducation. Il y eut un programme rédigé, mais ce fut tout.

Il faudrait que ces exemples du passé servissent en Russie pour éviter de tomber dans les extrêmes comme nous y sommes tombés nous-mêmes. Ainsi, en sortant d'*Alfort,* on n'est pas assez agronome, de même qu'en sortant de notre école régionale d'agriculture de *Grignon* on n'est pas assez vétérinaire.

Il faut éviter aussi ces sortes de divisions qui n'ont de bon que l'apparence, et qui font croire, par exemple, qu'il faut des études spéciales pour telles régions d'un pays et qu'il en faut d'autres pour telles autres. C'est ainsi que nous avons à tort une école vétérinaire à Toulouse, soi-disant pour le midi, et une à Lyon pour le centre.

La science est une partout. Le savoir n'a pas de patrie, si l'on peut s'exprimer ainsi ; il ne se localise pas. Que serait donc un médecin qui ne pourrait guérir que dans le nord et qui tuerait tous ses malades dans le midi ?

J'insiste un peu sur ce fait, parce qu'il y a là un écueil contre lequel on est déjà venu se heurter en Russie.

On a voulu, je le sais, et c'est pour cela que je m'arrête un peu sur ce point, avoir des fermes-écoles pour le *nord* dans les gouvernements d'Olonetz, d'Archangelsk, de Vologda et de Novgorod ; pour le *nord-est*, à Wiatka et à Perm ; pour le *sud-est*, à Saratow, à Astrakhan et à Orenbourg ; pour le *sud-ouest*, à Koursk, à Kharkow, à Poltava, à Kiew et à Tschernigow. Enfin, pour le *centre*, à Tambow, à Orel, à Woronèje, à Penza, à Riazan et à Toula.

Ce n'est pas du tout ainsi qu'il faudrait procéder. Il faudrait, à mon avis, concentrer tous les efforts sur un seul point [1] *aussi*

---

[1] Je veux un bon fond d'instruction d'abord, mais je n'entends pas exclure les applications locales au contraire. Je tiens à bien préciser mes réserves à cet égard.

près que possible d'une grande ville et d'une voie commode de communication. Je choisirais par conséquent St-Pétersbourg, ou peut-être de préférence Moscou; il faudrait y réfléchir, car il y a de chaque côté beaucoup de pour et beaucoup de contre.

Les proximités centrales que je réclame sont indispensables à plusieurs points de vue. Et d'abord, on aura beau faire tout ce qu'on voudra, jamais on ne remplacera par quoi que ce soit les rayons bienfaisants d'un grand centre. Quelque position que l'on puisse faire à un homme de mérite, il préférera toujours rester près d'un centre de lumière que de s'en éloigner.

Il y a une sorte d'attraction que rien ne saurait détruire. Il ne faut pas chercher d'autres causes que celle-là à la supériorité de l'école d'Alfort sur les autres écoles vétérinaires de France; sa proximité de Paris lui assurera toujours les meilleurs professeurs. Cela se comprend de reste et n'a pas besoin, je pense, de plus amples commentaires.

Ajoutons cependant encore une considération qui ne manque pas de valeur non plus: c'est que l'approche des grands centres élève toujours les niveaux des jeunes gens qui les fréquentent, et cela facilite énormément le recrutement, si je puis m'exprimer ainsi, des bons candidats. La bonne tenue y est également pour beaucoup; je n'ai pas besoin de citer d'exemples, ils sont surabondants.

Rien ne doit être négligé pour avoir de bons professeurs et de bons élèves.

Pour réussir, il faut rester dans les conditions que je viens d'indiquer comme situation, et assurer une excellente position morale et matérielle à chacun, tout en la faisant dépendre essentiellement de la valeur individuelle: *à chacun selon ses œuvres et suivant ses œuvres*, voilà quelle doit être la devise.

Aucun élève ne peut être assez riche pour payer sa quotepart des dépenses qu'il y a à faire pour former un bon *vétérinaire-agronome*. On ne peut donc lui demander autre chose que du *savoir* à certaine dose et une *bonne santé*. Avec des hommes mal constitués ou mal portants d'une manière permanente, on ne peut jamais rien faire de bien.

Comme les dépenses d'un établissement de ce genre seraient considérables, parce que l'on ne devrait absolument rien négliger pour lui, il faudrait s'arranger pour en faire supporter les frais à la masse intéressée, c'est-à-dire à la propriété foncière, puisqu'elle a le sol et le bétail.

Ce serait peu de chose pour chaque individu, en raison des services qu'il pourrait en attendre. Le plus difficile, suivant moi, ce ne serait peut-être pas de se procurer régulièrement les fonds suffisants; ce serait plutôt *de les bien dépenser*, c'est-à-dire de les employer utilement, sans gaspillages et sans fausses directions ni *temps d'arrêt* en route.

Par un système de *responsabilité personnelle* bien entendu, et la méthode budgétaire appuyée d'un contrôle indépendant et éclairé comme celui que nous avons près des hospices en France pour l'administration et l'emploi de leurs biens, on arriverait certainement à de bons résultats.

Pour la Russie, il faudrait une assez nombreuse pépinière d'élèves, au moins 1,500 pour commencer un peu utilement.

En exigeant de chaque candidat la connaissance préalable des sciences dites accessoires qu'on peut apprendre partout, trois années d'études ultérieures suffiraient. Mais, pour cela, il faudrait que les élèves fussent *casernés* comme à Alfort.

Dans la dépendance immédiate de ce que j'appellerai l'*institut*, si l'on veut, il faudrait des fermes comme nous en avions à Versailles avant la suppression de notre magnifique et si regrettable institut agronomique. C'est d'ailleurs un établissement très-analogue que je voudrais; seulement il faudrait qu'il fût un peu plus pratique que l'institut de Versailles ne l'était de fait.

L'agronomie et l'art vétérinaire marcheraient de front.

L'hygiène, qui tient des deux, dominerait par-dessus tout.

Ce qui sera encore longtemps le fléau des animaux domestiques en Russie, ce sont incontestablement les *épizooties* et les enzooties. Or le meilleur moyen de les combattre, c'est de les *prévenir*. Il ne suffit pas de savoir que les *mauvais aliments*, par exemple, engendrent des maladies ; il faut encore pouvoir indiquer ce qu'il faut faire pour en faire venir d'autres. Voilà pourquoi l'agronomie doit préparer le terrain.

Pour acquérir ces connaissances, il faut avoir su bien faire toutes les opérations manuelles d'une ferme, il faut de plus avoir su en diriger les divers services.

Quand un pays est trop grand, ce qu'on ne peut pas avoir en quantité il faut l'avoir en qualité ; c'est pour cela qu'il faut ne former que des hommes extrêmement capables, les médiocrités ne rendant jamais de services nulle part.

J'ai dit que pour avoir des hommes convenables il fallait leur assurer un avenir, tout en évitant de les placer dans la classe, déjà trop nombreuse dit-on, des employés du gouvernement. Pour atteindre ce but, il n'y a qu'un moyen, c'est de créer des emplois de vétérinaires-agronomes de gouvernement et de district, comme nous avons chez nous des vétérinaires de département et des vétérinaires d'arrondissement, et comme il devrait même y en avoir par canton :

Il y aurait à combiner une sorte de rétribution par voie d'*abonnement* forcé : ainsi, chaque propriétaire de bétail devrait être *imposé* à une somme très-minime par tête et par catégorie.

En échange de cette sorte de prime comme celle des assurances, le vétérinaire serait tenu à des visites déterminées réglementairement ; il ferait ses observations et donnerait ses conseils agronomico-hygiéniques sur un registre *ad hoc ;* il ne serait payé à part en supplément que pour certaines opérations chirurgicales qui seraient énumérées dans le règlement ou sur la police de cette sorte d'assurance scientifique.

L'administration supérieure pourrait, devrait même avoir des inspecteurs généraux par circonscription, qui seraient tenus de contrôler ce qui se passerait partout, et qui feraient leurs rapports en hauts lieux. Ils inspecteraient en même temps les *fermes-écoles* et les comices qu'on devrait organiser sur tous les points où cela se pourrait, pour la formation de simples ouvriers ruraux.

On devrait, comme on a essayé de le faire avec assez peu de succès en France, former ces pépinières chez les propriétaires mêmes, en leur imposant uniquement certaines conditions faciles à remplir et non impossibles, comme cela a eu lieu chez nous par la faute de la *bureaucratie*.

Les demandes des propriétaires ont été très-nombreuses cependant, mais on n'a pas su bien choisir, et cette organisation, excellente en principe, n'a produit aucun bon résultat.

Il y aurait lieu de faire étudier sur place toutes nos fautes, afin de les éviter. J'ai la conviction profonde qu'en profitant des écoles que nous avons faites et en sachant approprier convenablement les choses à la Russie, on aurait promptement de bonnes pépinières d'ouvriers intelligents qui deviendraient dans un temps donné de vrais moniteurs pour les autres.

J'ai dit que les demandes des propriétaires français n'avaient pas fait défaut. Un grand nombre tenaient à honneur de contribuer aussi aux progrès agricoles de leur pays. De plus, cela flattait leur amour-propre. Il en serait certainement de même en Russie. Les domaines ne manquent pas, et pour un grand nombre d'entre eux, ce serait en même temps contribuer à leur amélioration que d'appeler sur leurs terres l'attention d'hommes capables qui, de temps en temps, viendraient donner des conseils et constater l'état des choses plusieurs fois par an.

J'ai dit ailleurs que les machines agricoles suffisamment énergiques faisaient défaut. Il faudrait songer à créer quelque part une *fabrique centrale* d'où on enverrait partout soit des machines toutes faites, soit des plans à l'échelle qui permettraient de construire sur place à toutes les distances.

Il faudrait commencer d'abord par améliorer simplement les petites *charrues* actuelles à un cheval, puis on en ferait de meilleures pour les attelages à deux chevaux.

Les *herses* russes sont excellentes comme principe, mais détestables comme exécution, je l'ai déjà dit. Il faudrait perfectionner le modèle.

Le *rouleau* serait introduit par tous les moyens possibles; on ferait également des efforts pour la propagation des légers scarificateurs.

Il ne devrait guère y avoir que deux ou trois modèles au plus, qui ne seraient variables que dans la force de leurs membrures.

Il est de fait que dans la vaste partie sableuse ou argilo-sableuse qui règne entre le lac Manitch, Saratow, Orenbourg et l'Oural, ainsi que dans la partie nord de la Russie, suivant une ligne qui passerait par Jitomir, Kiew, Tchernigow, Koursk, Orel, Toula, Riazan, Nijni-Novgorod, Kazan, et jusqu'aux bords de la Nitza, il ne faudrait pas des instruments si énergiques que pour les parties argileuses pures qui sont semées çà et là dans cette vaste étendue que je viens de désigner et où la terre limoneuse est aussi rare que les *tounders* le sont relativement peu.

Il faudrait des modèles spéciaux, intermédiaires comme force, pour les 80 millions d'hectares de tchernozème, au moins, qui existent au sud de la ligne tracée plus haut. Les terrains pierreux n'étant pas très-étendus, n'exigeraient pas un modèle à part.

Dans ces magnifiques terres noires dites *tchernozèmes* on peut faire littéralement venir *tout ce qu'on veut*. L'institut devrait dans ce but avoir à la disposition des particuliers, moyennant des prix très-modérés, *à des prix de revient*, tout ce qu'on peut désirer comme semence.

Je voudrais aussi que, chaque année, une ou plusieurs missions fussent données par cet institut à ses meilleurs sujets à de vrais professeurs ambulants, à l'effet d'aller propager les plans, les méthodes ou les machines qui sont appelés à jouer le plus grand rôle et à rendre le plus de services. Je mentionne comme étant de ce nombre tout ce qui peut donner ce que nous appelons des récoltes dérobées, en 40, 50, 60 et 90 jours; celles qui donnent des récoltes assurées, comme le *topinambour*, *qui serait une fortune pour la Russie si on savait en tirer parti*, mais qui y est à peine connu, si ce n'est comme légume de table.

Il va sans dire qu'à l'institut central devraient se trouver les meilleurs modèles de tout ce qui s'emploie dans les industries agricoles telles que *sucreries, distilleries, amidonneries,* (¹) etc., etc. Mais comme il nous faudra encore revenir sur ce sujet, j'ajourne, car le temps et l'espace me font également défaut en ce moment.

(¹) Il y a sous ce rapport des spécimens aussi bons qu'on puisse les desirer à l'*école des arts et métiers de Moscou*. Malheureusement les précieuses ressources qu'offre cet établissement qui m'a paru si bien dirigé par M. Erchoff, sont à peine connues du public et par conséquent, ne rendent pas les services qu'elles pourraient rendre. J'ai trouvé bien des fois en Russie d'excellentes choses qui étaient demeurées jusqu'à présent inconnues à ceux-là même, qui auraient eu cependant le plus d'intérêt à les connaître. Je pourrais encore dire de l'institut technologique de St-Pétersbourg ce que je viens de dire de l'école de Moscou.

A. J.

XIV.

Du chaulage des céréales avant les semailles.

Derevné-Sleptzova, ce . . . . . .

Je viens de voir tomber bien des épis déjà sous le coup de l'imparfaite et bien arriérée faucille des moissonneuses russes, et je dois avouer que j'ai été péniblement affecté en rencontrant partout des quantités véritablement inquiétantes de *seigle ergoté* auquel on ne semble pas faire plus d'attention que si cela était absolument sans danger. Je suis cependant assez peu de cet avis pour ne pas hésiter un instant à élever la voix contre cette indifférence coupable et dangereuse.

Je n'apprendrai rien, sans doute, aux lecteurs du *Journal de St-Pétersbourg* en leur disant que cette excroissance qu'on trouve sur les épis de seigle, qui fait saillie en dehors des valves de la glume où elle est solitaire, qui est longue comme un *ergot de coq* — ce qui lui a fait donner son nom — qui est d'un brun-violet plus ou moins sombre et luisant, à cassure jaunâtre-rosé, à goût assez infect et nauséabond quand on la pulvérise, et qu'on appelle l'*ergot de seigle*, est l'un des poisons les plus dangereux pour les populations qui sont sans défiance.

Cet ergot, en effet, restant dans le grain dont on le distingue à peine si on n'y fait pas un peu attention, car il n'est guère plus gros que le gros grain, mis ensuite sous la meule d'où il ressort tout à fait confondu avec la farine du bon grain, rend le pain tellement nuisible, dangereux même, qu'il y des exemples de *villages entiers* qui ont été empoisonnés de cette manière (¹).

Quand l'ergot ne cause pas des ravages aussi notables à la fois, il s'en prend souvent à des familles entières qu'il mine petit à petit et qu'il finit par mener au tombeau.

D'autrefois, quand il n'est ingéré que passagèrement, il ne cause que des accidents locaux. Mais quels accidents que ceux qui se résolvent presque tous par la *gangrène !*

Je parle à peine des formidables maladies intestinales que l'ergot de seigle a bien souvent déterminées sans que l'on sût jamais quelle en était la cause, quand la mort ne s'ensuivait pas. Ce n'est presque qu'un détail, pour les Russes surtout, qui ont l'habitude, ce me semble, de s'empoisonner aussi quotidiennement que possible avec presque tous les *champignons* qu'ils rencontrent, et qu'ils vont même chercher avec fureur, au grand détriment du travail utile des champs. Je dis donc que je ne parle de ceci que pour mémoire en ce moment, car je veux tout de suite appeler l'attention non pas sur les effets, mais sur la cause.

A l'époque de l'année où nous sommes, il y a deux choses à faire pour ceux qui voudront se rendre compte ou rompre en visière avec cette cruelle apathie qui paraît aussi naturelle au maître qu'au serviteur russe.

Il faut nettoyer avec soin les grains dont on veut se servir pour la consommation ou la semence, et ensuite faire ce que la science et la pratique indiquent pour éviter un pareil fléau à la récolte prochaine, c'est-à-dire *chauler* toutes les semences de céréales comme on le fait dans tous les pays bien cultivés, notamment contre la carie ou blé noir.

En ce qui concerne le nettoyage du grain déjà récolté, ce n'est là qu'une affaire purement mécanique sur laquelle je ne

(¹) Mr Stramiloff, dans le district de Kalazine, m'a assuré avoir été témoin d'accidents terribles causés par l'Ergot de seigle.

crois pas devoir m'étendre beaucoup en ce moment. Je dirai seulement que plusieurs mécaniciens russes, Boutenop, Wilson et la ferme-école de Moscou aussi, je crois, construisent des cylindres très-simples, en toile métallique, et à l'aide desquels on peut très-facilement, non-seulement nettoyer les grains qu'on doit envoyer au moulin, mais encore ceux qu'on destine à la semence, ce qui est loin d'être sans importance, comme on va le voir.

On trouvera d'ailleurs la description et les dessins de tous les appareils de ce genre dans le petit *Catéchisme d'agriculture* que j'ai publié il y a deux ans, ou dans mon *Matériel agricole*, qui fait partie de la *Bibliothèque des chemins de fer*, éditée par Hachette.

A la librairie Dufour à Saint-Pétersbourg, et à celle de Krogh à Moscou, je crois qu'on peut les trouver l'un ou l'autre.

Je renvoie donc à ces sources pour ce genre de description, qui, au surplus, a besoin d'être aidée du dessin, et j'en reviens au bienfaisant procédé du *chaulage*, qui est appelé à rendre de très-grands services en Russie, où cette pratique est indiquée au dernier chef, non-seulement contre l'ergot du seigle, mais encore contre la *carie* du blé-froment ou la nielle.

J'ai interrogé bien des propriétaires russes pour savoir ce qu'on faisait contre le fléau précité, et c'est parce qu'il m'a été unanimement répondu qu'on ne connaissait et surtout qu'on ne pratiquait aucun des procédés de chaulage dont il va être question que je me suis décidé à rassembler mes souvenirs pour résumer ici ce que tout agronome connaît par cœur chez nous. Cela suffira pour le moment à ceux qui voudraient tenter des expériences. Je souhaite qu'elles soient nombreuses, car j'ai la conviction très-intime qu'un grand nombre des affections qui déciment ou minent les populations des campagnes sont dues très-souvent au seigle ergoté qui reste dans les grains qu'on porte au moulin et dont on fait ensuite le pain le plus malsain du monde.

Pendant près d'une semaine j'ai examiné des seigles apportés par les paysans près d'ici au moulin d'*Elpativo*, dans le gouvernement de Vladimir, et la quantité d'ergot que j'ai retirée sous la meule pour ainsi dire et dans les gerbes est incroyable.

— Les jeûnes outrés aidant, cela m'a expliqué bien des affections dont je ne me rendais pas compte d'abord en assistant aux cliniques des empiriques de village. —

On peut chauler les blés avec diverses substances, mais définissons d'abord le chaulage.

Le *chaulage* est une opération qu'on fait subir aux blés et aux seigles de semence, et qui a pour but de détruire toutes les poussières cryptogamiques qui peuvent les entourer et les salir et qui, mises en terre avec le grain mère, sont susceptibles de se reproduire et de se développer au point d'anéantir toute une récolte ou de l'infester. J'ai vu des champs de seigle qui l'étaient ici par l'ergot et des champs de blé par la *carie* ou végétation noire, que tout le public campagnard doit connaître.

Étant donc donnée une cause pareille à détruire, on a tout d'abord [1] fait déliter de la chaux à bâtir, et dans l'eau blanche ainsi obtenue on baignait en quelque sorte le grain à semer de telle façon qu'après un certain temps chaque grain était recouvert d'une sorte de petite chemise blanche, comme une dragée.

L'action corrosive de la chaux était jugée suffisante pour détruire tous les mauvais germes poussiéreux qui pouvaient se loger imperceptiblement dans les anfractuosités naturelles des semences, et pendant longtemps on ne se servit que de ce *lait de chaux*, de là le nom de *chaulage* qui aujourd'hui s'applique à cette opération alors même que pour l'exécuter on emploie d'autres substances.

[1] Le premier conseil donné à ce sujet vient de Virgile; il se bornait à l'immersion dans l'eau pure. Ollivier de Serres a proposé le jus de fumier. Benedict Prevost, Mathieu de Dombasle et Tessier ont indiqué d'autres agents plus énergiques.

Voici l'un des procédés les plus suivis dans la Brie française, et celui que j'employais moi-même de préférence à mes fermes de Villeroy (Seine et Marne) et du Vert-Galant (Seine et Oise). Pour la commodité de la majorité des lecteurs, je donnerai les proportions en poids et en mesures russes.

Pour un tonneau d'eau on prend 60 livres de sulfate de soude brut ou *sel de Glauber* qu'on laisse fondre dans ledit tonneau d'eau. On met dans un grand panier quatre tchetveriks du grain de semence, blé ou seigle, et on plonge le tout dans l'eau de soude. On écume le grain léger qui surnage aussitôt, et qui se donne ordinairement à la volaille; la masse s'imprègne rapidement. On retire et on jette le grain ainsi mouillé sur un sol ferme et uni.

Immédiatement on saupoudre avec quatre livres de chaux éteinte qui est préparée d'avance, soit une livre par tchetverik de semence. Deux hommes armés de pelles remuent enfin le tas en divers sens avec des pelles jusqu'à ce que la masse soit blanchie partout, puis on laisse dans un coin de la pièce, jusqu'à dessiccation ou à peu près.

Dès que la quantité de grain dont on a besoin est ainsi préparée et séchée (souvent on en fait jusqu'à 25 et 30 tchetvertes dans une matinée, mais on les étale pour faciliter le séchage), on agit comme de coutume, sans autre précaution pour semer.

J'oubliais de dire, ce qui se comprend de reste, qu'il faut ajouter de l'eau préparée au fur et à mesure que le grain immergé en enlève. La moyenne habituelle est de 2 védros par tchetverte.

Il y a des cultivateurs qui préfèrent le *sulfate de cuivre* (couperose) ou sulfate de soude. Dans ce cas, dix livres de sulfate suffisent pour la même quantité d'eau. Ce procédé donne de bons résultats avec ou sans addition de chaux. L'essentiel est d'avoir une substance bien pure, ce qui se reconnaît facilement à l'œil. Tout sulfate qui n'est pas d'un bleu d'autant plus pur que les cristaux sont plus gros doit être suspecté ; quand la teinte est verdâtre ou olivâtre, c'est qu'il y a du sulfate de fer.

Dans la pratique en grand, quand on a beaucoup de grains à semer, on emploie les méthodes les plus expéditives sans s'en trouver plus mal pour cela. On peut opérer par exemple sur cinq tchetvertes à la fois; alors on fait un seul tas sur le sol et on jette dessus les substances choisies, en faisant remuer avec des pelles au fur et à mesure.

Dans ces conditions on peut avantageusement employer un garnets de chaux vive délayée dans deux védros d'eau additionnée de deux osmouchkas d'urine de vache. Cette quantité suffit pour un tchetverte de grain.

On peut encore employer de simple eau salée avec du sel ordinaire de cuisine, à raison de deux livres de sel par deux védros de liquide pour un tchetverte de semence. Dans ces conditions, quatre livres de chaux en plus ne feraient que mieux.

Dans les derniers temps on a beaucoup préconisé, surtout contre la nielle des blés, l'immersion de la semence pendant 24 heures dans de l'eau contenant *un cent-cinquantième* seulement d'acide sulfurique concentré. Après ce temps, on laisse un peu égoutter et on saupoudre de chaux comme précédemment.

De tous les procédés ci-dessus indiqués, celui que je préférerais pour la Russie, s'il était possible de l'employer, ce dont je doute beaucoup à cause des *préjugés*, c'est celui dit à l'*arsenic*, ou *acide arsenieux*. En mettant un *dixième* de ce poison violent en mélange avec la chaux, non-seulement on préserve la récolte de l'ergot et de la carie, mais encore on met les semences à l'abri de la dent des souris, des campagnols et autres animaux destructeurs. Par la même occasion, on se débarrasserait de ces légions de parasites ailés, corbeaux, corneilles, pigeons, etc., qui rongent les produits du sol jusque dans l'isba du paysan, sans offrir quoi que ce soit d'appréciable en compensation des dégâts considérables qu'ils causent.

Mais ce sujet à lui seul mériterait d'être traité à part. Je me bornerai, pour aujourd'hui, à émettre le vœu que des expériences de chaulage soient faites partout où cette pratique est inconnue ou reste lettre morte. J'engage vivement ceux que cela peut intéresser, et qui ont des moyens d'action suffisants, à provoquer le nettoyage des grains ordinaires qui doivent être livrés à la consommation.

J'ajouterai que l'*ergot de seigle* peut payer largement, par lui-même, le temps qu'on passera à le chercher soit à la main, soit avec un crible cylindrique. Outre les usages qu'on en fait en médecine dans les cas d'accouchements laborieux, la chimie a trouvé moyen, depuis peu, d'en tirer un parti excellent en en extrayant ce qu'on appelle l'*ergotine* dont la valeur est relativement assez élevée.

XV.

De la meunerie et des moulins.

Kalazine, ce . . . . . .

Nous appelons, en France, *moulin au petit sac* un de ces établissements de VOLEURS comme il y en a partout d'ailleurs et où le pauvre paysan qui n'a pas d'argent fait moudre son blé moyennant une redevance en nature. Il donne en grain une proportion convenue, le meunier lui en garde une autre portion sans rien dire, et le malheureux petit cultivateur laisse ainsi chez cet odieux industriel une part relativement considérable de son bien.

Souvent même il donne du bon blé ou du bon seigle, et on ne lui rend, au bout de deux ou trois jours, qu'une farine médiocre provenant de grapillages ou d'achats faits à bas prix.

Meunier-voleur est un proverbe assez connu et assez reçu chez nous pour que personne ne s'en offense. C'est assez dire en même temps que c'est la plaie de nos campagnes. J'ai sondé cette plaie si souvent, je l'ai trouvée si profonde, j'ai cherché à la faire connaître avec tant d'acharnement, que je crois avoir contribué, pour ma petite part, je puis le dire sinon à sa guérison complète, — on ne guérit ces maux-là qu'avec le temps, — au moins à son amoindrissement en tant que mal social.

Après les études assez suivies que j'ai faites en France à ce sujet et les enquêtes que j'ai ouvertes sur place moi-même, je ne croyais pas, je l'avoue, qu'il fût possible de rencontrer nulle part des moulins comme ceux, par exemple, qui couvrent notre pauvre *Bretagne* de leurs griffes parasites. Mais je vois maintenant combien je me faisais illusion, car à côté des petits et des moyens moulins russes, les nôtres, et les plus mauvais, sont en réalité des merveilles ou du moins des appareils présentables.

Et d'abord, comme mécanisme, il est impossible de rien rêver de plus primitif que tous les moulins russes que j'ai visités. J'ai vu des moulins de six paires de meules, disposant d'une force hydraulique d'au moins vingt chevaux, ne pas donner autant de travail effectif que nos petits moulins portatifs de la Ferté-sous-Jouarre, qui marchent avec la seule force qui est imprimée à un manége par un âne ou par un cheval.

Je citerai un seul exemple : le moulin dont je parlais dans mon dernier article — et où j'ai récolté tant de *seigle ergoté* que le meunier m'en donnait dans sa casquette, rien qu'en cherchant quelques instants dans la trémie qui desservait l'une des meules en marche — a précisément la force que je viens d'indiquer. Ses six roues sont à aubes, et d'un diamètre si peti qu'elles font à peine tourner à la vitesse voulue des meules d'une archine douze verchoks. Aussi, dans les vingt-quatre heures obtient-on la mouture de six tchetverts au maximum !

Le prix de mouture étant de douze copeks argent par tchetvert pesant neuf pouds et rendant huit pouds de farine tout-venant, c'est un revenu d'un rouble vingt copeks par meule, si le paysan voit mettre son grain dans la trémie et prend lui-même la farine sous la meule, car je suis bien loin de cautionner ce qui se passe en son absence.

Voyons maintenant ce que font en France les petits moulins portatifs dont je parlais plus haut.

Les meules ont 7 verchoks seulement, et avec la force de deux hommes ou d'un cheval $^1/_2$ vapeur, ils moulent réellement (car ils ne se bornent pas à écraser, comme ici) trois tchetveriks de blé par heure, lesquels donnent de 70 à 78 p. %, quelquefois 80 p. % de farine et gruau, le son restant à part.

Si nous comparons avec la meule ci-dessus citée, nous avons presque le double, soit dix-huit tchetverts au lieu de dix, avec des rendements bien plus considérables, puisque le modèle dont je parle vaut en France, avec sa bluterie et tous ses accessoires, 115 rbls. arg. au plus, ce qui établit un prix de revient insignifiant.

Je n'emploierai pas mon temps en ce moment à calculer le prix de revient de la mouture par les deux méthodes; je dirai, pour ceux qui voudraient pousser les calculs plus loin, que le moulin de six paires de meules que je viens de prendre pour exemple rapporte à son propriétaire 500 rbls. ass., plus la mouture de 400 tchetverts de grain, soit en tout 1,080 rbls. ass. par an !

Il faut en échange entretenir le barrage pour une force de 20 chevaux au moins, et donner une maison d'habitation, un jardin, quelquefois du bois pour les réparations. En principe, le meunier devrait payer ce bois; mais, d'après ce que j'ai vu, *il se borne à aller le chercher*, purement et simplement, *dans les forêts du maître*; c'est plus commode et moins dispendieux.

Je ne dirai pas la surprise que j'ai éprouvée en voyant l'agencement des meules de tous les moulins russes que j'ai visités, la manière dont on les rhabille, dont on règle leur écartement, et la sortie du grain. C'est *l'enfance de l'art* à sa première période.

Qu'on juge de la force perdue et de l'usure inévitable des pièces : les arbres des roues motrices sont *tournés au marteau* sur une enclume; les coussinets qui supportent les tourillons sont EN PIERRE et ils sont graissés avec l'eau de la rivière! C'est à ne pas y croire. Tout cela est calé tant bien que mal, de telle façon que le moulin entier tremble sous les pas comme les ponts effrayants que l'on rencontre à chaque instant sur sa route en Russie, surtout dans les chemins de traverse.

Je me suis bien gardé, on vient de le voir, de comparer les moulins ordinaires russes à nos grands moulins d'Essonne, de St-Maur, de Corbeil, de Meaux et à beaucoup d'autres d'un ordre relativement inférieur. Les différences eussent été trop écrasantes. J'ai donc préféré rester dans ce qu'on peut appeler la petite meunerie, la meunerie portative.

Je dois maintenant citer quelques exemples qui suffiront aux personnes qui sont un peu au courant de ces sortes de choses pour juger de la profondeur du mal que recèle en Russie la question de la meunerie; ce qu'elle est et ce qu'elle pourrait être.

Notre comice agricole de Château-Thierry, opérant sur les petits moulins précités, a constaté officiellement qu'avec 73 parties de blé on obtenait 54 parties de farine propre à faire un bon pain de ménage, et 18 parties d'excellent son; soit, par conséquent, un déchet nul.

Un meunier de la Ferté-sous-Jouarre, qui fait tourner son petit moulin par un chien placé dans une roue verticale, a obtenu 80 % de farine à raison de 17 parties de blé moulu par heure, la meule courante ne faisant pas plus de 500 tours par minute.

Pour me rendre aussi complet qu'on puisse l'être en voyage sans aucun document avec soi, je veux encore citer quelques exemples de notre grande meunerie ordinaire, afin qu'on puisse pousser les comparaisons jusqu'à conviction entière.

Avec des meules de 2 archines 7 verchoks et 70 tours à la minute, nos moulins à la française moulent et blutent en moyenne de 7 à 8 pouds de blé par heure, avec $3\frac{1}{2}$ chevaux vapeur.

Les moulins à l'anglaise des environs de Metz moulent 6 pouds par heure, les meules ayant un diamètre de 2 archines et faisant 110 tours à la minute. Les meules pèsent 60 pouds.

Qu'ai-je besoin de multiplier les exemples de ce genre? Il me faudrait alors entrer dans trop de détails; expliquer les raisons pour lesquelles, avec du *blé russe*, par exemple, on peut faire du pain à Paris qui s'y vend moins cher que le pain fait et vendu à St-Pétersbourg avec du blé analogue!

Et cependant ce dernier n'a supporté aucun des frais de transport, de commission, de trafic et autres que le blé exporté a dû payer. Il ne faut pas chercher la cause ailleurs que là où elle est, dans l'imperfection honteuse d'un genre de travail qui s'applique cependant à des choses de première nécessité. Que serait-ce maintenant si on examinait à la loupe les procédés de la boulangerie! C'est pourtant là une tâche que je veux me donner à première occasion. (¹)

Je veux aussi un jour faire le calcul suivant: me rendre compte de la force et de la matière première qui sont perdues dans les moulins russes, et voir à combien d'augmentation de récolte correspondrait l'économie résultant d'une meilleure marche des choses. J'ai la conviction qu'on trouverait peut-être quelque chose comme un grain pour un en plus, ce qui serait énorme pour un pays dont la moyenne de rendement est de 4 pour un.

Si on en obtenait autant par des fumures et des labours mieux entendus, par une main-d'œuvre mieux appliquée à de meilleurs instruments, je suis persuadé qu'on doublerait la production très-facilement. En supposant que la consommation fût alors plus active, ce qui serait très-naturel, il resterait encore une bien grande marge pour l'exportation ou la fabrication intérieure.

(¹) Quand j'en serai là je dirai pourquoi à Moscou et à Pétersbourg et dans plusieurs autres villes russes on mange du pain véritablement excellent et tout à fait supérieur.

Mais la fabrication intérieure est si arriérée sur tout ce qu'elle touche, que c'est à douter de l'avenir quand on la regarde de près. Je pourrais citer, par exemple une amidonnerie qui est située sur les bords du Volga, en bonne position cependant, et qui n'obtient que très-imparfaitement ce qu'elle devrait avoir. Ainsi, le GLUTEN, dont on pourrait faire un si fructueux usage pour le *macaroni* et autres imitations de *pâtes d'Italie*, on le laisse dans les résidus qu'on donne à manger au bétail!!

XVI.

Des FORCES qui restent IMPRODUCTIVES en Russie.

Sur le Volga, ce . . . . . .

Je ne crois pas qu'on ait jamais contesté à Tengoborsky la valeur de l'ouvrage qu'il a publié sur les *forces productives de la Russie*. Sans doute il revient une grande part d'éloges et de remercîments pour le mérite qu'on lui reconnaît, aux nombreux collaborateurs dont il a été entouré ; sa position dans l'État a été elle-même un de ses puissants éléments d'enquête, ce n'est pas douteux ; mais, néanmoins, il a si bien tiré parti de ses ressources que la postérité lui devra de la reconnaissance pour le document sérieux [1], le premier qui mérite ce nom d'ailleurs, qu'il nous a légué dans son très-remarquable ouvrage, incomplet malheureusement et qui n'est peut-être pas aussi répandu qu'il devrait l'être, par la faute de ses éditeurs.

Avant Tengoborsky, d'excellentes études sur la Russie avaient déjà été faites par le baron Auguste de Haxthausen. Tout récemment enfin, M. Nicolas de Gerebzow, conseiller d'État actuel, a publié sur son pays un ouvrage spécial qui a été diversement apprécié. Mais au milieu de tout ce qu'on trouve dans ces recherches savantes et approfondies à des degrés différents, ce qui manque essentiellement, c'est la partie la plus importante suivant moi ; c'est la partie critique.

[1] Je n'ignore pas que les chiffres de statistique sont en général très sujet à caution, mais enfin ils peuvent au moins servir pour des approximations.

Je n'entends pas par *critique* ce qu'on appelle généralement ainsi : la propension à trouver mal tout ce qu'on voit, tout ce qu'on entend. Point du tout. Ce que je regrette dans les ouvrages précités, c'est uniquement l'absence relative de la critique éclairée et bienveillante qui ne se produit que pour appeler l'attention sur les points faibles d'un sujet qu'on étudie, afin de mettre tout le monde à même d'indiquer ou d'appliquer directement les meilleurs moyens qu'il conviendrait d'employer pour les fortifier.

Je sais bien que la position en quelque sorte officielle du baron de Haxthausen rendait un peu difficile l'exécution de ce complément de la tâche qu'il avait entreprise; cependant on doit lui rendre cette justice qu'il a fait preuve d'indépendance chaque fois au moins qu'il y avait urgence.

Je suis même convaincu qu'il aurait pu pousser les choses un peu plus loin en y appliquant la réserve et les convenances dont il ne s'est jamais départi dans tous ses écrits. Mais enfin, s'il n'a pas fait ce que j'eusse désiré qu'il fît, Tengoborsky le pouvait encore moins que lui.

Il y avait donc là une lacune à remplir, et puisqu'on n'a pas jusqu'à présent tenté de la remplir, que je sache du moins, je vais non pas me mettre à l'œuvre, mais bien seulement indiquer la manière dont j'entendrais qu'on s'y prît pour faire en quelque sorte la contre-partie des *Études* de Tengoborsky.

J'ai la conviction que si cette tâche était bien remplie, l'ouvrage qui en résulterait rendrait de grands services à la Russie, car il devrait appeler la *sérieuse attention des* CAPITAUX et de l'intelligence sur des champs à peu près incultes et dans les profondeurs de mines inexplorées, desquels on peut tout attendre si l'on sait bien s'y prendre.

Et d'abord, je voudrais qu'on mît bien à jour la faiblesse de la pierre angulaire de tout édifice social : de l'agriculture.

On se rit beaucoup des Chinois; j'avoue que je ne puis me défendre d'une certaine admiration, au contraire, quand je vois tous les ans le souverain de ce vaste empire se rendre en grande pompe aux portes de la capitale, et là, dans un champ désigné d'avance, exécuter lui-même, devant une foule immense, les travaux pour lesquels, dans les pays les plus civilisés, on semble avoir une sorte de dédain.

J'ai publié quelque part (¹) la relation de ces fêtes annuelles de l'agriculture chinoise d'après des traductions originales de mon ami et confrère, en culture seulement, le savant Paulthier; j'ai appris avec plaisir depuis, par des lettres particulières écrites pendant nos dernières expéditions dans ces pays, que rien n'était changé au rit connu. L'empereur trace bien lui-même un premier sillon à la charrue, et ensuite il sème le grain sur ce petit espace parcouru et retourné par lui, lequel symbolise l'agriculture en la sanctifiant aux yeux du peuple, comme étant réellement les puissantes mamelles d'un État, ainsi que le disait Sully avec tant de justesse et de raison.

Je ne demande pas précisément la création de ces sortes de fêtes, ni en Russie ni ailleurs; mais je dis qu'il devrait y en avoir partout d'analogues, qui fussent mises avec soin à la hauteur de l'éducation des peuples et au niveau des rapports de vénération ou de respect spécial qui existent entre chaque peuple et son souverain.

On fait bien de grandes cérémonies sur des fleuves qui ne sont rien et ne font rien par eux-mêmes, on en pourrait bien faire pour le sol, qui après tout est la seule et unique mine qui donne de quoi couvrir leurs surfaces de riches et fécondes cargaisons!

Les concours agricoles en Angleterre et en France sont bien en quelque sorte, je dois le reconnaître, des fêtes comme on devrait en voir partout; malheureusement, ce qu'on peut leur reprocher, c'est de ne pas avoir assez de cachet pratique, c'est-à-dire de ne pas produire, faute d'une bonne direction,

(¹) Dans le *magasin pittoresque* je crois.

les effets qu'on en attendait. L'Angleterre cependant fait exception ; elle est arrivée très-loin dans le cœur de la question par ce moyen.

Ce qui précède étant admis, il faudrait arriver à agir très-méthodiquement, et une fois que, par une instruction indispensable et des encouragements comme ceux-ci, on aurait donné satisfaction au moral des masses aussi bien qu'à l'amour-propre des classes élevées (il faut que ces deux moyens d'action marchent de front), il s'agirait de démontrer que l'intelligence et le capital appliqués aux choses agricoles, non-seulement donnent autant de satisfaction morale qu'on peut en trouver ailleurs, mais, encore et surtout, au moins autant de *revenus*. Les questions de *gros sous,* quoi qu'on en dise, jouent et joueront toujours un grand rôle dans ce monde.

Si l'on parvenait à faire bien nettement une démonstration de ce genre, on aurait quelque chance de combattre efficacement l'*absentéisme rural,* qui est aussi bien en Russie qu'ailleurs une véritable plaie sociale.

Ce ne sont cependant pas les avertissements qui ont manqué, non plus que l'indication de remèdes de toute nature, contre ce mal rongeur et terrible qui fait des progrès sans cesse renaissants à chaque génération et qui en fera toujours, si l'on s'en tient aux moyens ordinaires qui ont été employés jusqu'à ce jour.

Mais comment a-t-on pu croire que jamais on parviendrait à retenir, par exemple, un jeune héritier dans ses terres en lui disant qu'en n'y restant pas pour aller manger ce qu'il a à la ville il contribue à ruiner son pays au lieu de l'enrichir comme il devrait chercher à le faire? Malgré toute la morale la plus saine, il n'en continuera pas moins à aller dépenser le revenu de ses domaines soit dans les villes du pays soit à l'étranger.

On aura beau faire des théories, on aura beau démontrer que *si on enlève toujours au sol sans jamais rien lui rendre,* il finira par s'épuiser et ne plus rien donner du tout ; on suivra envers et contre tous le chemin tracé comme par le passé, on ira vivre l'hiver à la ville, et l'été n'importe où en occident, ou, si l'on vient dans ses biens, ce sera par stricte nécessité ou pour économiser *afin d'avoir plus à dépenser l'hiver suivant,* ou bien encore, dans le même but final, pour retirer la *quintessence du revenu* et jusqu'au dernier copek de cette pauvre mère commune qu'on appelle la terre, ou tout du moins de ceux qui sont chargés de la retourner et de la féconder de leurs sueurs.

Je ne crois pas, je viens de le dire, à la puissance de ces tirades qu'on ne lit pas et qui d'ailleurs n'auraient pas d'autre portée, étant lues, que de faire avouer comme vraie une chose que personne n'ignore et ne conteste.

J'aimerais donc bien mieux voir entreprendre une véritable croisade contre ce que j'appelle *les forces improductives* d'un pays, de façon à ce qu'on pût faire apprécier bien clairement à ceux qui sont intéressés à la question, qu'en employant leur intelligence et une partie de leurs capitaux à mettre ces forces en œuvre, ils ne tarderaient pas à augmenter leurs revenus tout en méritant bien de leur pays.

Il y a là deux considérations qui se marient bien ensemble, tout en ayant l'air d'être opposées, et qui, ainsi réunies, sont d'une puissance extrême : l'*intérêt* et l'*amour-propre.* Pourquoi donc ne chercherait-on pas à les utiliser au profit d'une grande question comme celle-ci, qui intéresse, après tout, non-seulement le bien-être de tout un peuple, mais encore la force et la dignité d'un grand État ?

Si j'étais parvenu à me bien faire comprendre, il faudrait maintenant me compléter en indiquant quelques-uns des points sur lesquels j'entends qu'on devrait appeler l'attention par rapport au point de vue qui m'occupe en ce moment. Cela est de toute nécessité.

Eh bien, si j'avais à faire le programme d'un livre ayant le titre que j'ai mis en tête de cet article, je débuterais par l'examen des *forces vives*, humaines et animales, qui sont *gaspillées* presque sans profit tous les jours, et j'indiquerais les raisons de chaque chose.

En ce qui concerne l'homme, par exemple, je démontrerais qu'il n'est *ni suffisamment nourri*, ni suffisamment bien *logé*, ni suffisamment bien *couché* pour produire ce qu'il devrait produire.

Je prends au hasard, dans mes notes de voyage, le régime alimentaire ordinaire d'un paysan dans un des villages que j'ai visités, et je vois : « On compte par paysan adulte 3 livres de pain noir par jour ; à chaque fête, les plus aisés ajoutent une demi-livre de mauvaise viande à 4 kopeks argent la livre. — Moyennant 1 kopek assignat on pourrait acheter le kwass qu'il consomme ; pour quelques kopeks argent, 3 ou 4 au plus, on aurait la farine, les pommes de terre, les oignons et les *champignons* qu'il consomme. L'eau-de-vie ne se compte pas, on n'en boit que les jours de fête, sans mesure. Il boit beaucoup ou pas du tout. »

J'aurai à revenir sur cet affreux empoisonnement qu'on commet chaque jour sur les paysans à l'aide de cette infâme boisson qui est à peine du *flegme* de premier jet et non de l'eau-de-vie.

Avec ce régime que je citais plus haut, et celui-là est plutôt une bonne règle ordinaire qu'une exception, il est facile de calculer ce qu'on peut exiger d'une machine humaine en définitive ; car au point de vue de l'économie politique, l'homme peut être jusqu'à un certain point considéré ainsi, cela ne touche en rien à sa dignité.

Voilà pour l'homme. Voici pour le cheval :

« Au pâturage, ce qu'il peut trouver ; à l'écurie, 16 livres de foin — rarement 25. Les chevaux qui travaillent beaucoup ont quelquefois jusqu'à un tchetverik d'avoine, soit une dépense totale d'environ 7 kopeks $^1/_4$, si on voulait acheter. »

Il y aurait toute une série d'études de ce genre à faire sur les forces vives ainsi perdues par mal-emploi ou faute d'aliment de travail, c'est-à-dire de supplément à la simple ration d'entretien.

Il y aurait ensuite à passer en revue les forces détournées de leur destination naturelle

En France, ce sont les gants, les bottines à piquer et mille autres travaux de ce genre qui ravissent les bras à l'agriculture. Ici, c'est la fabrication clandestine ou non des *allumettes chimiques*, sur laquelle je reviendrai spécialement l'un de ces jours, le travail des *Bourlakis*, puis mille autres révulsifs aussi peu productifs au pays qu'à la morale publique.

Il y a là toute une mine à mettre à nu avec les plaies qu'elle cache.

Dans un autre ordre d'idées, il faudrait calculer les forces hydrauliques immenses qui ne sont que peu ou pas employées. Avec nos admirables *turbines*, qui sont préférables à toutes choses ici à cause des gelées, les forces qu'on pourrait mettre en ligne au profit de l'agriculture, de l'industrie et du commerce sont prodigieuses.

XVII.

Des forces improductives de la Russie.

Yaroslav, ce . . . . . .

(DEUXIÈME ARTICLE.)

J'ai déjà parlé d'une force d'eau dont le mal-emploi m'avait particulièrement frappé, puisque, avec une puissance relativement très-forte, elle faisait à peine mouvoir tant bien que mal et très-irrégulièrement six misérables paires de meules.

Depuis, j'ai voulu me rendre un compte aussi exact que possible de l'état réel des choses; j'ai pratiqué et fait pratiquer des sondages en amont et en aval du barrage, j'ai mesuré la vitesse du courant après une levée d'écluse convenable; j'ai mesuré toutes les surfaces et les différences de niveaux; j'ai fait enfin tous les calculs voulus moi-même, et je suis arrivé à trouver qu'une force actuelle de 25 chevaux pouvait très-facilement être portée à 35 et même à 42 presque sans dépenses, en élevant la digue d'une archine à peine et en mettant des turbines à la place des roues à augets actuelles.

La situation d'aucune propriété riveraine en amont ne s'oppose à cette amélioration qui serait capitale, et il y a des masses de barrages qui sont dans le même cas que celui-ci en Russie.

Mais à quoi bon faire des frais, m'a-t-on dit, quand j'ai fait connaître le résultat de mes recherches, puisque le moulin qui profite de la force actuelle ne rapporte pas 250 roubles argent bien liquides?

La réponse est péremptoire sans doute, et il faut bien l'accepter pour ce qu'elle vaut. Cependant, j'ai poussé les choses plus loin encore et j'ai démontré au propriétaire qu'une *filature de coton*, par exemple, qui serait installée avec de bonnes turbines, un bon matériel et tout ce qu'il faut pour employer utilement une population déjà familiarisée avec ce genre d'industrie, pourrait rapporter de 25 à 42 p. % dans les dix premières années, sans exiger plus de 2 à 300,000 fr. de capital, assurances et amortissement compris!

Je sais bien qu'il y a des circonstances locales qui favorisaient les prévisions de mes calculs, des rapports de proximités qui, sans être très-remarquables, ne se rencontrent cependant pas partout. Eh bien, malgré l'évidence absolue des chiffres, la force dont je parle continue à se perdre d'un côté et à écraser quelques misérables grains de seigle affreusement mélangés de seigle ergoté de l'autre, à raison de 12 kopeks argent par tchetwerte!...

Je ne puis pas penser à cette dernière remarque sur le seigle ergoté (que, malheureusement, je fais chaque jour plusieurs fois) sans frémir, c'est le mot, et sans me promettre de ne pas négliger une seule occasion de signaler ce grave danger, qui est d'autant plus sérieux qu'il est ou ignoré ou caché.

J'y reviendrai donc avec quelques détails un de ces moments; pour l'instant, je veux me borner à répéter que l'usage du seigle ergoté est un véritable fléau, une sorte de calamité publique sur laquelle j'appelle toute l'attention. J'ai *plusieurs livres* de seigle ergoté qu'un meunier voisin m'a apporté; il ne lui a fallu que quelques jours pour les rassembler, et encore n'a-t-il pris, comme il me l'a dit très-naïvement, *que les plus gros morceaux*. Je suis convaincu que le mélange du poison au bon grain et son introduction dans le pain noir du paysan exerce depuis longtemps une influence marquée sur le moral et sur le physique des populations rurales notamment.

Je reviens maintenant à ma force hydraulique perdue, on peut bien le dire.

Si d'un côté je suis partisan de l'utilisation, si on peut s'exprimer ainsi, des forces de cette nature en faveur de l'industrie pure ou mixte, il s'en faut que j'oublie le tort que cette direction des idées pourrait faire à l'agriculture. Je l'oublie si peu que dans un ordre de choses régulier, si on pouvait en créer un à volonté, j'exigerais les plus complètes compensations en faveur de l'agriculture. Car elle a à lutter contre des tendances très-enracinées dans le peuple, celles que donne une propension très-active vers l'industrie de préférence à la culture pure et simple des champs.

Cette dernière remarque me conduit tout droit à dire qu'après la perte d'une force vive ou naturelle, il n'est rien ensuite que je redoute plus, pour un pays comme celui-ci surtout, que le détournement des forces nées de ce que je place avant tout : de l'agriculture. Déjà, en Occident, ces détournements ont eu les effets les plus funestes. Tout le monde connaît les conséquences désastreuses et démolisatrices de la fréquentation des mines et des ateliers en Angleterre. Chaque pays civilisé a déjà payé sa dette à cet égard.

Nos campagnes françaises ne sont pas exemptées, elles sont envahies à l'heure qu'il est, et l'émigration des populations rurales vers les villes est un fait qui s'accomplit chaque jour dans des proportions si considérables que le dernier recensement quinquennal a constaté un déplacement de 300,000 âmes en faveur du département de la Seine ! On pourrait donc dire qu'il y a là un mal qu'il n'est presque plus temps d'arrêter par les moyens ordinaires.

Depuis que je suis en Russie, j'ai constaté la présence des mêmes germes démoralisateurs que ceux dont je viens d'indiquer l'existence, et je ne parle pas des instincts seulement qu'Haxthausen a signalés aussi, je fais surtout allusion à un mal qui est postérieur à ses écrits. Je prendrai une fraction de ce mal pour exemple, celui de la fabrication des *allumettes chimiques*; j'aurais pu en choisir d'autres, car les faits ne manquent pas, comme je le ferai voir ultérieurement; mais j'ai celui-ci sous la main en ce moment, et je m'en sers de préférence.

J'avais déjà été extrêmement frappé, pendant la moisson, je crois même l'avoir dit, de ne voir absolument que des femmes dans les champs, alors que dans tous les pays du monde les hommes coupent les céréales assez généralement, et les femmes et les enfants ramassent, retournent et lient. Je pris naturellement des informations sur les causes de ce que j'appelais une anomalie, et voici à quoi cette enquête m'a conduit dans un des endroits où j'ai séjourné dernièrement et d'où je vous ai envoyé plusieurs communications.

Je limite, en la précisant, cette partie du sujet que j'aborde, parce que, je le répète, les causes que je viens de qualifier et que je veux combattre sont trop nombreuses pour être même seulement indiquées ici; je m'en tiens donc au relevé des mes dernières notes; elles concernent, comme je l'ai annoncé, la fabrication des allumettes chimiques.

L'une des usines que j'ai le plus particulièrement étudiées, absorbe le travail de 25 enfants dans un village où il n'y a pas 1,000 âmes. Cette usine n'est pas seule; il y en a plusieurs autres sur la même plage; elles emploient en tout à peu près 150 individus des deux sexes et de l'âge de 8 à 15 ans.

J'ai les mesures exactes du bâtiment d'exploitation, de façon à pouvoir donner le cube d'air que chacun de ces petits êtres a à respirer en mélange avec les gaz sulfureux et phosphorés qui vous prennent à la gorge en entrant. Qu'ils soient 25 ou 65 comme cela arrive souvent, il y a à peine 75 archines cubes en tout! C'est à n'y pas croire!

Pour l'instant je ne veux pas aborder ce côté de la question, mais bien me borner à indiquer les conditions de la fabrication elle-même, afin qu'on puisse juger des avantages qu'elle présente et que, par conséquent, elle peut offrir en appât aux populations rurales, dont elle fera le malheur si on n'y prend garde à temps, en y introduisant les réformes hygiéniques et morales qui sont partout imposées.

Les matières principales employées sont, on le sait :

1. Le soufre, qui vaut 3 roubles argent le poud. 3 livres de soufre suffisent pour 100,000 paquets d'allumettes.

2. Le phosphore en bâton, qui vaut 4 roubles argent la livre. Il en faut pour 50 copeks argent par 100,000.

3. Le bois, qui s'achète tout prêt, en petits fagots d'une archine de long à peu près et d'un verschok de diamètre. Chaque gros fagot de 143 petits fagots vaut 1 rouble 50 copeks argent, et un petit seul suffit également pour 100,000 paquets.

4. Le papier à paquet, qui vaut un copek assignat la feuille d'une archine superficielle environ.

5. La colle forte, qui vaut 25 copeks argent la livre.

6. Le rouge pour colorer, qui vaut 1 rouble 50 copeks.

7. Et le bleu, qui coûte 75 copeks seulement.

D'après les propres aveux des fabricants, 1,000 paquets de 100 allumettes par paquet reviennent à peu près à 1 rouble 50 copeks et se vendent 2 roubles au minimum; c'est déjà un bénéfice de 25 p. %; mais ce n'est pas encore là la vérité. J'ai calculé qu'il y avait au bas mot 50 p. % de bénéfice, malgré *certaines redevances* de 20 à 30 roubles argent par mois que je dois passer sous silence, et des faux frais qui sont et doivent être assez considérables, comme cela a toujours lieu d'ordinaire, dans toute industrie qui n'est tolérée que jusqu'à un certain point. [1]

Avec ce chiffre relativement énorme de bénéfices, puisque, par 25 enfants employés, la fabrication s'élève à cent mille

[1] Depuis que j'ai écrit ceci je sais que la législation sur les allumettes a été modifiée.

d'allumettes chimiques par jour, les salaires sont plus que modérés.

Le travail à la journée est exigé de 6 heures du matin à huit heures du soir, soit 14 heures, sur lesquelles 3 heures sont accordées pour les repas ; reste 11 heures de travail effectif.

Dans ces conditions, le salaire n'est que de 8 à 10 copeks, suivant l'âge et le mérite.

Les prix de tâche sont relativement meilleurs: pour 1,000 paquets on donne 10 copeks argent. Pour les 10 copeks voici ce que les enfants doivent faire: ils se réunissent naturellement plusieurs, en brigades, et toutes les matières premières, ainsi que les appareils voulus, leur sont donnés, bien entendu. Nos tâcherons prennent les fagots de petit bois dont j'ai parlé, et qui sont tout préparés l'hiver, dans les isbas, à la grosseur voulue, et ils les coupent tout d'abord à longueur.

Ils rangent ensuite les allumettes dans des cadres, de façon à ce qu'elles soient disposées les têtes sur un même plan, — comme des épingles de même longueur que l'on aurait plantées à égale distance les unes des autres, sur une planche de liège, — d'une demi-archine à chaque bord environ.

Ceci fait, il faut préparer la pâte en faisant fondre le soufre et le phosphore qu'on bat ensuite avec une spatule comme pour faire une omelette soufflée; cette composition est étalée sur une pierre pareille à celle dont se servent les broyeurs de couleur, et on la colorie en dernier lieu, soit en rouge, soit en bleu, peu importe.

La densité de la pâte est telle qu'elle ne forme pas une couche de plus de 2 à 3 millimètres d'épaisseur sur la pierre; c'est là-dedans qu'on trempe le bout des allumettes fichées en cadre comme je l'ai dit plus haut, puis on met au séchoir

Pendant ce temps il y a une brigade qui fait les petits sacs en papier dans lesquels on met les allumettes à leur sortie du cadre, alors que la composition est sèche.

C'est seulement quand ces petits bâtons incendiaires sont

réunis par 100 à la fois dans lesdits sacs et qu'il y a 1,000 paquets marchands délivrés par les petits entrepreneurs que le droit à 10 cop. argent est acquis.

Je n'ai fait qu'indiquer ici quelques-unes des forces improductives sur lesquelles je désirerais qu'on appelât l'attention du capital intelligent. J'aurais pu signaler l'INTELLIGENCE elle-même, *qui n'a pas de débouchés* suffisamment assurés et qui n'est pas une des forces, improductives relativement, qui doivent être le moins à regretter.

Il y a enfin le sol avec sa surface immense, quand même on ne s'occuperait que de celui qu'on appelle *tchernozème*, qui constitue à lui seul *la force improductive la plus considérable de la Russie*, et elle serait cependant la plus facile à mettre en valeur. Ce côté de la question suffirait largement pour donner matière à des volumes, et on n'épuiserait pas le sujet.

Pour être complet, il faudrait forcément apprécier aussi les forces qui sont plus funestes encore, pourrait-on dire, que les forces improductives; ce sont les forces abrutissantes.

Ici, il faudrait entrer dans de longues considérations sur la consommation immodérée de cette odieuse boisson qu'on débite dans les *kabacks* à des prix tellement exorbitants relativement à sa valeur, qu'il n'y a de comparable à cette cherté que l'infériorité honteuse de la qualité. Mais, pour cela, il faudrait aborder un très-grave sujet, je le sais, affronter *de très-grandes puissances*, toucher à de hauts intérêts. Je ne recule pas devant cette tâche cependant; au contraire, je veux me l'imposer; seulement, je choisirai mon moment pour la remplir, mais je la remplirai en son temps.

En attendant, je tiens à dire que je compte peu sur les *sociétés de tempérance* et sur les *serments d'ivrogne*. L'Angleterre est là pour nous montrer ce que tout cela vaut en fin de compte. Je suis loin pourtant de refuser à ce mouvement des esprits une certaine valeur; je m'expliquerai ultérieurement à ce sujet.

XVIII.

Des machines à moissonner.

Nijni-Novogorod, ce . . . . . .

Les Gaulois ont connu les machines à moissonner, ils en ont du moins fait l'essai assez souvent, les auteurs en font mention. On peut en trouver la preuve dans Pline (¹) et Palladius.

Les Américains se servaient tant bien que mal de ces machines pour récolter leurs blés bien avant 1830.

Je vois encore d'ici les machines à moissonner de Mac-Cormick, de Burgess et de Bell notamment, qui étaient en 1851 à l'exposition universelle de Londres, en entrant par Hyde-Park, à droite, du côté même des fameuses portes de malachite, mais bien avant.

J'ai assisté à toutes les expériences officielles ou privées qui ont été faites en France depuis lors. Je me rappelle les rubans mis très-souvent aux moissonneuses de Mac-Cormick et la haute récompense qui lui a été décernée ultérieurement à notre exposition universelle de 1855 à Paris.

J'ai suivi cette même machine à notre école impériale d'agriculture de Grignon, où elle devait être perfectionnée. J'ai

---

(¹) Pline dit à peu près ceci : « On se sert, dans les Gaules, d'une grande caisse dont le bord est armé de dents et que portent deux roues. Cette caisse est conduite dans le blé par un bœuf qui la pousse. Les épis arrachés tombent dans la caisse. »

examiné avec le plus grand soin tout ce matériel spécial, à l'efficacité duquel on se refusait de croire tout d'abord.

J'ai été très-enthousiaste moi-même, je dois l'avouer, de ces magnifiques engins. Je les crois toujours appelés à nous rendre les plus grands services ; mais enfin il faut bien que l'expérience serve à quelque chose Il faut arriver à se demander comment il se fait qu'on en soit encore aux tâtonnements alors que depuis longtemps cette machine est placée entre les mains des Américains, des Anglais, des Belges, des Français et même des Allemands?

A première vue, cependant, cette machine a séduit ceux qui l'ont vue jusqu'à ce qu'elle soit mise à l'œuvre, non pas une ou deux heures, mais un ou plusieurs jours ; car c'est là, en fin de compte, la vraie pierre de touche à laquelle il faut l'essayer. Eh bien, elle n'a jamais résisté bien victorieusement à cette preuve.

Il me semble donc que la réponse est facile à faire. De tout ce qui précède, et j'ai beaucoup abrégé, il résulte évidemment que la machine à moissonner n'est pas encore arrivée à maturité, pour me servir d'une expression figurée qui rend très-bien ma pensée. On n'a pas encore trouvé le véritable joint, voilà ce qu'il y a de bien positif, et tant qu'on ne l'aura pas trouvé, on doit s'abstenir de se risquer dans des essais chanceux et désagréables.

Je parle particulièrement pour la Russie, qu'on le remarque bien, car mon langage ne serait pas le même s'il s'agissait des autres pays que je viens de citer. Je m'expliquerai tout à l'heure à ce sujet.

En Occident, en effet, on peut, on doit poursuivre les essais jusqu'à entière satisfaction. Le problème est posé ; il ne peut manquer d'être résolu ; il faut qu'il le soit, il le sera.

Mais s'il doit en être ainsi dans les pays où l'agriculture est avancée à des degrés divers, s'ensuit-il qu'on doive s'aventurer également ici, où elle l'est infiniment moins? Évidemment non; au contraire, ici, si je ne me trompe, on doit éviter par-dessus tout les écoles; nulle part au monde elles ne seraient plus préjudiciables aux progrès, à cause de la nature confiante mais très-attentive de la population.

Qu'on fasse fonctionner devant elle une machine qui marchera très-bien, l'instinct d'imitation est si grand que l'année suivante il en sortira de dessous terre de pareilles. Mais que cette même machine marche mal, je suis convaincu qu'elle sera répulsivement à l'index pendant toute une génération au moins, quoi qu'on fasse.

En ceci comme en toute chose, la Russie est appelée à profiter des qualités de ses défauts, si on peut s'exprimer ainsi. De même qu'elle arrivera d'un premier coup aux chemins de fer et aux télégraphes électriques sans avoir passé, comme chez nous, par le réseau complet des grandes chaussées et des postes télégraphiques à signaux extérieurs, elle doit arriver à ne se servir des machines agricoles qu'alors seulement qu'une grande pratique en aura sanctionné ailleurs l'excellence et la perfectibilité.

Je crois être si bien dans le vrai en raisonnant ainsi, qu'en définitive j'ai même pour moi le terre à terre du fait matériel irrécusable: l'obstacle de la RÉPARATION de la moindre avarie. Qu'on mette aujourd'hui n'importe quelle machine que ce soit, qui ne soit pas absolument parfaite, en plein travail dans les champs, et que telle pièce que ce soit se casse ou se torde seulement, comment fera-t-on pour la réparer?

Or les moissonneuses, il ne faut pas s'y méprendre, sont de véritables machines de précision. Elles ont un grand ressort comme la première *montre* venue; ce grand ressort, c'est la roue qui supporte et véhicule l'appareil sur le sol. La clef qui sert à monter ce grand ressort, c'est la flèche ou les timons de la machine, et la main qui est chargée de le monter d'une manière permanente pendant le travail, c'est la force du cheval, force brutale, inégale, inconstante, capricieuse en tout temps, mais surtout quand les résistances sont instables, comme cela a lieu du commencement à la fin ici.

Veut-on bien se figurer une machine de ce genre conduite par des chevaux de nature assez sauvage, sur un sol raboteux par excellence? Voit-on d'ici la mise en marche seulement? Dès les premiers pas, le seul *bruit des rouages* et de la scie faisant son mouvement de va-et-vient dans sa gaîne, tout cela fer contre fer, mais c'est dix fois plus qu'il n'en faut pour que tout soit brisé à l'instant, et pour une première déroute, la rupture d'un boulon suffit!

Ajoutons à cela que toutes les machines à moissonner sont très-lourdes à traîner, même celles qui ont la prétention de marcher avec un seul cheval, et l'on comprendra avec quelle défiance déjà tout homme raisonnable devra accueillir de tels appareils dès l'instant notamment qu'il s'agira, en fin de compte, de la confier à des paysans qui, par maladresse naturelle, par défiance ou par méchanceté, ne négligeront rien pour les briser, dans la pensée secrète, commune à tous les ignorants du globe, que les machines quelles qu'elles soient sont les antagonistes-nés de l'homme et du travail qui le fait vivre.

J'ai partagé longtemps moi-même une erreur commune à bien des Occidentaux. J'ai cru que les moissonneuses conviendraient beaucoup à la Russie; je l'ai écrit plusieurs fois. Mais maintenant que j'ai vu et apprécié les choses sur place, je n'éprouve aucune gêne à modifier mon opinion ouvertement.

Je maintiens très-nettement qu'il n'y a *pas encore une seule machine* à moissonner qui convienne en ce moment à la Russie. Quand il y en aura une, je serai tout le premier à la recommander; car il n'y a peut-être pas de pays qui ait plus besoin que celui-ci de s'affranchir du joug et du despotisme de la main-d'œuvre, et cela deviendra plus vrai de jour en jour, pour des raisons que tout le monde comprend et que, par conséquent, je n'ai pas besoin d'expliquer davantage ici.

Quand il y aura une bonne machine, la première chose qu'on

devrait songer à faire, ce serait de la fabriquer sur place car les frais de transport sont ruineux. C'est d'ailleurs une règle générale, à mon avis du moins, que plus qu'aucun autre le Russe a besoin de se recruter chez lui et de se suffire à lui-même; c'est ainsi qu'il arrivera le plus vite au but. L'importation matérielle ou intellectuelle a fait son temps. Ma conviction est telle que, dans un cas donné, je préférerais qu'on envoyât dix nationaux à l'étranger, d'où ils reviendraient d'une force ordinaire dans leur partie, que de faire venir un homme de force supérieure, mais étranger au pays.

C'est ainsi que, pour la formation des écoles d'économie rurale dont j'ai déjà parlé, je voudrais que le premier personnel de relai fût formé par l'envoi de Russes intelligents dans nos principales écoles d'Occident.

Mais je m'écarte un peu de mon sujet, et je veux y revenir par une dernière observation, et par des faits.

L'observation, la voici : dans les villes russes on a bien de la peine à faire réparer les choses les plus ordinaires, je ne dis pas de l'horlogerie usuelle, mais même de la simple quincaillerie.

Je demande maintenant ce que l'on doit exiger de tout objet qui est destiné à fonctionner à l'intérieur des terres, loin de toute main-d'œuvre un peu intelligente et sur laquelle on ne peut guère compter encore que quand il s'agit de pièces en bois pouvant être façonnées à la hache!

En France, au moins, nous avons partout le maréchal ferrant. Ici on ferre à peine les chevaux, par conséquent on n'est pas habitué à malléer le fer ni peu ni prou. Où trouver des *fonderies* pour refaire le moindre engrenage, des tours et des rabots pour ajuster les moindres pièces, tout ce qu'il faut pour réparer les fines lames dentées qui servent de base à la machine à moissonner?

Qu'on y songe bien, j'ai dit que j'avais vu tous les concours officiels qui ont eu lieu en France, moins le dernier. Toutes les machines étaient conduites par des chevaux *dressés d'avance,* menés par les inventeurs ou les fabricants, avec leurs meilleurs ouvriers pour aides. Les champs d'essais étaient généralement bien nivelés, bien arrangés.

Eh bien, jamais, au grand jamais, une seule machine n'a pu achever sa tâche sans éprouver quelques avaries.

Ceci posé, j'arrive à l'appréciation du concours qui a eu lieu à la ferme impériale de Fouilleuse le 20 juillet dernier, et sur lequel j'ai promis de revenir.

Je vois, par le compte rendu officiel que j'ai sous les yeux, que la machine Burgess et Key, c'est-à-dire la machine Mac-Cormick modifiée, a obtenu le premier prix des machines étrangères; et cependant elle n'a coupé qu'à raison de deux déciatines en trois heures. C'est relativement une reculade par rapport à des expériences précédentes : ainsi à Trappes, en 1855, la Mac-Cormick pure avait fait presque autant.

La machine Burgess et Key est une de celles que je signalais plus haut comme étant à l'exposition universelle de Londres. Elle est munie d'hélices en fer-blanc [1] qui ont pour mission de faire la javelle sur le côté, c'est-à-dire de nettoyer la place derrière la machine, de façon à ce que les chevaux puissent revenir sans qu'on ait besoin de déranger l'épi à bras d'homme. Je n'ai jamais eu confiance dans cet agencement qui a été cause de tous ses insuccès depuis Londres, et, malgré le prix qu'elle vient de gagner, je ne crois pas du tout à son avenir, pas plus que je n'ai cru à celui de la machine Mac-Cormick [2] malgré son grand prix de l'exposition universelle de Paris.

[1] En visitant dernièrement avec M. Mussard le dépôt des machines Ransomes qui est au manège du corps des cadets, j'ai vu cette même moissonneuse qui était alors déjà en réparation.

[2] Le représentant à St-Pétersbourg de la maison anglaise Ransomes et Sims m'a annoncé que les moissonneuses Mac-Cormick importées par lui en Russie avaient très-bien réussi. Il a promis de m'en fournir les attestations quand je les aurai je les reproduirai et je les discuterai s'il y a lieu ou bien je me rendrai à l'évidence des faits. Jusque-là je reste dans la réserve. A. J.

Je ne connais pas du tout la machine Crouston, qui a eu le second prix.

Quant à la machine Manny, présentée par MM. Robert et Cⁱᵉ, je l'ai toujours jugée comme étant susceptible d'amélioration et comme pouvant même déjà rendre des services dans les pays plats, où l'on ne cultive pas en petites planches et où l'on trouve des hommes assez adroits pour la conduite sur le siége et la réception de la javelle par derrière, ce qui exige beaucoup d'adresse et est très-fatigant, la dernière manœuvre surtout.

J'ai vu et visité avec attention, avant de quitter Paris, la machine Mazier, qui a remporté le premier prix des machines françaises. C'est une de mes plus anciennes connaissances, je puis le dire. J'ai vu les premiers essais qui en ont été faits, il y a je ne sais plus combien d'années, à Grignon, et j'ai toujours eu une bonne opinion de l'avenir de cette machine, bien qu'alors elle ne faisait pas dix pas sans se casser quelque part. J'ai constaté de très-grandes améliorations dans les matériaux de construction de cette machine, toutes les pièces m'ont paru très-soignées, et je ne suis pas du tout étonné qu'elle ait été primée. Tout cela ne m'empêche cependant pas de dire très-nettement que ce n'est pas encore là la machine qui convient à la Russie.

Au surplus, il y en a déjà plusieurs qui ont dû arriver à temps pour la moisson cette année ; je les ai vues peu avant leur départ pour la Russie. Eh bien, je suis intimement convaincu qu'il n'y en a pas une seule qui ait pu faire, je ne dirai pas une moisson complète, mais pas même une journée entière de travail sans avarie. J'accueillerais avec plaisir tous les renseignements, contradictoires ou non, qu'on voudrait bien m'adresser sur ce sujet. Si cela se pouvait même, je n'hésiterais pas à aller voir n'importe laquelle de ces machines à l'œuvre, si j'en étais avisé à temps et si les distances, avec lesquelles il faut bien compter ici, ne s'y opposaient pas trop.

Dans cette catégorie des machines françaises il y en a également une que je ne connais pas du tout, c'est celle de M. Lallier de Venizel, qui a eu un second prix. Quant à celles de MM. Legendre et Cournier, elles n'ont jamais été viables, suivant moi.

Voilà très-exactement quelle est ma pensée sur les machines à moissonner, dans la prévision spéciale de leur emploi en Russie. Pendant longtemps encore, ce qui devra prédominer ici, c'est ce qui se rapprochera le plus du primitif. De même que le télègue avec ses essieux de bois, ses accotements, sa cage mobile et sa dislocation générale, a ses raisons d'être dans la nature des chemins qu'il doit parcourir, de même tout constructeur de machines à moissonner qui voudra répandre ses produits dans les exploitations rurales russes devra scrupuleusement tenir compte: de la taille et de la qualité médiocre des chevaux, pour le tirage longtemps régulier, de l'adresse relative des hommes de conduite, de la surface à parcourir, des *moyens de réparer* surtout.

Il n'y a pas d'illusions à se faire sur des pièces de rechange. Ce sont là des précautions qui suffisent un instant, mais qui sont radicalement insignifiantes quand on envisage la question par son seul vrai côté, celui de la substitution du travail mécanique à force de cheval à ce misérable travail que je viens de voir exécuter par des femmes en chemise et armées seulement d'une mauvaise et bien peu puissante faucille. On dit quelquefois que les extrêmes se touchent, mais ce n'est pas ici le cas. La faucille est bien tout ce qu'il y a de plus éloigné dans son genre de la machine à moissonner, qui elle, au moins, est appelée un jour, j'y crois sincèrement du moins, à faire une révolution des plus salutaires en agriculture ; mais pour en profiter convenablement, il faut que la Russie sache encore attendre quelques années au moins.

XIX.

De la fumure des terres.

Sur le Volga entre Nijni et Kazan, ce . . .

Jusqu'à présent je vous ai fait part de préférence de celles de mes observations qui avaient un peu le caractère de l'actualité et qui permettaient, jusqu'à un certain point, une vérification dans le cours même de l'année agricole. J'ai en outre cherché à vous prévenir à temps de mes remarques, de façon à ce que, au besoin, elles pussent être l'objet d'essais en petit, comme on doit toujours en faire préalablement, quelque bons que semblent les conseils de n'importe quel touriste en matière agricole. On ne doit jamais oublier, en effet, qu'un essai trop en grand a presque toujours le grave inconvénient de faire courir une chance de perte qui ne peut plus se rattraper, quand elle a lieu, que l'année suivante, et c'est en ceci surtout que le commerce, par exemple, est bien plus agréable pour les esprits un peu aventureux, puisqu'ils n'ont que le choix des occasions pour contrebalancer dès le lendemain les effets d'une mauvaise spéculation de la veille.

Si je fais ces réflexions, c'est que j'ai besoin de dire et d'expliquer comment il s'est fait que j'aie, jusqu'à présent, été un peu dominé par les circonstances et le temps: ainsi, je ne pouvais pas parler du chaulage des blés ni du rehersage des avoines après la récolte de cette céréale ni après les semailles ; ceci expliquera aussi, à ceux qui auraient pu en faire la remarque, pourquoi la plupart de mes articles ont été, jusqu'à présent du moins, plutôt critiques en quelque sorte qu'approbatifs.

Ceci posé, je suis bien aise d'avoir à déclarer hautement que j'ai vu en Russie d'excellentes choses ; si elles ne sont pas toutes bonnes à être décrites dans les pays où la culture est plus avancée qu'ici, elles sont du moins très-excellentes à être mises un peu en évidence en Russie même, où les bons exemples sont rares et où ils demandent surtout à être connus.

Une des pratiques agricoles qui laisse, à coup sûr, le plus à désirer ici, je crois l'avoir déjà dit, c'est la fumure des terres, qui n'a lieu en moyenne que tous les 15 ans, et encore à des doses relativement très-faibles par rapport à ce qui se fait ailleurs tous les 5 ou 6 ans et quelquefois tous les 3 ans. Il y a même des endroits où l'on fume tous les ans chez nous ; mais il faut se trouver pour cela notamment près d'une ville où il y ait de la cavalerie en garnison.

La première objection qui se présentera sur le terrain où je me place en ce moment, je la sais d'avance : c'est que le fumier manque. Je répondrai à cela qu'il manque moins qu'on ne le pense, et que c'est plutôt la volonté et la persévérance qui font le plus défaut en bien des cas.

Je ne citerai pas ce qu'il y aurait à faire avec toutes les matières fertilisantes qui se perdent dans les centres de population. En France même, on n'utilise nulle part ces matières comme on devrait, comme on pourrait le faire. Je me bornerai donc seulement ici à appeler l'attention sur le parti qu'on pourrait tirer au moins des fumiers ordinaires qui se font dans toutes les villes, et au lieu de discuter mon sujet et d'en démontrer la valeur par le raisonnement, ce qui serait extrêmement facile, je préfère m'appuyer sur des faits, très-anciens déjà, en me bornant à les citer tels que je les ai constatés récemment. Ils portent d'ailleurs avec eux leur enseignement sans qu'il y ait grand besoin de les accompagner de commentaires.

J'ai dit qu'on laissait perdre ici dans les villes de véritables et très-précieuses sources de production. J'ai cependant rencontré en Russie un exemple qui peut être cité partout et qui prouvera à lui seul combien on a tort de se laisser aller à de pareilles négligences.

Pendant mon excursion dans le gouvernement de Riazan, j'ai eu occasion de visiter un bien qui est situé tout près de Riazan même, et qui, depuis plusieurs années déjà [1] retire le meilleur parti qu'on puisse désirer de son voisinage de ce centre de population, dans lequel il y a eu longtemps, comme cela existe encore à peu près partout je crois, des machines à fumier excellentes qu'il ne s'agissait que de savoir bien utiliser, comme on va le voir.

Les propriétaires du domaine en question ont eu l'heureuse idée de mettre à profit leur proximité de la ville pour s'en faire une riche ressource à engrais. Dans ce but, ils se sont entendus avec différents propriétaires de chevaux à l'effet de leur fournir toute la paille dont ils peuvent avoir besoin, à condition de prendre en échange le fumier qui serait produit d'un bout de l'année à l'autre.

Voici quels ont été les résultats de cette combinaison pour l'une des années que j'ai prise au hasard sur les livres si exceptionnellement bien tenus de l'exploitation dont je veux parler.

---

[1] Les améliorations dont j'ai vu la suite remontent au temps des précédents propriétaires du domaine. C'est à un régisseur allemand, nommé Jakoff Andreitch Piking qu'on en doit l'installation. Ce témoignage rendu à un étranger n'ôte rien au mérite de ceux qui ont continué son œuvre, au contraire cela prouve en leur faveur. Car tout le monde ici n'est pas uniformément reconnaissant pour ce que l'étranger y a fait de bon, notamment l'Allemand qui est peut-être celui qui a rendu le plus de services sérieux au pays et occasionné le moins de déceptions et de mécomptes. A. J.

En 1857—58, d'octobre en octobre, il a été livré, pour l'exécution du marché que je viens de citer, *mille télègues* de paille dans des endroits différents de la ville. Comme l'exemple que je cite peut gagner à être connu dans tous ses détails, je nommerai les personnes, contrairement à mon habitude; mais l'exception est motivée par la considération que voici: si quelqu'un était tenté de mettre à profit son voisinage d'une ville, il pourrait de cette façon se procurer tous les renseignements complémentaires pratiques dont il pourrait avoir besoin et qu'il m'est impossible de donner entièrement ici.

Il s'agit du domaine de madame la princesse Tcherkasky, qui est situé à quelques verstes de Riazan. Les fournitures de paille se font notamment: à la caserne des gendarmes, à la caserne dite d'Astrakhan, aux écuries du poste des pompes à incendie, aux haras de la couronne et chez MM. le gouverneur, Fédorovsky, Troubinsky, Matiakin, Poriokine, Ivanow, Popow, Vischnievsky, à l'hôtel Varvarine et chez quelques autres personnes dont je ne puis plus bien déchiffrer les noms sur les notes qui m'ont été données sur place.

Mais le point principal que je veux surtout faire ressortir est celui-ci: c'est que 1,000 télègues de paille, de 15 à 20 pouds le télègue, et ce qui a été dépensé pour la consommation intérieure, ont donné lieu à un retour sur les terres de 17,231 voitures d'excellent fumier, d'environ 15 pouds chaque voiture. Ce produit se comprend quand on songe qu'en outre de la paille mangée ou restée en litière on reprend encore les produits du foin et de l'avoine qui ont été donnés quotidiennement aux chevaux.

L'hiver, les terres sont fumées à raison de 700 télègues par déciatine; au printemps on n'en met que 400. On peut juger tout de suite de l'effet que doit produire une pareille dose d'engrais appliquée depuis plusieurs années déjà sur 300 déciatines environ de terres labourables, et on s'expliquera très-bien les différences de rendement qui existent entre la propriété dont je parle et les propriétés voisines.

J'écris ces lignes à bord du bateau à vapeur, et il ne m'est pas facile de retrouver quelques notes particulières que j'avais prises sur les rendements de terres fumées l'année dernière. Il me manque de plus des renseignements précis qui devaient m'être adressés après coup et que je n'ai pas encore reçus à l'heure qu'il est (¹); je ne puis donc donner des chiffres précis comme je le voudrais. Je dois me borner à dire que j'ai vu sur le bien en question des épis de seigle ayant plus de 3 verchoks de long.

J'insisterai sur un fait qui m'a particulièrement frappé, c'est que non-seulement la sole de blé actuelle (et elle est de 110 déciatines), mais encore presque tous les autres champs sont d'une propreté trop rare en Russie. Ceci est de la plus haute importance, en ce sens que cela prouve que partout où la terre est bien engraissée et bien cultivée, on peut toujours combattre victorieusement l'envahissement si pernicieux des mauvaises herbes.

Le domaine de Mme la princesse Tcherkasky sera pour moi un exemple que je citerai avec plaisir, car ce qui s'y passe — je ne parle absolument que de la culture — répond victorieusement à des fins de non recevoir qui m'ont été opposées bien souvent. « Nous avons trop de terrain, me dit-on souvent, pour songer à prendre la peine d'en fumer une partie mieux que les autres. » C'est là une erreur capitale; avant dix ans on en aura reconnu les inconvénients, mais il ne faudra pas moins.

Je ne cesserai donc pas de le répéter, la culture *intensive* convient mieux à la Russie que la culture *extensive*, à quelques exceptions près(²). Je n'en suis pas arrivé certainement à

(¹) Suivant les usages russes je ne les ai jamais reçus.
(²) Je sais que cette opinion n'est pas celle du Nestor de l'agriculture russe, M. Jean de Sabourof du gouvernement de Penza. Il a bien voulu lire les épreuves ou les bonnes feuilles de ce

conseiller la stabulation permanente dans un pays où elle est en ce moment tout à fait contre-indiquée ; mais je répéterai, chaque fois que l'occasion s'en présentera, qu'il ne faut rien laisser perdre de ce qui peut fertiliser le sol.

J'ai dit pour les fumiers de ville.

Je pourrais citer encore les chiffons et autres déchets de laine qu'on laisse perdre et dont on pourrait tirer le meilleur parti. Je dirai plus, tout en sachant les dénégations incrédules au moins que je rencontrerai : l'irrigation et le drainage ont un rôle important à jouer ici, et il ne se passera pas bien longtemps avant qu'on ne le reconnaisse. J'ai même déjà vu du drainage très-bien fait près de St-Pétersbourg.

Outre ce que je viens de faire connaître de la bonne et intelligente administration agricole du domaine de Mme la princesse Tcherkasky, je dois ajouter que l'application de l'engrais lui-même s'y fait avec un soin particulier. Au lieu de laisser le fumier exposé sur le sol à la pluie qui le lave ou au soleil

---

livre. — M. Joltoukine a eu la même obligeance ainsi que M. le baron Alexandre de Mayendorff — M. Sabourof m'a fait à ce sujet des observations en faveur de la culture *extensive* dont j'aurai à tenir grand compte dans un appendice que je me propose de publier sur les notes écrites que ces trois messieurs veulent bien me faire en marge des feuilles qui leur sont envoyées au fur et à mesure du tirage.

Si les lenteurs incroyables de l'imprimerie ne me permettaient pas de publier cet appendice à temps, je ferais un chapitre spécial dans le premier volume de fond que je vais publier en rentrant en France sur la *Russie agricole, industrielle et commerciale* avant de revenir, au mois de mai, prendre les éléments d'un second volume. J'attache, et on attachera avec moi une trop haute importance au jugement de ces trois messieurs qui sont tous maîtres en ces matières pour que je fasse moins que ce que je me promets, de faire : modifier mes opinions d'après leurs avis quand ma conviction se fera d'après leurs observations savantes et toujours consciencieuses à propos d'un pays qu'ils connaissent bien à fond. Dans le cas contraire les discuter de façon à ce que, en somme, le lecteur puisse juger avec connaissance de cause.   A. J.

qui le déssèche et en fait évaporer les gaz fertilisants, on le répand, puis on l'enterre à la charrue très-rapidement. De cette façon, le sol garde pour la récolte qu'il doit porter tous les éléments de fertilité que partout ailleurs on laisse perdre d'une façon déplorable.

Ce sont là des points plus importants qu'on ne peut le penser à première vue, et dont il importe de se préoccuper peut-être encore plus en Russie qu'ailleurs.

XX.

La ferme-école de Kazan.

Kazan, ce. . . . . . .

J'ai déjà dit pour quels motifs la plupart des observations que j'ai adressées au *Journal de Saint-Pétersbourg* avaient été en quelque sorte plutôt critiques qu'approbatives. Je voulais, suivant le désir qui d'ailleurs m'en a été exprimé très-souvent, qu'elles pussent être vérifiées et au besoin mises à l'épreuve pendant la campagne agricole de l'année. Les mêmes raisons n'existant plus en ce moment, je suis bien aise d'avoir maintenant à aborder une autre série de faits qui me permettront de rendre la justice qu'ils méritent aux efforts qui ont été faits jusqu'à présent en faveur de l'agriculture russe. Ils serviront au surplus à justifier dans une certaine mesure plusieurs des *desiderata* que j'ai exprimés bien des fois déjà sur les différents sujets que j'ai abordés.

En me rendant dernièrement à la *ferme-école de Kazan*, j'avoue tout d'abord que j'étais loin de m'attendre à y voir ce que j'y ai vu.

Chose bien singulière : à en juger par le peu d'importance que semblaient y attacher plusieurs personnes que j'ai questionnées sur cet établissement, j'avais presque la crainte de perdre mon temps en y allant (¹). Et, ce qui est bien plus extraordinaire, c'est précisément dans le rayon même de la ferme qu'on m'en disait le moins de bien et qu'on la traitait avec le moins de conséquence!

Si je ne m'étais pas imposé de ne faire aucune personnalité dans mes relations, je donnerais la mesure de ce que je peux penser à ce sujet, en disant que le plus haut fonctionnaire de la localité, avec lequel j'en ai parlé quelques jours après ma visite, semblait à peine soupçonner l'existence de ce bel établissement, sous le prétexte qu'il n'était pas directement du domaine de son administration!!!

Quoi qu'il en soit, ce qui précède dit assez que j'ai été enchanté de mon excursion à la ferme-école de Kazan, non pas qu'il soit encore possible d'avancer qu'elle ne laisse absolument rien à désirer, mais bien parce qu'on y trouve, ou comme faits accomplis ou comme tendances, à peu près tout ce qu'on peut souhaiter en Russie, pour le moment du moins.

Ce n'est pas ici que je dois songer à faire une description complète du domaine en question, je réserve les détails de ce genre pour plus tard. Je supposerai donc qu'on sait au moins ici ce qui s'y passe, quoique je sache qu'il soit loin d'en être exactement ainsi; mais enfin, je raisonnerai, tout comme s'il en était ainsi, sur les faits les plus saillants, en les commentant comme je l'entends, tout aussi bien en exprimant un désir quand il y aura lieu, qu'en rendant pleine et entière justice à ce qui m'a paru aussi parfait que possible pour l'époque et l'état général du pays.

(¹) Je me suis trouvé dans le même cas à propos de l'école d'agriculture des apanages. M. le comte d'Adlerberg a bien voulu me mettre à même de la visiter avec détails et je suis loin de regretter le temps que j'y ai passé sous l'obligeante conduite de M. le prince Troubetzkoï, son directeur, en compagnie de M. le prince Boris André Galitzine et de M. Chérémetief. On en aura la preuve quand je dirai ce que j'ai vu d'intéressant dans cet établissement qui est moins connu qu'il ne le mérite. A. J.

Et d'abord, je ne pourrais dire combien j'ai été satisfait de voir ce funeste assolement des trois champs mis de côté enfin, comme il devrait l'être partout à mesure que le progrès se fera. Rien n'est renversant, je l'affirme, comme de s'entendre dire à chaque instant que telle culture, par exemple, ne peut pas être tentée, sous le prétexte qu'elle ne peut pas *se plier* à cette sorte de cercle de fer qui étreint, jusqu'au point de le rendre parfois stérile, ce riche sol de la Russie, lequel cependant ne demande qu'à être aussi fertile qu'on le voudra, le jour où on *saura* lui demander ce qu'il peut donner.

Sans doute, à la place d'une rotation de quatre ans, on pourrait en avoir une plus longue; mais en considérant la nature du sol qui n'est pas, à beaucoup près, aussi bonne que sur la rive opposée du Volga, il y a lieu de se féliciter de l'introduction d'un quatrième champ qui permet en quelque sorte de faire des prairies artificielles et de cultiver particulièrement le *trèfle* (klevre) qui, avec la luzerne, doit un jour ou l'autre opérer une révolution salutaire dans ce pays-ci ; ce fait m'est aujourd'hui positivement démontré.

La part faite aux pommes de terre est peut-être un peu restreinte; cinq déciatines ne doivent pas suffire dans une exploitation où l'on cultive 251 déciatines de terres arables, si l'on veut que le bétail profite convenablement des bienfaits que peut procurer ce précieux tubercule.

Je cite ce fait à dessein, parce que je sais combien ont été grandes les répugnances qui se sont opposées pendant longtemps à l'introduction de cette merveilleuse plante. Ce précédent devrait servir pour lever les préjugés qui pourraient s'opposer à la propagation des prairies naturelles dont la Russie a plus besoin qu'elle ne le pense. Je me propose de le prouver un jour, en démontrant que les maladies, notamment la peste et la péripneumonie qui déciment son bétail, ont pour *principale* cause l'uniformité et l'infériorité de l'alimentation.

Les foins et les pâturages médiocres font autant de mal aux

animaux que la variabilité fatale de la qualité du kwass en fait aux hommes.

Le manque d'aération à l'intérieur est également une cause commune et des plus funestes, l'hiver surtout, pour la santé des uns et des autres.

J'ai trouvé le bétail de la ferme de Kazan en très-bon état, mais il convient de noter que les chevaux de trait reçoivent une ration assez convenable qui justifie ce que j'ai dit plusieurs fois sur ce sujet. En voici d'ailleurs le détail pour ceux que les chiffres peuvent intéresser ; il s'agit de la ration de travail, bien entendu, car elle est diminuée l'hiver et pendant le repos.

        Avoine . . . . 3 garnetz, ([1])
        Foin . . . . 25 livres, ([2])
        Paille. . . . . 6 »
        Menue paille . . . . . 2 »

A mon grand regret, je n'ai pas pu voir les bêtes à cornes, mais je réserverai une mention toute spéciale aux moutons ; ce sont des *Romanovsky*, qui se sont trouvés là à point pour prouver à quelqu'un du voisinage, avec lequel j'en avais causé précédemment, que cette excellente race pouvait très-bien venir dans le gouvernement de Kazan, où elle serait beaucoup plus productive que celle qu'on y rencontre.

J'ai vu avec plaisir le magasin des machines d'agriculture. J'en ai d'autant plus été satisfait, en ce qui me concerne personnellement, qu'une grande partie des instruments se fait dans les ateliers de la ferme.

Je n'ai pas été à même de juger de la valeur des choix de modèles qui ont été faits à l'étranger, puisque je n'ai pu voir à l'œuvre ni les originaux ni leur copie. J'ai constaté cependant que les types que j'ai eus sous les yeux étaient, pour les terrains que je connais à fond, à peu près ce qu'il y a de mieux

[1] Le garnetz = 3 litres 279817.
[2] La livre russe = 409 grammes 51156.

dans ce genre, notamment les *battoirs*, les *plouch-araires*, et pour le travail à la grange les *tarares* ou ventilateurs.

Il n'est pas jusqu'aux charrues du pays et au modèle dit d'Yaroslaw qui ne soient très-rationnellement et même très-élégamment établies.

Je suis si disposé à faire une large part à l'éloge, dans mon examen d'ensemble sur la ferme-école de Kazan, que je ne me gênerai pas du tout pour présenter quelques observations qui d'ailleurs n'ont qu'une portée relative, mais qui enfin en ont une, si on veut bien prendre la peine de leur prêter quelque attention.

La ferme est complétée par un certain nombre d'ateliers, je l'ai déjà indiqué, où les apprentis apprennent tous les états qu'il importe de connaître quand on veut se livrer aux travaux des champs. Je dirai tout de suite que je les ai trouvés bien tenus, à peu près sans exception. Celui des tourneurs et des serruriers laisse peu à désirer; mais celui auquel je voudrais voir donner un bien plus grand développement est l'atelier que j'appellerai du *charron-menuisier-maréchal*, parce que c'est là que je voudrais voir fabriquer les instruments perfectionnés, non-seulement pour les besoins de la ferme, mais encore et surtout pour la vente extérieure, et cela aux prix les plus réduits.

Quoi de mieux à désirer, en effet, dans un pays comme celui-ci, qu'une ferme-école qui établirait les meilleures machines agricoles et qui ne livrerait à la vente que des types non-seulement reconnus comme étant les meilleurs, mais encore *ayant travaillé* dans la ferme même, de telle sorte que l'acquéreur pût être assuré qu'en faisant tel achat que ce soit il aurait certainement un objet qui aurait déjà servi et qui, par conséquent, aurait bien plus de chance de ne pas aller le lendemain *au grenier ou sous le hangar*, soit par défaut d'ajustage, soit par défaut de solidité.

Une autre considération me ferait encore désirer une fabrique de machines agricoles, ne fût-ce que pour la confection et la vente des appareils les plus simples : c'est que les relations qui s'établiraient à l'extérieur seraient elles mêmes favorables aux progrès par les idées que chacun viendrait prendre en achetant, ou qu'on lui porterait en livrant.

C'est pour les mêmes raisons que je voudrais voir augmenter l'importance[1] de ces établissements modèles par l'adjonction, sur telle petite échelle que ce soit, des industries agricoles qu'il conviendrait le plus d'encourager dans le pays.

Si, par exemple, il y avait eu une distillerie de betteraves, de pommes de terre ou de grains, je n'aurais pas hésité à conseiller l'essai de la distillation du fruit du rosier sauvage qui est en si grande abondance le long du Volga, et dont on pourrait peut-être tirer un très-bon parti.

Il devrait y avoir aussi des spécimens d'*amidonnerie* et de féculerie. Ce sont là des industries qui conviennent par excellence à la Russie, puisqu'elles résolvent assez bien le problème qui lui est propre, qui la domine on peut dire, et qui peut se formuler ainsi : *donner aux produits du sol, par la transformation sur place, la plus grande valeur possible sous le petit volume possible.* Alors même que les chemins de fer auront comblé les ornières des voies de communication actuelles, la solution de ce problème sera toujours à rechercher ; car, en Russie, plus que n'importe où, la question des *transports* sera capitale jusqu'à ce que l'absorption par l'État — ou toute autre combinaison — vienne mettre les prix du trafic des matières encombrantes au simple prix de revient.

C'est là une des révolutions sociales que le siècle actuel verra s'accomplir en Europe très-incessamment peut-être, car la France est déjà préparée et disposée à donner l'exemple.

---

[1] Je dirai ailleurs comment j'entendrais qu'on procédât. Ce serait surtout en utilisant les *propriétaires avancés*, comme il y en toujours quelques-uns dans chaque gouvernement.   A. J.

On a pu le pressentir déjà par les récentes fusions des compagnies — qui ne sont pour ceux qui connaissent le dessous des cartes et qui savent ce qui se passe dans les grandes administrations — que le préliminaire du rachat des chemins, ou, comme on dit, de leur absorption par l'État au profit de tous; aujourd'hui, en effet, ils ne fonctionnent relativement qu'au profit de quelques-uns.

Cette digression m'a éloigné de mon sujet au moment où j'allais dire qu'on devrait rendre toutes les fermes-écoles russes aussi abordables et aussi attrayantes à étudier que possible.

J'ai déjà fait comprendre que j'avais constaté avec le plus grand étonnement l'ignorance dans laquelle se trouvaient des voisins mêmes de la ferme de Kazan sur ce qui pouvait s'y passer. Les plus intéressés à être au courant, c'est-à-dire les propriétaires que j'ai vus, ne l'ont jamais visitée et n'y ont peut-être jamais songé.

Je répéterai donc ce que j'ai dit à plusieurs d'entre eux : tout homme qui tient au sol doit non-seulement avoir vu plusieurs fois les établissements de ce genre qui sont à sa portée, mais encore il doit y envoyer ses intendants ou tout au moins des jeunes gens qui apprendront à le devenir ou à remplir d'autres fonctions agricoles avec connaissance de cause tout au moins.

Jusqu'à présent, il n'y a guère que des orphelins ou des serfs qui aient formé le contingent des *quatre-vingt-quinze* élèves que la ferme-école de Kazan a à peu près en tous temps. Eh bien, de même que l'on signale déjà comme une marque de progrès, ce qui est vrai, la fréquentation des universités par les fils de nobles, de même je dirai qu'il y a progrès le jour où, en sortant de l'université, ces mêmes jeunes gens iront finir leur éducation, ne fût-ce que pendant un an, dans une ferme-école comme celle de Kazan.

Sans doute ils n'auraient pas besoin alors de s'astreindre à tout ce que contient le programme qui a été fait en vue de jeunes gens qui doivent tout apprendre, depuis A jusqu'à Z ; mais on pourrait en faire une sorte de petit état-major qui entourerait le directeur et apprendrait avec lui la manière dont ils devraient s'y prendre ultérieurement pour retirer du sol de leurs pères tout le parti possible avec les ressources disponibles d'abord, et ensuite avec l'adjonction d'un capital.

Ce dernier point surtout serait de la dernière importance, car, avec l'émancipation, ce sera là le véritable *défaut de la cuirasse*, par où la majeure partie des seigneurs russes seront plus ou moins touchés.

Pour en revenir à la ferme de Kazan, je dirai, en résumé, que je l'ai trouvée très-convenablement tenue dans les moindres détails. Les dortoirs des élèves sont très-bien disposés, les ateliers d'hiver parfaitement aménagés. Partout les règles de l'hygiène sont observées, l'*aération* notamment est parfaite : c'est ainsi qu'à l'infirmerie même on respire aussi largement que dans nos meilleurs hôpitaux.

Les granges sont propres ; les machines partout en bon état.

J'ai admiré particulièrement l'excellente tenue des pompes à incendie. Nous n'avons rien de semblable chez nous.

Les meules de grains sont très-bien faites ; elles sont assises sur un plancher qui est isolé du sol par des poteaux, comme la plupart des greniers à grain en Russie ; il ne manque que l'obstacle dont j'ai déjà parlé contre l'invasion des souris et des autres animaux rongeurs, pour que ces meules soient aussi parfaitement construites qu'en Angleterre et en France, dans les quelques fermes où elles sont introduites depuis sept ans à peine.

En résumé, la ferme-école de Kazan est tenue de telle sorte que je n'hésite pas un instant à déclarer que nous n'en avons *pas une* du même ordre en France qui n'ait à lui emprunter quelques bonnes choses.

Je dis du même ordre, pour ne pas confondre avec nos établissements *régionaux*, qui ne peuvent d'ailleurs pas entrer en comparaison avec ceux-ci sous certains rapports.

La tenue intérieure de tous les bâtiments est aussi soignée que possible, je me plais à le reconnaître encore une fois, et je le prouve en disant que ce n'est pas seulement par 20 que je voudrais voir sortir les élèves de cette ferme-école tous les ans, mais par 50 et plus, et je voudrais qu'ils eussent tous leurs quatre années complètes d'apprentissage.

L'absence des visiteurs les plus voisins de la ferme-école de Kazan est à mon sens une honte pour les propriétaires des environs qui habitent annuellement leurs terres, car il faut bien faire une exception pour ceux qui demeurent trop loin. Je fournirai bientôt des preuves de ce qui précède en établissant des comparaisons avec des terres que j'ai visitées à Klutchichy, à Mathiouchkine, à Tachofska, à Grébeni et à Chelanga.

Je donnerai aussi des détails assez curieux que j'ai recueillis avec le plus grand intérêt et le plus grand soin dans l'île de *Biby-Pétrovna*, dite à tort *île de sable*, qui se trouve presque en face Kazan et dans laquelle on ne récolte annuellement que 90,000 pouds de foin, au lieu de 150,000 qu'on pourrait obtenir très-facilement et à peu de frais, comme je l'ai démontré à son propriétaire, M. Dmitri Naryschkine, qui l'a parfaitement compris.

Mais avec l'ancienne éducation russe on ne peut pas être malheureusement à la fois et grand seigneur et agronome, comme tous les nobles le sont en Angleterre.

Il faudra bien cependant que cela vienne un jour; je ne doute pas que si la Russie avait par chaque gouvernement une ferme tenue comme celle de Kazan, au lieu de n'en avoir que cinq pour tout l'Empire, ce progrès si capital que je viens d'indiquer serait accompli sûrement en une seule génération. Je le lui souhaite de tout cœur, et je serais heureux d'y contribuer pour quelque chose, ne fût-ce qu'en souvenir de la bonne et cordiale hospitalité que j'y ai reçue.

XXI.

Des fumiers perdus. — Du rchersage des prairies. — Des foins salés. — De la peste du gros bétail ou tchouma. — De la fabrication du cidre. — Ile de Biby-Pétrovna, ou île de sable. — Klutchichy. — Matiouchkine. — Tachofska. — Grébéni. — Chelanga.

Sur le Volga, ce . . . . . .

Dans mon voyage sur la rive droite du Volga, en aval de Kazan, j'ai visité avec le plus grand intérêt l'île et les territoires des cinq villages ci-dessus dénommés, et je regrette infiniment que mon admiration pour l'ensemble de cette belle propriété, qui a près de 18,000 déciatines en deux morceaux, ait été tempérée par le spectacle dont je vous ai déjà parlé, celui de la perte totale du fumier qui est produit par le bétail des paysans.

J'ai dû être d'autant plus affligé que des récoltes de blé encore sur pied m'ont démontré de la façon la plus péremptoire que bien des fois déjà la moisson a dû être à peu près nulle par suite de la même sécheresse que celle qui a eu lieu cette année et qui a annulé presque entièrement la sole de blé principalement.

En présence de faits aussi monstrueux, et ils sont assez nombreux à ce qu'il paraît, les seigneurs ne sauraient trop se montrer attentifs et au besoin rigoureux; ils ont bien des moyens d'action à employer pacifiquement, comme je l'entends toujours en parlant ainsi; le meilleur entre tous ceux qui ont été proposés serait, suivant moi, de prêcher d'exemple.

Je renvoie donc à l'un de ces exemples que j'ai recueilli et qui sera consigné avec détails quand je rassemblerai les articles du *Journal de Saint-Pétersbourg* en brochure. En attendant, voici quel en est le résumé en deux mots.

Un propriétaire assez voisin du grand et beau domaine dont je parle, a eu l'heureuse idée d'utiliser ses voyages à l'étranger pour en ramener un cultivateur belge; il n'a pas commis la faute de prendre un Anglais: je dis faute, car l'Anglais (¹) est le dernier qu'on devrait choisir en Russie; les usages culturaux de la Grande-Bretagne n'ayant pour ainsi dire presque pas de rapprochement avec ce qui conviendrait ici, comme je l'entends du moins.

Notre fermier belge, on le comprend tout de suite, n'eut rien de plus pressé que de prendre au jour le jour les fumiers qu'on avait l'habitude de jeter; il fit plus : il offrit de fournir la paille de consommation et de litière à tous les animaux des paysans qui ont bien voulu traiter avec lui.

En même temps il puisa largement dans les dépôts accumulés depuis des années dans les ravins et le long des berges, et en moins de trois ans, il a pu montrer des rendements de 4,900 pouds de betteraves à l'hectare, et des blés donnant 35 et 40 pour un, alors que précédemment on n'en avait pas plus de 7 à 14.

(¹) Je ne prétends pas dire, bien entendu, que le cultivateur anglais ne soit pas capable de bien mener une exploitation rurale russe, je veux dire seulement que pour le faire avec succès il faudrait qu'il fît subir de profondes modifications à ses propres habitudes culturales. Or l'Anglais est celui qui se plie le moins bien aux exigeances d'une situation exceptionnelle pas plus en temps de paix qu'en temps de guerre, voilà pourquoi je préférerais ici le cultivateur belge ou allemand à tout autre, même au Français, qui n'est guère bon non plus pour ce genre d'exportation; comme l'Anglais, dans la position qu'il occupe chez lui il est relativement trop bien pour chercher à changer. A. J.

Je pourrais encore citer un exemple analogue qui est donné par un seigneur des environs de Simbirsk, avec lequel je me trouve en ce moment même *ensablé* sur le bateau à vapeur la *Néréide*, qui tente en vain de remonter le Volga depuis cinq heures déjà. Il donne la paille pour avoir le fumier, et il s'en trouve extrêmement bien, car contre un produit sans valeur pour lui il améliore indirectement son bien-fonds.

Ainsi se trouve répété sur trois points différents l'excellente pratique que j'ai cherché à préconiser après en avoir constaté les fructueux effets chez madame la princesse Tcherkasky. Ce ne sont donc pas les bons exemples qui manquent à la Russie, par la Russie elle-même, comme je le disais alors; ce n'est peut-être que l'occasion de les faire connaître qu'il faudrait. Voilà pourquoi je n'ai pas hésité à vous signaler ceux-ci, et j'en ferai autant de tous ceux que je pourrai rencontrer encore. Je commence pour le moment par un nouvel exemple qui prouve la bonté du procédé de salaison du foin dont j'ai déjà parlé.

J'ai choisi pour mon expérience le foin le plus plat, celui auquel il restait encore une odeur de vase assez prononcée, et je l'ai salé par la méthode la plus simple, celle que tout le monde connaît. Avec un poud de sel j'ai saturé autant d'eau qu'il m'en a fallu pour arroser le foin qui était destiné à la nourriture des chevaux du second haras de M. Dmitri Pavlovitch Naryschkine à Kloutchichy.

Je donnerai ultérieurement les proportions exactes, afin de bien faire connaître le prix de revient de cette opération; il est extrêmement bas. Pour aujourd'hui, je me bornerai à dire ceci :

Un vieil étalon de seize ans, je crois, ne mangeait son foin qu'avec une extrême répugnance, et encore n'en consommait-il que très-peu; son ratelier a été divisé en deux parties perpendiculairement : à droite on a mis le foin ordinaire, à gauche le foin salé. Celui-ci a été mangé constamment et très-avidement sans que l'autre ait jamais été touché.

Un des témoins de l'expérience fit, avec une intelligente intention, devant les gens de service assez étonnés, l'observation que voici : « Peut-être le cheval a-t-il l'habitude de ne manger qu'à la gauche de son ratelier ; or le foin salé est précisément de ce côté ; il faudrait donc faire l'inverse pour avoir une expérience véritablement concluante. »

Qui fut dit fut fait. Le foin salé continua à être mangé avec le plus grand appétit ; notre spirituel contradicteur, en apparence du moins, en fit faire la constatation officielle plusieurs jours de suite, par les plus incrédules palefreniers du haras, et depuis, on n'éprouve ni répugnance, ni résistance pour faire saler la ration quotidienne quand on l'ordonne.

Les conséquences de ces faits qui sont très-connus et très-incontestés à peu près partout en Occident, je le sais parfaitement, sont, pour l'endroit dont je parle, d'une assez grande importance, puisque, moyennant quelques copecks par tête de cheval et par mois, on transformera des foins médiocres en foins tels qu'ils remplaceront des foins de première qualité, qu'on n'a pas encore complétement d'ailleurs, puisque le *rehersage* n'a pas pu être pratiqué cette année et ne le pourra être que l'année prochaine.

Je recommande vivement et sérieusement ce fait à l'attention des propriétaires qui s'intéressent à leurs domaines autrement que pour en retirer tant bien que mal tout le revenu possible, pour aller ensuite le manger à l'étranger sans aucun fruit et sans retour aucun à la terre qui le leur a donné.

J'ai déjà dit, je crois, combien j'étais convaincu que les maladies qui déciment si cruellement le bétail russe étaient dues, pour une grande partie, au défaut d'observation des plus simples règles de l'hygiène et comme aération et surtout comme alimentation ; eh bien, dans ma pensée, je crois que le sel devrait remplir un rôle qu'il ne remplit pas dans le régime primitif des animaux.

Je vous l'ai déjà dit ailleurs, la Russie peut énormément améliorer son agriculture, *rien qu'en employant mieux les forces et les ressources dont elle dispose.* J'insiste beaucoup sur ce fait, parce que je m'aperçois tous les jours qu'une des principales raisons que le seigneur russe cherche à donner pour justifier son état arriéré, dont au fond il a honte, sans vouloir cependant se l'avouer, c'est que, dit-il, il manque du capital qu'il lui faudrait pour faire les avances que la terre exige partout.

Je ne prendrai pas le change sur ce point, tout en reconnaissant le bien fondé de l'objection pour un grand nombre ; mais je n'en maintiendrai pas moins mon dire précédent, et cela avec d'autant plus de force et de persistance qu'il n'y a souvent qu'à vouloir pour obtenir des résultats très-notablement avantageux ; sans presque aucun frais autres que ceux d'une main d'œuvre dont on dispose et d'une force qu'on a presque à discrétion.

Parmi les moyens de ce genre que je me suis toujours efforcé de vous signaler, il s'en trouve un dont je vous ai déjà parlé à propos de l'avoine, et qui est héroïque aussi à l'endroit des prairies qui sont immergées tous les ans : c'est le rehersage.

En visitant, ces jours derniers, la fameuse île de *Biby-Pétrovna*, appelée à tort *île de sable* — et qui s'étend à peu près depuis Kazan, ou en face du moins, à la hauteur d'Ousslone et du débarcadère des bateaux à vapeur, presque jusqu'à Nijni-Ousslone — j'ai été frappé de la médiocrité relative des produits obtenus par rapport à la qualité du fond de terre et surtout par rapport à la richesse du limon qui est déposé à sa surface tous les ans. Examen fait de la situation des choses, il m'a été facile de reconnaître que la végétation restait comme étouffée sous une couche d'alluvion très-serrée, mêlée de détritus de toutes sortes, de telle façon que cette cause de langueur deviendrait une véritable source de richesse si, après le retrait des eaux, alors que le sol commence à se ressuyer, on pratiquait un vigoureux hersage à la herse à dents de fer, chargée de quelques pouds de pierres ou de bois et tirée par au moins deux chevaux.

Cette sorte de coup de peigne, si je puis m'exprimer ainsi, procurerait à la terre un véritable binage qui diviserait et approcherait des racines des plantes un engrais excellent qui, dès la première année, augmenterait les produits d'au moins 33 p. %, et plus tard arriverait peut-être à les doubler.

En attendant que je puisse m'appuyer sur les faits qui seront recueillis l'année prochaine, pour chiffrer le résultat du rehersage dont je viens de parler et dont je garantis à l'avance les effets, je ferai connaître une expérience très-simple et très-concluante que j'ai entreprise pour améliorer les foins médiocres de cette même île de *Biby-Pétrovna* (île de sable), tels qu'elle en donne tous les ans, tant bien que mal, une centaine de milliers de pouds, mais de qualités assez variées quoique généralement bonnes.

J'ai fait, à Chelanga notamment, plusieurs autopsies sur des animaux morts de la peste qu'on appelle *tchouma*, et les lésions que j'ai trouvées dans le poumon et dans le tube digestif notamment, me permettent de me prononcer très-nettement sur ce point comme je viens de le faire, ainsi que je l'expliquerai avec détails dans la série d'observations que je me propose de rédiger incessamment sur ce très-grave sujet. En attendant, je dirai seulement que les expérimentateurs qui voudront faire des autopsies devront prendre les plus grandes précautions avant d'opérer; bien s'assurer qu'ils n'ont aucune plaie vive ni aux mains ni aux bras, et enfin ne, pas négliger de se graisser ces mêmes parties avant de se servir du bistouri. On m'a cité plusieurs faits de contagion des animaux à l'homme qui doivent, en outre des règles de précaution qui sont conseillées ordinairement par la commune prudence, être pris en très-sérieuse considération, car il y a eu cas de mort plusieurs fois déjà.

On devrait attacher d'autant plus d'importance d'ailleurs à l'hygiène générale du bétail que les animaux domestiques sont non-seulement une des grandes richesses de la Russie, mais encore les meilleures machines à fumier, à viande, à laine, à suif et à forces vives que l'on puisse trouver.

Quand on a une base de cette importance sur laquelle repose, après tout, la vie quotidienne et la fortune de tout un peuple, il me semble qu'elle ne doit pas être négligée comme elle l'est aujourd'hui, mais bien au contraire soignée avec la plus grande attention.

La crainte d'être atteint par le fléau est à elle seule un obstacle à tout progrès, soit qu'elle empêche de faire plus et mieux, soit qu'elle décourage ceux qui ont fait des tentatives peu heureuses. Elle fait ainsi presque autant de ravages que quand elle frappe directement en empêchant l'augmentation des richesses nationales.

C'est ainsi que dans l'île dont je parlais plus haut, on laisse aller les choses comme elles vont, bien que j'aie démontré la possibilité de nourrir un troupeau de 5,000 moutons, entre la récolte des foins et les premières neiges, avec un regain qui est trop court pour être fauché et trop bon pour être perdu comme il l'est, puisqu'on se borne à y placer quelques chevaux de remorquage ou autres, au prix insignifiant de 30 copecks par tête.

Avec des moutons achetés maigres au contraire, en les payant un rouble je suppose, d'après les renseignements que j'ai pris, on pourrait facilement leur faire acquérir la valeur de deux roubles, de façon à avoir ainsi à peu près un bénéfice net d'environ 100 p. % en quelques semaines, les faux frais et les frais généraux devant être, pour ainsi dire, sans importance notable.

Je voulais aussi dire, avant de finir ce sujet, quel est le parti, qu'à mon sens, on pourrait retirer de la culture des pommiers, mais mieux entendue qu'elle ne l'est dans ces belles contrées où je n'ai vu cependant que de médiocres variétés *à couteau* ou plutôt *à dent*, tandis qu'on pourrait y avoir très-facilement les sortes qui conviendraient le mieux pour le cidre. Dans ma pensée, la fabrication du cidre pourrait être appelée à jouer un grand rôle parmi les industries agricoles qui conviennent le plus à certaines parties de la Russie. Ce n'est pour moi qu'une question de temps.

XXII.

Les haras russes et le haras d'Elpatievo.

Kostroma, ce . . . . . .

Pendant mon voyage en Russie, je n'ai pu visiter que quelques-uns des nombreux haras qu'on y compte, je dois commencer par le déclarer ; mais, autant que je l'ai pu, j'ai vu les produits de plusieurs d'entre eux. J'en ai étudié avec assez de soin quelques-uns, que je demanderai la permission de ne pas nommer. Il en est un entre autres, cependant, que j'ai été à même d'étudier dans ses plus intimes détails, et dont je puis donner le nom. C'est celui d'Elpatievo, dans le gouvernement de Vladimir, qui appartient à M. Dmitri Pavlovitch Narischkine, lequel est également propriétaire du haras de Klutchichy, dont j'ai déjà eu l'occasion de vous parler.

Néanmoins, en ceci comme en toutes choses, je suis loin de croire que je connaisse bien à fond la question qui concerne ces établissements, mais ce qui me console en cela, c'est que personne peut-être en Russie n'est assez osé pour avoir cette prétention d'une manière absolue.

La Russie, en effet, est si grande, si difficile à parcourir, si variée d'un point à un autre, que tout ce qu'il est permis à un voyageur de prétendre, c'est de limiter le champ de ses observations et leur portée aux seules localités qu'il a visitées.

Ce n'est guère que l'ensemble des études qui seraient entreprises en même temps par plusieurs personnes qui pourrait permettre de faire un tout qui n'aurait même qu'à peine la chance d'être longtemps parfait, s'il l'eût jamais été ; car, d'un moment à l'autre, les situations changent dans ce pays, et ce qui était judicieux et bien fondé aujourd'hui peut très-bien, et presque toujours même, ne plus avoir le sens commun le lendemain.

Ces réserves étant faites, j'aborde tout simplement la question chevaline par le côté qu'il m'a été donné de voir plus ou moins bien dans les gouvernements de Saint-Pétersbourg, de Novgorod, de Tver, de Moscou, de Riazan, de Vladimir, de Nijni-Novgorod et de Kasan, les seuls qu'il m'ait été possible de parcourir cette année.

Je commencerai par dire que le fait qui m'a le plus frappé dans les études auxquelles je me suis livré, c'est celui de la très-petite part qui est faite en Russie au cheval de travail utile.

Le cheval de luxe a presque exclusivement les honneurs de la préférence, et je n'éprouve pas la moindre hésitation pour déclarer que je n'en félicite nullement ceux qui se livrent si exclusivement à ce genre d'élevage.

Le cheval de luxe, sans doute, a sa valeur propre : il rapporte à la fois de plus grosses sommes que les autres ; il conduit forcément aussi à certains résultats qui profitent au-dessous de lui, je ne le nie pas ; mais aussi, il a bien ses inconvénients. S'il flatte l'amour-propre de celui qui le produit (et en cela il prend le Russe par son côté le plus faible) ; s'il joue un grand rôle dans cette autre grande monomanie russe que chacun aime tant, c'est-à-dire s'il a *l'apparence*, qu'on préfère souvent, pour ne pas dire toujours, à la réalité ; par contre, il énerve singulièrement les fortunes qu'il ne mine pas, et il doit nécessairement causer de très-fréquentes perturbations qui viennent troubler les existences les moins faites pour les luttes de ce genre, exactement comme les chevaux de course l'ont fait déjà en Angleterre et en France, en chaque endroit, d'une façon toute spéciale et propre aux caractères de chaque nation.

Je pose donc en fait qu'en général, l'élève du cheval russe n'est pas dirigée comme elle devrait l'être. Ce rapide trotteur, qui attire et absorbe l'attention de tous, ne devrait avoir que la place restreinte qui lui conviendrait bien mieux, selon moi, que celle qu'il occupe, et le cheval de labour, de front avec le cheval de transport à traits légers, devrait avoir tout le reste.

Au lieu de cela, ils n'ont rien du tout, ou presque rien : aussi voit-on fréquemment des exemples comme celui-ci, dont j'ai été plusieurs fois témoin : c'est que le propriétaire d'un haras d'une centaine de chevaux, je suppose, est le plus souvent obligé d'avoir recours aux chevaux de paysans soit pour ses équipages de route ou de promenades supplémentaires, soit et surtout pour les fourgons à bagages, alors que cependant il ne s'éloigne presque pas de chez lui. Quand la corvée faisait les frais de ces emprunts, cela pouvait encore aller ; mais dès qu'il faudra payer une location, on sentira bien mieux les effets du vice que je signale.

En dehors de ces critiques, restreintes d'ailleurs, comme je l'ai dit plus haut, et conditionnelles après tout, c'est-à-dire jusqu'à ce que le contraire de ce que je pense me soit démontré, je reconnaîtrai volontiers que les haras que j'ai visités sont très-bien aménagés, très-bien tenus et très-convenablement conduits.

J'ai reconnu dans tous ces établissements privés, les seuls dont je parle pour le moment, une sorte d'uniformité qui me porterait assez à croire qu'ils sont un peu partout les mêmes. C'est pourquoi j'en ai choisi un qui me servira en quelque sorte de thème pour les observations que j'ai à faire en ce moment sur lui et sur les autres.

Dans leur ensemble, les haras que j'ai vus sont généralement mieux disposés que les nôtres ; cela tient sans doute à ce que l'élevage est spécialement concentré ici dans les mains des seigneurs, tandis que chez nous il est pratiqué un peu par tout le monde et notamment par deux classes d'hommes, qui, malheureusement pour elle, manquent absolument à la Russie, puisqu'elle n'a pas pour ainsi dire de tiers état, dont les classes en question sont une partie notable chez nous : le *fermier* et le propriétaire éleveurs.

Cette concentration de l'élève du cheval, autre que l'*élevage au grand air* qui domine ici, entre des mains riches, plus intelligentes que les autres et disposant de *beaucoup de non-valeurs réalisables en produits et en main-d'œuvre*, a fait qu'on a pu avoir des installations larges, grandioses même, comme il nous serait impossible d'en avoir chez nous.

Ainsi je n'ai aucune réserve importante à faire sur la bonne disposition du haras d'Elpatievo que j'ai pris pour exemple, non plus que sur tous ceux que j'englobe ici dans mes appréciations à cause de leur analogie assez générale, comme je l'ai déjà dit.

Il est vrai que le haras d'Elpatiero appartient à un vrai grand seigneur de père en fils, et que son propriétaire actuel est un amateur qui a fréquenté les sports et les haras de toute l'Europe, avec l'esprit d'observation dont les Russes sont doués généralement à haute dose ; quoi qu'il en soit, il y a beaucoup du crû du pays dans ce haras, et l'on peut y louer sans réserve : la disposition des boxes et des planchers ; l'aération de chaque compartiment ; la disposition des couloirs de service ; l'aménagement des eaux de consommation ; les proportions, je dirai presque grandioses, de son manége, auquel je dois une mention toute spéciale.

Je garde en effet le meilleur souvenir de ses deux tribunes de gauche et de droite, sur lesquelles on peut s'installer et se livrer en toute sécurité à ses goûts pour les chevaux, en regardant ou en dirigeant à l'aise les exercices de dressage. Il suffit en effet de gravir quelques marches d'escalier pour être commodément placé, et à portée de juger les uns après les autres de jeunes produits des deux sexes dans lesquels on place le plus d'espérance en l'avenir.

C'est là aussi que se font, à l'abri, les accouplements de choix, les premiers surtout, ce qui n'est pas sans importance avec les natures toujours un peu sauvages des chevaux russes, qui s'effrayent de tout, jusqu'à ce qu'ils soient habitués aux bruits extérieurs.

A côté de ce haras auquel rien ne manque, puisque chaque sexe, chaque âge et chaque service a sa division, j'ai beaucoup apprécié le champ de course pour l'entraînement et l'exercice du trot; le turf en est excellent. Ce sont là de ces luxes d'emplacement que l'on ne peut pas se permettre partout.

Si j'avais un désir à exprimer en ce qui concerne le haras proprement dit, ce serait sur l'absence de *paddoxes*, pour les sujets qu'on ne peut pas envoyer en plaine avec les autres, et qui ont besoin cependant d'avoir un petit enclos pour se promener à l'air libre quand bon leur semble.

J'ai été d'autant plus étonné de ne pas trouver en Russie cette disposition si confortable et si hygiénique, qu'on est parfois ridicule avec les chevaux à certains égards. Ainsi, je ne pourrai jamais me lasser de critiquer l'usage absurde de n'atteler les chevaux faits que tous les deux jours ou au plus une seule fois par jour. J'ai vu des seigneurs subir à ce point la loi que leur impose le cocher en ceci, qu'ils se privaient de sortir plutôt que de se roidir contre une pareille prétention que rien absolument ne justifie, si ce n'est la paresse proverbiale du personnel russe.

Je n'ai rien à dire du régime alimentaire; je l'ai trouvé partout assez rationnel, à Elpatievo notamment. Mais je ne dois pas oublier que je l'ai toujours vu appliquer *sous l'œil du maître*, ce qui n'est pas toujours la même chose qu'en son absence, ici comme partout ailleurs du reste.

Je suis surtout conduit à faire cette remarque, parce que j'ai constamment rencontré dans les haras que j'ai pu étudier un peu attentivement, deux sortes d'excès qu'il est bien difficile d'éviter, je le sais : le manque de soin pour des sujets qui ne plaisent pas aux gens, et le trop de soin pour ceux qui plaisent beaucoup.

Cette observation de détail a plus d'importance au fond qu'on ne le pense, puisqu'il est arrivé que des animaux de nature d'élite ont souffert jusqu'à en mourir parce qu'on trouvait qu'ils ne faisaient pas honneur à leur palefrenier, tandis que d'autres ont souvent perdu leurs qualités par suite d'excès dans l'alimentation, lequel conduisait à un état d'embonpoint préjudiciable au service.

En somme, ce n'est pas le personnel qui ferait le plus défaut aux haras russes, ce me semble ; c'est déjà quelque chose. Le Russe m'a paru au contraire beaucoup aimer le cheval, et je n'ai pas été surpris quand on m'a dit que chez lui il lui donnait toujours ce qu'il avait de meilleur à manger, dût-il laisser le médiocre et le mauvais pour sa vache ou ses moutons.

Je dirai une autre fois ce que je pense de cette manière de faire, quand elle trop exagérée surtout ; elle a les effets les plus désastreux sur la santé générale des animaux qui sont ainsi sacrifiés pour les autres.

Il me faudrait peut-être maintenant dire quelques mots des races ; mais un volume ne suffirait pas pour cela, s'il était possible de le faire. Je me bornerai donc à parler du type que j'ai vu le plus fréquemment, le type dit *Orloff*, dont le haras d'Elpatievo a certainement l'un des plus beaux et des meilleurs descendants en ligne directe, dans l'étalon que j'ai déjà eu occasion de citer, le fameux *Maladetskoï*, qui est bien l'un des plus rapides et des plus gracieux trotteurs que j'aie jamais vus. J'ai assisté à des courses où, sans modifier son allure, il suivait facilement un cheval lancé au galop tout à fait à fond de train, et cela sans avoir l'air d'en souffrir le moindrement [1].

[1] Maintenant que j'ai vu les courses sur la Néva je maintiens plus que jamais mon jugement sur *Maladetskoï*.

Les produits de *Maladetskoï* sont trop connus sur les hippodromes russes pour que j'aie besoin d'en faire l'éloge ici. A ceux qui se rappellent notre si regrattable *Physician* ou mieux le *Rimbow*, je dirai que *Maladetskoï* en est le portrait renforcé juste de ce qu'il faut pour en faire un cheval ce qui s'appelle doublé de corps et triplé de vitesse par rapport aux chevaux ordinaires. C'est un sang comme celui-là que je voudrais voir infuser dans les veines des chevaux de paysans, et si j'étais appelé jamais à émettre un vœu à ce sujet, je dirais qu'il serait fort à désirer qu'on pût en mettre beaucoup comme lui à la disposition des petits propriétaires, dût l'administration donner une prime au seigneur afin que la saillie fût gratuite.

Je serai accusé par tout le monde, et par M. Narischkine lui-même, je n'en doute pas, de trop vouloir prodiguer le sang de cette belle race Orloff qui fait à bien juste raison l'orgueil de tous les éleveurs russes. Je n'en persiste pas moins dans ma manière de voir à cet égard, car rien n'est trop bon, suivant moi, dès l'instant qu'il s'agit de l'agriculture. Cela ne m'empêche en aucune façon de reconnaître le mérite des produits véritablement remarquables qui ont été obtenus à Elpatievo par de judicieux croisements avec le sang anglais, et je me plais à reconnaître qu'ils sont nombreux.

J'y ai vu notamment comme poulinières des juments comme je n'en avais jamais rencontré même en Angleterre, une surtout, *Diva*, dont la charpente est comparable à celle de nos boulonnais, mais dont les membrures sont toutes du même acier que les ressorts des chevaux de course. Je prédis aux produits de cette poulinière et de *Maladetskoï* les plus grands succès. J'avais déjà vu et admiré à Petrovsky-Parc trois beaux produits de *Maladetskoï* qui ont été achetés de 5 à 6,000 roubles, je crois, par le comte Waronzoff; mais depuis que j'ai pu apprécier les autres descendants par la ligne dont je parle, je n'hésite pas à leur donner la préférence, et j'espère qu'ils justifieront mon opinion aux prochaines courses au trot pour lesquelles on les prépare. J'attends là, ou du moins je voudrais bien y voir aussi un fils de *Maladetskoï* appelé je crois *Népristounoï*, qui est son portrait on ne peut plus ressemblant sous tous les rapports, et dans lequel j'ai également les plus grandes espérances.

Parmi les poulinières que j'ai le plus remarquées, je citerai *Miss Mary*, *Lébiotka* et *Krabaya*; le nom des autres m'échappe en ce moment.

Pour compléter mes appréciations sur les haras dont je parle, il me faudrait, je le sais bien, entrer dans des détails chiffrés avec lesquels on juge habituellement de la valeur des choses quand on les examine, comme moi, au point de vue économique. Mais c'est là un point épineux, il faut bien le reconnaître. Comment, en. effet, livrer à la publicité des comptes dont les éléments ont été donnés par complaisance? On s'exposerait ainsi à être désagréable à des personnes dont on n'a qu'à se louer. Je tournerai la difficulté en restant dans les généralités et dans les appréciations qui me sont tout à fait personnelles.

Dans ces conditions, je crois qu'il n'y a guère de haras en Russie qui, toutes choses étant égales d'ailleurs, c'est-à-dire en comptant chaque chose à prix d'argent, donne en définitive du bénéfice bien clair à son propriétaire. Voilà pourquoi je voudrais voir l'élevage placé un peu, comme chez nous, dans le domaine de l'industrie privée. Car il ne faut pas oublier une chose, c'est qu'aucune entreprise n'est durable ni profitable à un pays dès l'instant qu'elle ne donne pas de bénéfices réels à ceux qui l'exercent. Si j'ai des contradicteurs, et je sais que je n'en manquerai pas, je les ajourne après l'émancipation, alors qu'il faudra tout payer ou tout compter, pour faire la preuve de ce que j'avance avec la plus grande conviction en ce moment.

La Russie est essentiellement un pays favorable à l'élève du cheval. L'étranger est étonné ou doit l'être quand il voit des gouvernements, comme celui d'Orenbourg par exemple, où il y en a plus que d'habitants: 110 par 100! Mais cela ne suffit pas pour constituer une richesse nationale comme on l'entend; il faut des débouchés avant tout, et à ce point de vue l'armée ne suffit pas aujourd'hui. Les chemins de fer sont bien appelés à rendre de grands services sous ce rapport, puisqu'ils appelleront forcément sur leur parcours un grand mouvement de voyageurs et de marchandises; mais il y a encore loin d'ici là.

Ce qui s'est passé dans les autres pays va se renouveler ici, petit à petit, je le sais parfaitement; mais il faut s'arranger pour que cela ne soit *qu'en bien :* ainsi, un des grands écueils qu'il me paraît important d'éviter, c'est qu'on n'*empoisonne* pas les excellentes races locales que la Russie possède avec n'importe quel sang que ce soit, quand même ce serait avec du sang Orloff. Il ne faut pas oublier que le sang anglais mal employé a failli nous faire perdre nos magnifiques types; la leçon doit donc être profitable aussi bien aux autres et plus qu'elle ne l'a été à nous-mêmes.

Je suis conduit à faire cette réflexion, parce que j'ai un peu trop vu ici les étalons de cette race mis en avant partout où j'ai été; je les ai rencontrés au haras impérial de Riazan aussi bien que chez les particuliers des environs. J'en ai vu aussi sur le champ de foire de Nijni déguisés sous des robes et des noms différents. C'est tout bonnement de l'excès quand ce n'est pas de la supercherie.

Je citerai notamment un très-beau cheval des environs de Simbirsk, venant du haras de M. Annenkoff, qui était bien du pays, mais qu'on voulait, fort à tort suivant moi, faire passer pour tout autre.

Quand on a des types, par exemple, comme ceux du haras de Novossilsof, que j'ai également vus à Nijni, on ne doit jamais chercher à les dénaturer. J'en dirai autant des beaux chevaux gris pommelés du général Pachkoff et des chevaux bais de M. Cheremetieff, qui étaient à mon sens de fort beaux types, mais peut-être un peu trop mélangés, comme plusieurs amateurs l'ont reconnu le jour de notre visite.

Je ne parlerai pas ici avec détail des races russes dont je désire la conservation ; je ne les connais pas assez pour cela ; mais d'après le peu que j'en ai vu, je ne crois pas qu'elles aient à gagner à n'importe quelque croisement que ce soit ; je préfère de beaucoup l'amélioration *in and in* des Anglais.

Pourquoi, en effet, toucherait-on autrement que par amélioration en dedans à l'impayable race du Don, aux Bachkirs, à la race de Viatka, aux trotteurs de Bitioug, aux chevaux de l'Obva et même aux chevaux de Kazan, dont j'ai pu juger la valeur à l'usage.

Il y aurait tant à dire sur les quelques races d'élite que j'ai citées en passant seulement (et auxquelles il conviendrait d'ajouter encore les excellents petits chevaux de Mézène), que je prends le parti d'ajourner les quelques observations de fond que j'aurais à faire, en restant toujours placé au point de vue que j'ai indiqué tout d'abord en commençant cet article.

Quand je reviendrai sur ce sujet, je relèverai en même temps mes notes sur l'*hygiène* du cheval russe, si l'on peut se servir de ce mot en Russie [1].

---

[1] A partir de cette lettre, mon départ pour la France m'a empêché de revoir les épreuves suivantes. Je demande donc qu'on veuille bien être un peu indulgent pour les fautes ou pour les erreurs qui pourraient rester malgré tout le zèle et la ponctualité qu'on mettra, j'en suis certain, à me remplacer pour cela.

A. J.

XXIII.

Du kwass et du cidre.

Ribinsk, ce . . . . . .

Je sais d'avance à quoi je vais m'exposer en critiquant la boisson favorite du Russe, celle qu'il aime le plus (après le vodka peut-être). Le kwass, en effet, est en quelque sorte une boisson nationale, je ne l'ignore pas ; il est pour la Russie ce que le vin est pour nous, je dirai même qu'il joue un plus grand rôle, car on en fait et on en boit partout, tandis qu'en France il y a bien des localités où le vin est fort peu connu.

Enfin, pour prouver, s'il est possible, combien je suis pénétré de mon sujet, j'avouerai presque que le kwass est la seule boisson que l'on puisse faire en ce moment à peu près par toute la Russie ; mais je m'empresserai d'ajouter qu'à mon sens, c'est là un fait des plus fâcheux.

Pour moi, en effet, *le kwass est malsain* presque en tous temps, je vais essayer de le prouver. Je dirai ensuite que, toujours à mon avis du moins, on ne devrait rien négliger pour le remplacer soit par le cidre, soit par la bière.

Pour ce qui est du cidre, il y aurait de grandes facilités pour propager et favoriser sa fabrication, puisque la Russie possède déjà des localités où il y a autant de pommiers qu'en Normandie[1]. La bière ne serait guère plus difficile à nationaliser, puis-

[1] Il n'y aurait qu'à introduire la variété voulue, celle qui donne ce qu'on appelle la pomme à cidre.

qu'on a déjà l'orge et que le houblon viendrait un peu partout si on voulait.

Le kwass, ai-je dit, est une boisson malsaine, et j'ai annoncé que j'allais le prouver. C'est ce que je vais chercher à faire ici, autant du moins que cela m'est possible dans les conditions où je suis placé en ce moment, c'est-à-dire loin de tous les documents dont j'aurais besoin d'être entouré, notamment pour m'appuyer sur des expériences et sur des faits dont il n'est donné à personne de retenir suffisamment les détails, les chiffres surtout, de façon à pouvoir les citer. Quoi qu'il en soit, j'entrerai résolument en matière avec les armes dont je dispose, et pour commencer je dirai: Le kwass est surtout malsain parce qu'il n'est jamais semblable à lui-même, non-seulement du jour au lendemain, mais encore d'une heure à une autre. Or, rien n'est plus mauvais pour la santé que l'ingestion quotidienne d'une boisson dont les qualités ne sont jamais fixes, comme elles le sont, ou à peu près, pour le vin, le cidre et la bière.

Ce n'est pas en Russie qu'il faut entrer dans les détails, assez minutieux du reste, de la fabrication du kwass telle qu'elle a lieu généralement: tout le monde sait que cette boisson est ce qu'on pourrait appeler une boisson fermentée purement et simplement, ou bien encore, si l'on veut, de l'eau féculente, si on peut s'exprimer ainsi, rendue *acide*, *alcolique* ou *putride* par la fermentation qui se produit toujours quand des matières sucrées et humidifiées sont en présence à une certaine température.

Les phénomènes qui se passent dans ces conditions sont plus connus qu'ils ne sont bien expliqués; mais peu importe pour le moment; il nous suffit de savoir que les matières qui servent ordinairement à la fabrication du kwass passent par tous les degrés d'une fermentation qui, abandonnée à elle-même ou mal dirigée, se terminerait toujours par la fermentation putride, c'est-à-dire par la production d'un véritable liquide délétère, d'une sorte de poison lent, quelquefois même très-actif.

Que l'on mette, pour se donner un exemple, de la farine de blé, de seigle, d'orge ou de sarrasin, ensemble ou isolément, dans un demi-verre d'eau, et qu'on laisse le tout exposé dans une chambre chaude, on pourra successivement constater tous les phénomènes que j'indiquais plus haut. Et d'abord ce sera une odeur particulière dite de ferment qui annoncera le commencement des transformations que toute matière sucrée subit quand elle est placée comme je viens de le dire; puis arrivera la fermentation alcoolique.

C'est à ce moment unique que la consommation du liquide décanté serait agréable et saine; mais survient bientôt la fermentation acide; le liquide tourne au vinaigre, comme on dit; bientôt enfin la fermentation putride terminerait la série des phénomènes. L'odorat est alors désagréablement affecté par les mauvais gaz qui commencent à se dégager comme d'un marais pestilentiel

Quand on aura fait cette expérience en petit et avec soin, on comprendra combien de fois il doit arriver dans la pratique que la consommation du kwass ait lieu en deçà ou au delà du vrai point convenable. Il en résulte que trois fois sur dix au moins on le boit quand il n'est pas *fait*, comme on dit, quand il est trop jeune; deux fois quand il est bon à peu près et cinq fois quand il est plus ou moins mauvais.

J'ai même la conviction que le plus souvent, dans certains ménages notamment, on le boit toujours mauvais depuis le commencement jusqu'à la fin, parce que la préparation se fait sans soin et sans propreté surtout, de telle sorte que les réactions n'étant plus franches comme je viens de les indiquer, il n'y a plus que des fermentations avortées qui donnent aujourd'hui un liquide médiocre, demain quelque chose de moins mauvais, mais rarement quelque chose de tout à fait bon comme le Russe lui-même l'entend.

J'ai fait plusieurs fois dans un verre la petite expérience que j'indiquais plus haut; j'ai été la cause de bien des essais qui ont été faits en grand exprès pour moi, alors qu'on voulait me convaincre que le kwass bien fait était une chose excellente. Sur vingt fois peut-être il ne m'est pas arrivé deux fois de trouver le kwass supportable, *potable* comme nous disons.

On peut bien répondre à cela que j'ai mauvais goût, c'est possible ; mais alors je dirai que j'ai rencontré beaucoup de Russes qui sont comme moi, et cela dans les meilleures maisons.

Il est vrai, par contre, que j'ai trouvé aussi des fanatiques du kwass, même chez des dames de la société. Mais cela ne ne prouve absolument rien, au contraire.

N'y a-t-il pas des dames, et des demoiselles surtout, qui aiment beaucoup les cornichons, les citrons, les pommes vertes et beaucoup d'autres choses du même genre? Eh bien, je demande si jamais personne a songé à prendre ces exemples pour prouver l'excellence de ces produits-là dans le régime des gens qui les aiment le plus? Il s'en faut du tout au tout; car, en général, les personnes qui ont ces goûts-là à un certain degré sont précisément celles à la nature desquelles elles sont le plus contraires dans tous les pays du monde et en Russie particulièrement, à cause des tempéraments si lymphatiques *au moins*, qu'on y rencontre à chaque pas dans des proportions presque désespérantes, aussi bien dans les basses classes que dans la société.

Je maintiens donc, jusqu'à preuve du contraire, que le kwass est la plus détestable des boissons pour le Russe, et j'ai la conviction qu'il exerce la plus fâcheuse influence sur la santé publique.

Le *kwass*, le *seigle ergoté*, et la folie des *champignons*, voilà trois fléaux qui, à mon sens, font autant de mal aux gens que la peste de Sibérie en fait au bétail.

Je n'ai jamais eu occasion de parler de cette manie qu'a le peuple pour la recherche du champignon, mais j'avoue que rien ne m'a plus effrayé que cette véritable fureur qui fait admettre dans la consommation aussi bien le champignon vénéneux que celui qui est bon. Ç'a été quelque chose de renversant pour moi, quand j'ai vu non-seulement des individus isolés remporter chez eux des champignons mauvais jusqu'à l'évidence, mais encore les mêmes sortes de champignons exposés en vente sur les marchés des villages et des villes elles-mêmes.

Mais laissons pour aujourd'hui cette autre partie d'une question complexe, pour revenir à notre sujet actuel. L'objection capitale qui m'a toujours été faite à propos du kwass a été à peu près invariablement celle-ci, aussi bien de la part de ceux que j'avais ralliés à mon opinion que de la part de ceux, bien plus nombreux je l'avoue, qui ont gardé la leur « Mais par quoi, me disaient-ils tous, pourrait-on remplacer le kwass? »

Sans doute la chose ne serait pas possible dans un court délai, en supposant même qu'elle le fût dans un délai très-long; mais là n'est point la question en ce qui me concerne du moins; car, en supposant que je ne me trompe pas dans mes appréciations, j'aurais déjà assez fait en indiquant un mal, sans être tenu pour cela à dire quel peut en être le remède.

Je crois cependant qu'il y en aurait un qui est déjà en partie trouvé : ce serait de remplacer graduellement le kwass par le cidre et la bière, si messieurs les fermiers des eaux-de-vie voulaient bien le permettre toutefois, car il paraît qu'il faut plus souvent compter avec eux pour ce qui peut contribuer à améliorer la santé publique, que pour ce qui contribue à la détruire.

Quoi qu'il en soit, il me paraît démontré que rien ne serait plus facile que de diriger la culture des *pommiers*, qui est déjà très-étendue ici, dans le sens que j'indique, en ayant soin alors de rechercher pour les nouveaux plants des variétés plus acides et plus variées que celles que j'ai vues partout.

Il faudrait en même temps s'adonner aussi à la plantation des poiriers qui donnent des fruits à jus tellement vineux que le cidre qui en provient, pris en certaine quantité, grise aussi bien et aussi rapidement que notre meilleur crû de Bourgogne ; mais en ceci comme en bien des choses, ce qui est mauvais en telle proportion est bon en telle autre, et quelques poires à cidre mélangées avec les pommes avant le pressurage donnent à la boisson qu'on obtient un montant et un bouquet exquis.

Quant à la fabrication du cidre, elle n'est absolument rien par elle-même ; elle peut se faire parfaitement de deux manières : en grand, relativement, pour la vente ou la forte consommation intérieure, ou bien en petit, exactement comme pour le kwass.

Dans les localités où il y a beaucoup des ces affreuses pommes russes qu'on voit sans cesse à la main et à la bouche des gens partout où l'on va, sur les marchés, sur les bateaux, dans les rues, dans les chemins et même dans les salles des meilleures maisons russes ; au lieu, dis-je, de manger ces fruits comme on le fait, sans profit pour la santé, au contraire, on ferait bien mieux de s'en préparer dès à présent une boisson saine et généreuse qui, une fois fabriquée, dure au moins d'une année sur l'autre en conservant à peu près constamment des qualités identiques qui en font quelque chose de tout à fait agréable à boire et de très-hygiénique en même temps.

La majeure partie des fermes en France ont assez de pommiers pour faire le cidre qui se consomme à la table du maître et à celle des domestiques. On calcule chez nous qu'un pommier de 25 à 30 ans donne de 12 à 15 védros pouvant faire de 36 à 50 védros de bon cidre potable.

Rien n'est simple comme la préparation du cidre.

Quand les pommes sont récoltées, on les laisse en tas moyens, soit sur place, soit sous un hangar, environ six semaines. On procède ensuite à l'écrasage à l'aide de roues en pierre comme on en emploie pour le blé dans les amidonneries russes que j'ai visitées, ou avec des râpes comme on en a dans les féculeries, ou enfin avec de pilons ordinaires ou des meules de moulin convenablement écartées.

Les pommes écrasées sont laissées en macération dans une cuve pendant un demi-jour, quinze heures au plus, puis on procède au pressurage, en interposant un lit de paille entre chaque lit de pulpe, pour éviter que la masse ne glisse sous le pressoir.

Le premier jus est mis à part pour le cidre de première qualité, si l'on veut, puis on délaie le marc avec de l'eau, deux fois successivement, pour avoir encore du cidre de deuxième et du cidre de troisième qualité.

On peut obtenir un cidre moyen en mélangeant les trois jus ensemble; dans tous les cas, le jus, ou le *moût* comme on l'appelle alors, est placé dans des tonneaux à larges bondes, d'une contenance de 45 à 50 védros, lesquels sont logés dans un endroit où la température est de 10 à 12° Réaumur.

Dans ces conditions, la fermentation s'établit dans les huit jours. Quand elle est finie, c'est-à-dire un mois après environ, on soutire et on met en fût ou en bouteilles pour la consommation.

Pour la fabrication en petit, on se borne à mettre les pommes écrasées dans un tonneau, on verse l'eau dessus, et sitôt que le liquide a pris le goût de la pomme, on tire à même en versant de temps en temps de l'eau de remplacement, jusqu'à ce qu'on trouve que la boisson perd toute force.

On vide alors le tonneau et on recommence avec des pommes séchées au four quand on n'en a plus de fraîches.

La bière devrait dès à présent entrer aussi dans la consommation russe, puisque le pays produit tout ce qu'il faut pour sa fabrication; mais comme elle ne peut être fabriquée qu'en grand, elle ne rendra jamais les mêmes services que le cidre, qui peut l'être en petit comme je viens de le dire.

Il faut en effet au Russe une boisson facile à faire chez lui, voilà pourquoi le kwass conservera encore longtemps la faveur dont il jouit, bien à tort suivant moi, et de concert avec le thé, qui, lui au moins, s'il n'a pas de grands avantages, n'a aucun des inconvénients que j'ai signalés plus haut pour le kwass.

XXIV.

Le topinambour ou poire de terre (земляная груша.)

Kalazine, ce . . . . . .

Il n'y a pas un pays au monde où le *topinambour* pourrait rendre plus de services qu'en Russie. Ma conviction est telle à ce sujet, que je considérerais comme un acte du plus haut patriotisme l'action d'un homme ou d'une société qui se donnerait pour mission de propager ce précieux tubercule dans tous les districts de l'Empire. S'il y avait en Russie des *Comices agricoles*([1]), comme Jacques Bujault les comprenait, il ne faudrait pas plus de cinq ans pour accomplir cette véritable révolution qui (avec celle que causerait l'introduction de la luzerne dans les endroits où elle peut se cultiver, avantageusement, et ils sont nombreux) rendrait les plus éminents services au pays, en lui donnant un aliment d'hiver pour son bétail et une ressource précieuse pour les hommes en cas de rareté de grains ; je ne dis pas disette, car avec le topinambour et les moyens ordinaires qu'on a dans les plus mauvaises années la disette serait en quelque sorte impossible.

([1]) Dans ma pensée le *Comice agricole* est la première chose qu'on devrait songer à organiser en Russie où ils pourraient rendre les plus grands services. Si l'occasion s'en présente un jour je ferai un article spécial sur ce sujet que je considère comme étant de la plus haute importance.　　　　　　　　　　　　A. J.

Le topinambour est en effet un aliment sain et nutritif, aussi bien pour le bétail que pour l'homme. Celui-ci en fait peu usage cependant, bien que j'en aie vu sur plusieurs tables russes. On le sert frit comme des salsifis ou à la sauce blanche, comme des fonds d'artichauts dont il a assez exactement le goût, et dont il peut être en quelque sorte un succédané pour la cuisine.

Si j'entre dans ces quelques détails, c'est afin de faire connaissance aussi amplement que possible avec cette merveilleuse *poire de terre* qui est trop peu connue et trop peu appréciée partout, mais qui doit, un jour ou l'autre, faire la fortune du pays qui la cultivera en grand, comme on cultivait la pomme de terre avant qu'elle ne fut atteinte par la maladie terrible qui la détruit depuis plusieurs années déjà.

Le topinambour *(Helianthus tuberosus)* est une *plante vivace* qui a des qualités dont l'énoncé seul peut faire apprécier l'importance :

1. Il se contente des plus mauvais sols et préfère même les terrains sablonneux aux terrains forts ;

2. Une fois planté, il se ressème de lui-même, pour ainsi dire, tous les ans, c'est-à-dire qu'on n'a besoin de s'occuper de la semaille qu'une première fois, puisqu'il reste toujours en terre, quelque précaution qu'on prenne pour l'arrachage, assez de semence pour l'année et ainsi de suite indéfiniment.

C'est une vraie *teigne*, pourrait-on dire, mais de la bonne espèce, puisqu'elle devient une mine dans laquelle il n'y a qu'à puiser.

3. Il n'exige qu'une fumure rare et encore, à la rigueur, il peut s'en passer, mais quand on lui en donne, il la paie largement par ses produits.

4. Il donne outre son tubercule, par déciatine de 14 à 1,500 pouds de feuilles vertes bonnes pour le bétail, et des tiges qui sont excellentes pour le chauffage des fours, notamment.

5. *Il n'est jamais atteint de maladie,* comme la pomme de terre.

6. *Il ne gèle jamais* EN TERRE à l'endroit même ou il est venu, en sorte qu'on peut ne l'arracher qu'au fur et à mesure des besoins, si on n'a pas de magasins disponibles où d'ailleurs il n'est pas si bien à l'abri de la gelée ; on peut au contraire en le laissant en place aller le chercher jusque sous la neige. (¹)

7. Enfin, suivant les circonstances variables dans lesquelles on peut le placer, il donne de 1,000 jusqu'à 3,000 pouds de tubercules par déciatine.

Le topinambour se cultive à peu près comme la pomme de terre ; pour une première et *unique* plantation qui a lieu chez nous en février ou mars, il faut de 7 à 12 tchetwerts de tubercules.

La terre sableuse et en général toutes les terres saines conviennent au topinambour. Une fois le tubercule en terre, on se borne à donner de vigoureux hersages, pour empêcher l'envahissement des mauvaises herbes jusqu'à ce que, prenant le dessus, ses propres tiges viennent le protéger suffisamment.

Les tiges du topinambour atteignent jusqu'à 2 et 3 archines de hauteur ; il y a eu de longues discussions à l'effet de savoir si la récolte des feuilles vertes ne nuit pas à celle des tubercules, il paraîtrait assez en être ainsi ; d'ailleurs ces feuilles ne sont véritablement pas de première qualité et mon avis est qu'on doit n'en faire usage qu'en cas de pénurie. En temps ordinaire on fera donc bien de laisser les feuilles sècher sur pied.

Le topinambour, je le répète, rapporte, à circonstances et à chances égales, autant que la pomme de terre, mais il donne en plus 3 à 400 pouds d'excellentes tiges, particulièrement bonnes pour le chauffage des fours, précisément comme ceux qu'on rencontre partout en Russie.

Admettons une récolte moyenne de tubercules, soit 1,500

(¹) Le topinambour est très-sensible à la gelée dès qu'il est arraché.

pouds par déciatine, on comprendra tout de suite le parti qu'on peut en tirer pour un bétail qui a tout à souffrir, en général, de la nourriture sèche qu'il reçoit pendant tout un hiver. Pour moi, je l'ai déjà dit, je considère que ce genre d'alimentation est on ne peut plus funeste aux animaux qui, en définitive, pas plus que les hommes, n'aiment un régime trop uniforme, alors surtout que le fourrage qu'on donne aux bêtes bovines, notamment, est loin d'être toujours de première qualité.

Le topinambour se donne crû, mais il n'en est que meilleur quand on peut le faire cuire. Pour simplifier les choses, je suppose qu'on se borne à l'administrer crû, je préviens qu'alors il faudra quelquefois attendre avec patience que les animaux s'y habituent. Ce n'est jamais l'affaire de plus de 2 à 3 jours.

Pour un haras, le topinambour peut se donner à raison de 15 à 20 livres par jour, soit à part, soit de préférence, avec l'avoine. Quand on a en même temps des carottes et des féverolles, on se trouve dans les meilleures conditions d'alimentation qu'on puisse désirer pour les chevaux.

Les vaches consomment volontiers jusqu'à deux pouds de topinambours par jour; l'augmentation de lait qui en résulte paie à elle seule très-largement tous les frais qu'on a pu faire pour cette culture si bien appropriée à la Russie, puisqu'aucune n'exige moins de soins et moins de peines.

Les moutons peuvent recevoir avantageusement de 10 à 15 livres de tubercules quotidiennement; quand aux porcs, il faut les rationner rigoureusement suivant l'âge et la destination des sujets, car ces animaux sont extrêmement friands du topinambour; ils en mangeraient à s'en faire périr.

On comprendra facilement l'importance que j'attache à la propagation du topinambour, qui est de tous les aliments frais d'hiver celui qu'il est le plus facile d'obtenir, quand on se rappellera que je considère l'inobservance des règles de l'hygiène comme étant une des grandes causes de la mortalité du bétail en Russie.

Le topinambour n'est pas seulement bon pour composer fractionnellement la ration des animaux domestiques, et au besoin celle de l'homme, il peut encore entrer dans le domaine de l'industrie en donnant de l'alcool d'excellente qualité, et un résidu avec lequel on nourrit aussi bien des bêtes d'entretien que des bêtes d'engrais.

Yvart est le premier agronome français qui ait eu l'heureuse idée d'établir une usine près de Paris à Maisons-Alfort pour la distillation du topinambour; le rendement qu'on peut espérer de la poire de terre est satisfaisant; il est environ 7 à 10 p. 100 d'alcool fin goût, à 95°. On voit que ce côté des avantages qu'on trouve dans le topinambour est loin d'être à dédaigner.

J'ai dit que le topinambour n'était exigeant ni sur le sol, ni sur les soins, ni sur les avances qu'on doit lui faire. Cependant il rend largement tout ce qu'on lui donne à titre de prêt à l'un ou à l'autre de ces points de vue. Quand on dispose d'un peu de fumier, par exemple, on peut le mettre en couverture sur le sol et l'enterrer à la charrue; la récolte qui suit immédiatement paie plusieurs fois, par sa plus value, ce qu'on a pu dépenser ainsi pour elle.

Quand le plan est bien pris, ce qui a lieu dès la seconde année de la plantation, on a ce qu'on devrait appeler une *topinambourière* qui n'exige plus que les moindres soins, mais qui rend toujours généreusement ceux qu'on veut bien lui donner. Ainsi, tant que les pousses n'ont pas plus d'un demi-pied de hauteur, on peut remuer le sol avec la herse jusqu'à ce qu'il n'y ait plus de traces de mauvaises herbes; celle-ci peut même être employée avec de longues dents et avec une charge sur le dos, en manière d'appareil de binage, quand les tiges ont près d'un pied de long. Cependant, c'est là une limite extrême pour des cas exceptionnels, car, en temps ordinaire, dès qu'il y a quelques pousses hors de terre on cesse le hersage.

Quand arrive le moment de la récolte des tiges, on sape celles-ci avec une faulx, purement et simplement.

Si on n'a pas besoin de ces tiges immédiatement, on fera bien de les laisser sur le champ en manière de couverture ; c'est le moyen de défier les plus fortes gelées, bien que celles-ci, je le répète, ne soient nullement à craindre, pas même en Russie. Je viens de voir sur les bords du Nerl, dans le gouvernement de Vladimir, une *topinambourière* qui, depuis cinq ans déjà, n'a jamais souffert le moindrement des gelées et qui est en plein rapport. Il ne peut donc y avoir le moindre doute sur ce point très-important, comme on le comprend sans peine, puisque les soins de la conservation se trouvent nuls par le fait.

L'abandon provisoire des tiges en couverture, comme je le conseillais tout à l'heure, a pour avantage encore d'empêcher la terre de trop durcir par suite de gelée, et permet, par conséquent, d'aller commodément aux provisions en tous temps, ou, si l'on veut, au fur et à mesure des besoins.

Ce séjour sur le sol n'altère que très-peu les qualités des tiges, et quand celles-ci sont bien séchées, on peut parfaitement s'en servir pour chauffer le poêle ou le four.

Les tubercules du topinambour ne sont pas généralement très-gros, il n'en entre guère que de 135 à 150 par tchetchvert ras ; quand à leur poids, il est en moyenne de 7 à 8 pouds le tchetchvert. Je donne ces renseignements pour les personnes qui voudraient bien se rendre compte des choses, et qui auraient le projet d'entreprendre cette culture sur une échelle un peu étendue.

J'ajoute que la seule condition que le topinambour exige pour le sol auquel on doit le confier, c'est qu'il soit très-sain ; ainsi, dans les terres lourdes et le moindrement humides, les tubercules courrent la chance de pourrir si on les laisse en place l'hiver.

Je crois en avoir dit assez ici pour faire apprécier le topinambour, que j'ai cultivé avec le plus grand succès dans des terres où il ne venait absolument rien auparavant. J'en avais fait aussi des *couverts* pour le gibier qui s'y plaît beaucoup et dans tous les cas où j'ai eu l'occasion de le cultiver ou de l'employer, j'en ai été constamment satisfait. Il en a été de même chez mes voisins qui l'ont adopté depuis à mon exemple.

XXV.

Le crédit agricole en espèces et le crédit en nature (cheptel). — Les seigneurs, les paysans et l'agriculture plus productive. — Augmentation et répartition des richesses. — Le prix de l'argent et la rente de la terre.

Dragousky, ce . . . . . .

J'ai constamment refusé jusqu'à présent de répondre ici aux diverses demandes qui m'ont été adressées, soit verbalement, soit par écrit, sur plusieurs points qui touchent de très-près à la grave question qui est tant à l'ordre du jour en ce moment. Ma réserve en ceci est facile à expliquer, et par l'importance même du sujet et par les difficultés qu'on éprouve quand on ne veut et ne peut en parler que dans les limites du possible, par rapport aux usages admis dans un pays comme celui-ci.

Cependant, je ne dois pas exagérer les choses, surtout en ce qui me concerne, puisque, jusqu'à ce jour, tous mes articles ont été précisément accueillis par le *Journal de Saint-Pétersbourg* avec une bienveillance qui m'encourage un peu à étendre le champ de mes observations, sans toutefois sortir de ma spécialité.

Je dis sans sortir de ma spécialité; j'aurais bien pu dire: en y restant complétement, car, à part la portée morale et politique de la question d'émancipation, celle-ci se circonscrit bien positivement dans le domaine agricole pur, puisqu'elle repose entièrement sur le sol et sur les divers intérêts sacrés qui s'y rattachent à tous les degrés possibles.

Pour moi, le problème se pose ainsi : quelle sera l'augmentation probable de la richesse nationale russe par suite de l'émancipation, et comment est-il à désirer que cette augmentation soit répartie ?

Rigoureusement parlant, il n'est pas possible de répondre en ce moment, même approximativement, ni à l'une ni à l'autre de ces questions, par la raison très-simple qu'il n'y a peut-être qu'un seul homme au monde qui sache, ou à peu près, comment les choses vont être réglementées. Or comme on ne peut connaître à l'avance ce que seront les effets d'une mesure qui est inconnue à l'heure qu'il est, il n'y a qu'à s'abstenir de se prononcer jusqu'à nouvel ordre, et c'est ce que je fais de la façon la plus absolue.

Mais, en dehors de cet ordre d'idées qu'il faut laisser à l'écart, il reste le côté économique pur, qu'il est permis d'aborder, puisqu'il est étranger à la politique proprement dite. C'est donc celui-là seul que nous allons examiner.

Réduite ainsi à ces deux termes les plus simples, la question n'en est pas moins assez intéressante par elle-même, puisqu'elle nous permet de rechercher les causes de l'augmentation probable des richesses et le mode de répartition qui conviendrait le mieux ultérieurement, ce qui s'enchaîne naturellement et même forcément, comme nous allons le voir tout à l'heure.

En ce qui concerne l'augmentation probable de la richesse, rien n'est plus aléatoire, puisque le résultat possible dépend absolument non-seulement du mode de réglementation qui sera adopté, mais encore de la manière plus ou moins intelligente dont ce règlement sera exécuté.

Je n'ai donc pas à m'occuper, pour commencer, de ces deux causes capitales, et j'en suis bien aise, puisqu'il me reste toute la liberté dont je puis avoir besoin pour aborder les autres causes qui, toutes, sont spécialement du domaine agricole.

L'agriculture, en effet, est à peu près seule directement intéressée dans la question, car l'industrie n'a pour ainsi dire rien à y voir, en apparence du moins, en ce sens que les bras qu'elle a, elle les gardera à peu près tels qu'elle les a, en quantité ou en qualité au moins. Elle ne peut en aucun cas voir ses moyens d'action diminués ; elle ne peut les voir qu'augmenter.

L'agriculture, au contraire, peut être très-menacée ; car elle est loin d'être aussi attrayante que sa sœur l'industrie ; elle est loin surtout d'être autant du goût des paysans.

Or, comme après tout, c'est l'agriculture qui est la base de toute prospérité, il importe donc au plus haut point de voir ce qu'il conviendrait de faire pour qu'elle ne fût pas déshéritée comme elle pourrait bien l'être et comme il faut absolument qu'elle ne le soit pas.

Pour éviter cela, il n'est pas difficile de dire ce qu'il faudrait ; il est plus facile de le dire que de l'obtenir : il faudrait rendre l'agriculture, je le répète, plus attrayante, c'est-à-dire plus productive.

Mais pour la rendre plus productive, il faut *savoir* et *pouvoir*.

Enfin, pour savoir et pouvoir, il faut le levier, le nerf de toutes choses en ce monde, c'est-à-dire du capital, ou, ce qui revient ici au même, du crédit.

Si l'augmentation probable dont je parle dépend du dernier terme auquel je viens de réduire la question, nous avons donc à voir quel est l'état actuel du crédit ou du capital dont l'agriculture peut déjà disposer, et comme nous pouvons dire tout de suite, et sans périphrase, que le crédit et le capital sont nuls actuellement ou à peu près, il ne nous restera plus qu'à voir comment et dans quelles conditions on pourrait les obtenir, ou tout du moins, comment on devrait chercher à les obtenir.

Quelle que soit la solution qui sera donnée à la question d'émancipation, il y aura toujours :

Un propriétaire ancien,

Un propriétaire nouveau ou futur,

Et une administration supérieure qui sera intéressée à ce que les rapports qui s'établiront entre les parties soient en fin de compte aussi fructueux que possible aux intérêts généraux que ladite administration a pour mission sacrée de protéger, puisque, en définitive, ce sont eux qui font la force ou la faiblesse des empires, suivant qu'ils sont plus ou moins bien sauvegardés.

S'il en est bien ainsi, comme je le crois, on pourrait dire que l'idéal de la solution tant cherchée serait, d'une part : le maintien au moins des revenus de l'ancien propriétaire, et d'autre part, l'augmentation de ceux des nouveaux élus à cette qualité.

Au pis aller, on pourrait peut-être encore dire, et cela serait presque vrai, économiquement parlant, que l'essentiel, c'est que, s'il y a augmentation ou diminution de part ou d'autre, l'une soit compensée par l'autre, de façon que, en définitive, l'équilibre ne soit pas rompu. Ceci n'a que l'apparence du vrai, comme on va le voir.

Je dis en effet qu'il est indispensable, pour bien faire, que la position de chacune des deux parties se maintienne au moins, et mieux s'améliore en même temps; car il n'y en a pas une qui puisse bien marcher sans l'autre; ceux qui croient le contraire sont dans l'erreur la plus profonde, et voici pourquoi :

Dans l'espèce, et quoi qu'on fasse, quel sera, pendant longtemps encore, le seigneur-né du paysan devenu libre et propriétaire à quelque titre que ce soit? Ne sera-ce pas son ancien seigneur? Évidemment oui, en général du moins.

Eh bien, que pourrait-on attendre d'un tuteur dont les forces seraient énervées et impuissantes pour l'accomplissement de la tâche qui lui serait confiée? Absolument rien de bon, non-seulement pour lui, mais encore pour son pupille et, qui pis est, pour la société tout entière, qu'après tout l'un et l'autre constituent en ce moment pour les huit dixièmes au moins.

L'avenir de l'émancipation dépendra donc énormément, suivant moi, de la manière dont la noblesse la pratiquera; c'est-à-dire, de la manière dont elle s'en servira et pour elle-même et pour les autres.

En ce qui la concerne, elle n'aura évidemment qu'une chose à faire, ce sera de se constituer un ou plusieurs domaines aussi agglomérés que possible, de façon à former ce que nous appelons en France une *réserve* de propriétaire, laquelle est d'une étendue mise en rapport avec les goûts de chacun pour l'agriculture.

C'est avec cette *réserve* qu'il faudra, bon gré mal gré, arriver à donner des exemples de culture améliorée.

Bientôt alors, il n'y a pas à en douter, ces exemples seront suivis par les tenanciers voisins, petits, moyens ou grands, et, par ce seul fait, tous les terrains de la localité augmenteront de valeur en raison des produits qu'ils donneront.

Or, comme dans la plupart des cas (je sais qu'il y a des exceptions cependant) c'est toujours le seigneur actuel qui aura les plus grands intérêts territoriaux dans la commune, il n'aura fait ainsi que semer pour récolter.

Mais c'est ici que la même question se représente à nouveau comme elle se représentera toujours, de quelque côté que l'on aborde la question.

Pour semer, il faut de la semence, c'est-à-dire de l'argent. Le propriétaire russe en a-t-il? Non.

Peut-il en avoir? Oui; — mais pour cela il faut bien des choses qui, à mon sens, sont au moins aussi urgentes à obtenir que n'importe quelles autres choses; il faut absolument et un *crédit territorial* et un *crédit personnel*.

Le crédit territorial n'est pas une chose inconnue en Russie, mais il n'a jamais fonctionné, pas plus qu'en France d'ailleurs, en vue du vrai but qu'il devait se proposer d'atteindre.

S'il était possible de connaître exactement quel a été l'emploi des sommes qui ont été prêtées jusqu'à ce jour par le *Lombard*, je ne mets pas en doute qu'on trouverait que 89 p. %₀ au moins de ces sommes ont été absorbés dans le gouffre des villes russes et étrangères surtout. Rien ou presque rien n'a fait retour à la terre. Or ceci s'appelle de l'appauvrissement au premier chef, et ceux qui ont agi ainsi ont, pour la plupart du moins, entamé leur capital, comme on dit, ce qui est extrêmement grave, comme on le verra bien le jour où toutes ces situations obérées devront être liquidées de gré ou de force.

S'il en a bien été ainsi que je le dis, et c'est ma conviction profonde, il faut donc désirer une autre forme de crédit que le précédent, malgré son bon marché relatif et sa commodité apparente. Il faudrait, pour bien faire, qu'un propriétaire pût emprunter sur son fonds un capital qui, appliqué à ce fonds, pût lui rapporter annuellement l'intérêt et l'amortissement qu'il doit payer lui-même au prêteur quel qu'il soit.

Il n'y a pas de milieu en ceci, car si l'argent emprunté et placé en avances au sol ne rapporte pas ce qu'il a coûté, cet argent conduit à une *ruine forcée* du père ou de ses enfants; c'est élémentaire.

Eh bien, puisqu'il en est ainsi, et je ne crois pas qu'on puisse nier le fait, il faut de deux choses l'une :

Ou que la terre rapporte beaucoup, si l'argent coûte cher à emprunter ;

Ou que l'argent coûte peu à emprunter, si la terre rapporte peu.

Mais nous avons vu, et nous savons de reste, que l'argent est très-exigeant parce qu'il est toujours et partout le plus fort, attendu qu'il est très-demandé. Nous pouvons donc déjà prévoir que ce n'est pas lui qui se donnera à bas prix ; par conséquent, c'est l'agriculture qui devra rapporter davantage.

Il n'y a qu'une exception possible, c'est le cas où un État intervient et fait des sacrifices ou adopte des combinaisons qui permettent de conduire, *sans qu'on s'en effraye*, à une absorption du capital, en échange d'un titre représentatif.

Un pays qui donnerait 5 p. % d'intérêt par exemple, et qui défendrait à tous ses banquiers ou autres prêteurs solvables de donner plus de 2 p. % je suppose, serait bien sûr de faire venir à lui tout le capital disponible, et partant il pourrait se livrer à des opérations qui lui permettraient peut-être de faire ce que je disais plus haut.

Mais il ne peut s'agir ici de tours de force de ce genre, qui, s'ils ont leurs avantages possibles, ont bien aussi leurs inconvénients.

Je reste donc dans les termes où me conduit la plus rigoureuse logique, laquelle me prouve que c'est la terre qui devra rapporter plus que l'argent n'aura coûté à emprunter.

S'il en est ainsi, je regarde autour de moi pour voir combien la terre peut offrir à ses détenteurs, et si je prends mes renseignements en France, je vois qu'elle donne 3, 3$^1/_2$, 4 p. % au plus, et supposant tout d'un coup que les choses puissent se passer aussi bien ici, j'interroge pour savoir si je trouverai de l'argent à ce prix. La réponse est négative, puisque par le dernier oukase je trouve qu'il sera désormais possible d'avoir en toute sécurité 5 p. % de son argent. Je me vois donc enfermé dans un cercle vicieux d'où je ne puis sortir que par où je suis entré, par l'agriculture.

Mais je suppose un instant les difficultés levées de ce côté; l'argent trouvé et la terre rendant en échange au moins ce qu'il faut pour en solder annuellement le prix ; il me restera encore à voir ce que deviendra cette multitude de nouveaux propriétaires qui vont surgir et qui, eux aussi, auront besoin de crédit pour faire fructifier leur fonds.

Si l'ancien seigneur eût été plus à l'aise qu'il ne le sera d'après ce que nous venons de voir, il y aurait eu chance de trouver près de lui le crédit désiré, voire mêmes des avances à long terme; mais il n'en sera pas ainsi, c'est positif. L'ancien maître aura bien assez à faire en songeant à combler les déficits d'un passé dépourvu de toute prévoyance, à pourvoir aux exigences d'un présent embarrassant et à chercher à parer aux conséquences d'un avenir inconnu pour tous.

Cependant la terre ne peut pas impunément être délaissée, et elle le serait si aucune précaution n'était prise, si l'indolence du caractère russe, il faut bien le dire, était abandonnée à son libre cours habituel.

C'est sur ce terrain de l'étude de ces voies et moyens que l'on devrait se rassembler, ce me semble; cela vaudrait bien mieux que de perdre son temps à argumenter sur un fait, sinon accompli, au moins résolu.

De ce qui précède il résulte, si j'ai bien fait comprendre ma pensée, que ce qu'il importe avant tout de sauvegarder et de ménager tout au moins, c'est la position morale et pécuniaire de ceux qui ont été les maîtres et qui vont devenir les tuteurs des autres s'ils comprennent bien leur mission. Mais pour qu'ils puissent la remplir, il faut que non-seulement ils ne soient pas trop atteints dans leurs revenus, mais encore qu'ils puissent se procurer les moyens de réparer les brèches qui pourraient y être faites, et cela dans un très-court délai.

Dans ma pensée, il n'y a pas à se préoccuper de ceux qui ne chercheront pas à rétablir l'équilibre un instant rompu par un travail auquel on est peu habitué, c'est vrai, mais auquel il faut se mettre, bon gré mal gré. Ce travail d'ailleurs n'est pas dépourvu de charmes, car non-seulement les occupations agricoles en ont par elles-mêmes, mais encore, par leur nature, elles sont essentiellement patriotiques.

Je désire donc pour la majorité des intéressés de cette catégorie une ou plusieurs institutions de crédit avant tout, et par-dessus tout agricole.

Il faudrait que les fonds que l'on obtiendrait ainsi fussent obligatoirement employés dans et sur les terres. On pourrait faire pour cela quelque chose d'analogue à ce qu'on fait en France en ce moment pour les vingt-cinq millions de roubles que l'État prête aux particuliers qui veulent drainer ; mais il faudrait que cela fût moins compliqué.

En même temps, il faudrait que l'industrie privée se mît en mesure de fournir à l'agriculture les machines et les semences perfectionnées dont elle peut avoir besoin, et cela *à crédit*, c'est-à-dire, par exemple, de manière que l'acquéreur pût payer avec le fruit du perfectionnement lui-même.

De son côté, l'administration supérieure devrait absolument intervenir pour assurer l'hygiène du bétail, sans cela il n'y a aucun progrès possible.

A côté des institutions de crédit en espèces et en nature pour les grands propriétaires, il en faudrait aussi pour les petits, et c'est pour eux surtout que le *crédit en nature* pourrait faire de rapides progrès et rendre de réels services.

Une société établie honnêtement, comme la société du *Cheptel*, qui n'a malheureusement fait que des victimes et des dupes en France, pourrait procurer de grands avantages aux deux parties, puisque l'une donne et l'autre prend, à condition de partager la plus value obtenue. Ainsi la société donne gratis une vache, à la condition que le paysan la soignera et la nourrira bien. Celui-ci garde pour lui le lait et le fumier, et il ne partage que le prix du veau, ce qui n'a l'air de rien, mais cependant, c'est suffisant pour procurer des bénéfices de 25 et 40 p. % à celui qui fournit et reste toujours le propriétaire du bétail.

Mettre le seigneur et le paysan à même de faire de l'agriculture perfectionnée, c'est-à-dire plus productive qu'elle ne l'est aujourd'hui, voilà la première tâche que doit s'imposer l'émancipation, que je personnifie ici à dessein, pour la commodité de la rédaction.

Simultanément, il y aurait lieu de songer aux moyens de faire pénétrer au moins l'instruction élémentaire à peu près partout.

En même temps encore, il faudrait créer des institutions agricoles et vétérinaires à deux ou trois degrés.

Tout ceci est plus facile à dire qu'à faire, je le sais parfaitement bien, mais cela n'est pas impossible. J'ajoute que tout cela me paraît de la dernière urgence.

On retournera la question comme on voudra; on lui supposera ou on lui souhaitera toutes les solutions que la passion, quelle qu'elle soit, pourra inventer, je défie qu'on sorte de ceci, à savoir : que plus les intérêts actuels et futurs de chacun seront ménagés, je dirai même assurés aussi intégralement que possible, plus les bienfaits de l'émancipation seront rapides et importants.

On aura beau faire et beau dire, je le répète, tant que l'agriculture ne sera pas plus attrayante qu'elle ne l'est, c'est-à-dire plus productive, l'industrie absorbera à son détriment les plus gros capitaux et les meilleurs esprits. C'est là un danger imminent qu'il faut conjurer à tout prix, car si les bras désertaient les campagnes pour affluer vers les usines, les plus graves perturbations pourraient en résulter.

Sans doute il faut s'attendre à des déceptions qui sont prévues et que rien au monde ne saurait conjurer. Mais ce qui doit dominer avant tout et par-dessus tout, c'est la grandeur de l'œuvre, qui à elle seule dépasse à coup sûr en portée et en avenir prochain toutes celles qui ont pu la précéder.

Il faut songer à la liquidation d'un passé très-chargé, c'est vrai; mais aussi, une fois la situation déblayée, quels horizons ne peut-on pas espérer découvrir?

Dès que chacun saura à peu près à quoi s'en tenir, et *le plus tôt sera le meilleur,* car rien ne tue comme l'incertitude, il faudra se mettre à l'œuvre et procéder tout d'abord à ce que j'appellerai le *lotissement* des terres. C'est là un point dont j'ai sans cesse constaté l'importance.

Je ne connais en effet rien de plus mal divisé et réparti, en général, que le terrain du paysan et celui du seigneur. Il est vrai qu'il n'y avait pas de raison pour faire autrement jadis; mais aujourd'hui tout doit tendre à une classification telle que chaque habitation de maître ait une réserve respectable comme culture et comme agrément pour les cas de vente ou de cession de famille. Les terres éloignées qui resteront devront être toujours soigneusement groupées, massées ensemble, de façon à pouvoir être un jour affermées soit à partage en nature, soit en argent.

Enfin, il n'est pas jusqu'aux terres qui seront laissées aux paysans qui ne doivent être l'objet de la plus sérieuse attention. En effet, dès que les fruits d'un nouveau genre de travail se seront laissé cueillir, si je puis m'exprimer ainsi, il y aura des demandes d'agrandissement auxquelles il faudra toujours être en mesure de répondre.

La meilleure solution future que l'on peut désirer n'est-elle pas effectivement de transformer tous les tenanciers actuels du sol en petits et en moyens *fermiers* à prix d'argent, comme il y en a presque partout en Occident? Evidemment oui, et rien ne contribuerait plus, suivant moi, à activer le mouvement et à avancer ce moment si désirable que l'introduction intelligente de quelques fermiers belges ou allemands qui donneraient de bons exemples et encourageraient les voisins par les bons résultats qu'ils obtiendraient.

La Russie doit être avant tout et par-dessus tout agricole, car la base de ses richesses, c'est incontestablement le sol; voilà pourquoi on fera bien de lui donner des bras autres que ceux qu'elle a eus jusqu'à présent.

Qu'on lui procure maintenant les moyens d'avoir tout ce qu'il faut pour les fortifier et les utiliser le plus possible, et ma conviction est qu'avant peu les richesses nationales de ce vaste empire seront non-seulement doublées matériellement et réparties aussi équitablement et aussi généralement qu'on puisse le désirer, mais elles seront doublées encore moralement et politiquement ; la conséquence en est forcée.

XXVI.

De l'exploitation rationnelle d'un domaine de 7,500 déciatines dans le gouvernement de Vladimir.

Eolpati, ce . . . . . .

La neige vient de m'arrêter en chemin au moment même où — en vue de l'émancipation et de l'application à l'agriculture du travail libre en substitution de l'ancien régime — j'allais terminer l'étude de l'assolement qui conviendrait le mieux à un domaine seigneurial de 7,500 déciatines. Il résulte de ceci qu'au lieu de continuer à me rapprocher du chemin de fer de Moscou à St-Pétersbourg pour rentrer en France par Varsovie, Vienne et Turin, me voici obligé d'attendre le bon plaisir du temps.

Je me consolerais bien vite et bien facilement, je l'avoue, si je pouvais repartir sans trop de retard par cette merveilleuse voie qu'on appelle le *traînage*, car je commence à être singulièrement désenchanté et fatigué des chemins russes, avec leurs petits et leurs grands *ponts* d'un entretien généralement si peu rassurant !

Quoi qu'il en soit de l'issue de cet incident, je veux le mettre à profit pour faire connaître ma manière de voir au sujet du domaine dont je viens de parler.

Par la même occasion, je dirai mon opinion sur le parti que, à mon avis du moins, les propriétaires qui seraient en position de le faire devraient prendre à propos de leurs terres, dès à présent, c'est-à-dire sans même attendre la solution du grand problème qui est à l'étude, et dont le dénoûment ne peut plus guère se faire attendre.

Tout d'abord j'ai dû me préoccuper de l'étude du milieu dans lequel je me trouvais, afin de bien me rendre compte des besoins de la localité, des ressources qu'elle peut offrir soit pour l'approvisionnement, soit pour l'écoulement des produits. Ceci m'a conduit tout naturellement à l'étude du gouvernement dans lequel je me trouve et sur lequel je suis obligé d'entrer dans quelques détails pour bien faire comprendre tout ou partie des motifs qui m'ont guidé dans la fixation des plans et des projets dont j'aurai à parler ultérieurement.

Le gouvernement de Vladimir, n'est pas un des meilleurs de la Russie au point de vue agricole; cependant, il offre des ressources de plusieurs genres.

Le climat en est assez tempéré relativement, puisque sa moyenne isotherme (de toute l'année) est de $3°$, sa moyenne isothère (de l'été) de *plus* $14°$, et sa moyenne isochimène (de l'hiver) de *moins* $8°$ seulement.

Ces moyennes prouvent qu'il y a beaucoup de cultures possibles à introduire.

Le sol n'est généralement pas très-bon. Dans le district de Pereslav, où je suis précisément, on ne rencontre guère que du sable plus ou moins gras et plus ou moins coloré.

Les terrains argileux sont groupés surtout autour d'Alexandrov, d'Yourev, au sud-est de Pereslav et à l'ouest de Souzdal et de Vladimir. Il n'y a guère qu'entre Yourev et ces deux dernières villes qu'on trouve de l'argile noire.

L'alluvion ne se rencontre que par place sur la rive gauche de la Kliazma, à la hauteur de Viazniki, sur ses deux rives à l'ouest de Gorochovetz, et sur la rive gauche de l'Oka, entre Gorlova, Goutchar, Tchirev et Monakovo.

Je cherche peut-être un peu les noms, mais il faut faire la part de tolérance qu'on doit à un étranger qui, de plus, est pris par les neiges et par conséquent sans aucun moyen pour contrôler des notes prises un peu en courant, tantôt en tarantass, tantôt à cheval, tantôt à pied, le fusil sur l'épaule. Ceci posé pour ma tranquillité personnelle, je reviens à mon sujet.

Les terrains argilo-marneux se trouvent sur les bords de la Tytrouchtz.

Les terrains moyens sont assez grands aux environs de Mourom, de Melenki, de Chouya, de Pokrov et sur la rive droite de la Doubna.

Les terrains sableux et graveleux ne manquent pas; il y en a une assez grande étendue au-dessous de Kovrov, à l'ouest de Soudogda, et un peu autour de Pokrov.

En somme, sans être de première qualité, il s'en faut, les différents sols du gouvernement permettent des cultures assez variées.

Dans les terrains *argileux* on obtient du blé, du seigle, de l'orge, des pois et des lentilles, et même des produits maraîchers. Il en est de même dans les alluvions.

Le lin vient passablement sur les argiles marneuses; mais les terrains moyens, les sables et les graviers ne sont pas propres à cette culture dont il m'a paru qu'on abusait beaucoup cependant dans tous les districts et notamment dans celui de Pereslav.

La population du gouvernement est pourtant bien peu dense pour une culture de ce genre, qui exige les plus grands soins manuels, depuis les binages jusqu'à la mise en œuvre. Il est de fait que l'on comprend difficilement cette manie si habituelle au Russe de faire beaucoup et mal plutôt que de faire peu et bien.

Cela est surtout funeste dans deux endroits où il ne se trouve pas plus de 500 âmes par mille carré, et les trois dixièmes du gouvernement ne sont pas plus peuplés que cela.

Il est vrai qu'il y a des endroits où l'on compte plus de 2,000 habitants pour cette même surface, mais c'est là le maximum, et mon district est heureusement dans cette catégorie, puisqu'il est situé, comme je le dirai plus tard, sur les bords de la Nerla.

Comme renseignements généraux qu'il m'importait également de connaître, je dois encore préalablement noter les suivants:

Le gouvernement de Vladimir ne peut guère compter que comme étant d'une richesse moyenne en bois, puisque c'est à peine s'il en possède 42% de sa surface totale, et encore n'ai-je pas trouvé ce que j'en ai vu ni de très-belle venue, ni de très-belle qualité. J'en ai particulièrement remarqué beaucoup qui étaient horriblement pillés, je pourrais même dire saccagés d'une façon odieuse. Cela devrait inquiéter, ce me semble, pour l'avenir.

Si le gouvernement de Vladimir ne brille pas sous le rapport de ses bois, — c'est mon avis du moins, à cause surtout de la dévastation dont je parlais, et qui m'a tout spécialement frappé, — il brille encore moins sous celui de sa production en céréales, puisque sa moyenne de rendement en grains d'hiver est admise comme n'étant jamais supérieure à $3\frac{1}{2}$ pour 1 et pas à plus de $2\frac{1}{2}$ pour les grains de printemps.

Il y a là une corrélation très-normale avec les diverses natures de sol que nous avons vues tout à l'heure, et l'on verra plus tard combien ces données, ainsi que les suivantes, m'ont servi pour la disposition de mes plans et projets.

J'ai vérifié, autant que je l'ai pu, les données que j'avais sur la valeur moyenne de l'hectolitre de seigle dans la contrée, et j'ai trouvé assez exact le prix de quatre à cinq roubles argent le tchetvert qui est adopté dans les statistiques russes que j'ai consultées, et notamment dans l'atlas de la section d'économie rurale au ministère des domaines.

Les animaux domestiques que j'ai vus sont de qualités très-variées. Les moutons m'ont paru excellents de viande et de laine, bien que celle-ci soit commune, et je me suis étonné quand j'ai appris qu'on avait cherché à introduire les mérinos et quelques autres types à laine fine. La race rustique du pays convient admirablement au contraire, et, comme celle de plusieurs autres gouvernements que j'ai étudiée assez à fond, elle ne demanderait qu'à être améliorée par elle-même pour donner de bons résultats.

Les chevaux ne sont ni aussi bons ni aussi nombreux qu'ils devraient l'être. On n'en compte que vingt-cinq par cent habitants; ce n'est pas ce qu'il pourrait y en avoir, car, à mon avis, un sol sableux et calcaire comme celui du gouvernement de Vladimir devrait donner beaucoup plus et mieux. Je m'expliquerai à ce sujet en parlant du domaine dont il a été question en commençant cet article.

Quant aux bêtes de la race bovine, on en compte 33 par 100 habitants, et il pourrait y en avoir bien davantage; mais dans l'état actuel des choses, il y en a peut-être trop, puisque je n'ai jamais pu me rendre compte de la manière dont on pouvait les nourrir convenablement: aussi ai-je vu des étables de 60 vaches ne pas donner ensemble plus de 3 védros de lait médiocre! J'en dirai plus tard la cause.

L'assolement dominant du gouvernement, je pourrais dire absolu, puisque je n'en ai vu aucun autre, est l'assolement *triennal*, dit des trois champs. Il n'y a peut-être d'exception que près de Vianitza et de Mourom, où l'on cultive un peu de lin et de chanvre; mais je n'ai pas pu le vérifier.

De culture du tabac et de la betterave je n'ai pas vu trace, bien qu'on m'ait assuré qu'on en faisait un peu en amont de l'affluent de la Kliazma avec l'Oka, près des limites de ce gouvernement avec celui de Nijni-Novgorod. Je n'ai vu non plus aucune culture industrielle proprement dite; je dirai plus: à peu près partout où j'ai trouvé du lin plus ou moins mauvais, je viens de le revoir plus mauvais encore, gaspillé pour ainsi dire, soit au rouissage sur pré où l'on en perd la moitié, soit dans des *routoirs infects*, soit dans les cours des isbas. Je n'ai vu nulle part avoir aussi peu de soin pour les produits du sol, et mon observation s'applique également aux céréales, soit en meules, soit près des avines.

Dans une région si peu agricole, on peut dire le mot, il fallait s'attendre à voir le *parasitisme industriel* dans un certain état de développement. Je n'ai pas constaté partout où elles sont indiquées dans les ouvrages russes les industries qui sont particulières au gouvernement de Vladimir, mais j'en ai vu assez pour croire à la présence et à l'influence de toutes celles qui sont connues. J'en ai même vu qui ne sont mentionnées nulle part et qui ne manquent pas d'importance cependant ; je citerai notamment celle des *allumettes chimiques* avouées ou *clandestines*, qui retire beaucoup de bras à l'agriculture *et qui surtout ne lui prépare pas une génération très-robuste ni très-morale*, comme je le démontrerai.

Je considère comme exerçant aussi une mauvaise influence sur les populations rurales toutes les industries qui s'exercent à tâche à l'intérieur des habitations. C'est ainsi qu'on prépare à la maison le bois des allumettes chimiques, les gants, les écuelles, les tamis, les chaussures en écorces, la peausserie, etc., etc. On ne peut pas se faire une idée du tort que fait à l'agriculture en France l'introduction dans les campagnes de ces mille petites industries qui habituent les filles notamment à un travail peu fatigant, comme la couture des gants ou la broderie, et qui cependant rapporte autant et souvent plus que les rudes travaux des champs.

Une fois les goûts sédentaires entrés ainsi dans la tête de la jeunesse, rien ne peut plus la faire retourner ni à la semaille ni à la moisson. On ne veut plus se rendre les mains calleuses ni se hâler le teint au soleil ; on aime mieux rester assis sur une chaise, se laisser aller aux charmes si entraînants de la coquetterie campagnarde que de s'exposer aux intempéries du dehors. Ces faits, qui sont malheureusement de tous les pays plus ou moins, suivant leur état social, ont, je le répète, plus d'influence qu'on ne le pense sur l'avenir des populations ; cela n'est plus contesté aujourd'hui par personne.

Il me restait à voir l'état général des voies de communication, qui sont détestables. J'ai malheureusement pu en juger par moi-même, et aujourd'hui encore j'en subis les conséquences.

On a bien un chemin de fer en perspective, mais jusque-là il faut compter sur les chemins les moins praticables partout où il n'y a pas de chaussée.

Quant aux cours d'eaux, il y en a plusieurs qui pourraient être navigables, et qui ne le sont pas par la faute de quelques moulins sans valeur qui en obstruent le cours. Mais les choses sont ainsi faites qu'il me faudra moi-même songer à tirer parti tout à l'heure de ce que je considère comme une véritable calamité pour la contrée. Enfin, puisqu'il y a une force d'eau de ce genre dans la propriété dont il va être maintenant question, il faut bien l'utiliser.

XXVII.

De l'exploitation rationnelle d'un domaine de 7,500 déciatines dans le gouvernement de Vladimir.

(DEUXIÈME ARTICLE.)

J'ai dit, dans mon précédent article, que la propriété dont je voulais parler était située dans le district de Pereslav-Zalesky ; je n'ai pas besoin de la désigner plus que cela dès l'instant que je ne veux pas la nommer, ce qui importe peu d'ailleurs pour le moment.

Le sol est généralement sableux, profond, parsemé çà et là de prés bas, à fond un peu tourbeux ; mais dans les endroits où se trouvent ces sortes de demi-marécages, il y a beaucoup de broussailles clair-semées dans d'assez vastes pâturages fins et serrés, courts, mais succulents. Par places, le calcaire est convenablement associé au sol principal, et là, le fourrage qui y pousse a une qualité particulière qui est très-estimée pour les chevaux.

Enfin, je dois mentionner de très-notables étendues de demi-côtes, sur les bords de la Nerla et dans de petites vallées qui sont situées au delà du bassin de ce petit cours d'eau, et sur lesquelles la charrue n'a jamais pu fonctionner comme il faut.

Comme population, le village principal du domaine compte un millier d'âmes ; mais il est très-peu distant de plusieurs autres où il y en a environ le double.

Les habitudes des paysans sont assez tournées vers l'agriculture ; il y a bien quelques fabriques d'allumettes chimiques qui sont en train de corrompre la jeune génération, moyennant un grivenick par jour qu'on donne à gagner à chacun, c'est vrai ; mais il serait possible d'atténuer le mal en donnant aux travaux agricoles plus d'attrait qu'ils n'en ont en ce moment.

Au centre de la propriété même se trouve un moulin qui absorbe sans profit une force hydraulique d'au moins 15 chevaux. Le barrage est tout fait ; il n'y aurait qu'à l'utiliser mieux qu'il ne l'est, puisque le moulin borgne qui s'en sert ne rapporte pas 125 roubles argent par an, c'est-à-dire à peu près la moitié de ce que coûte l'entretien et la réparation de la digue et des quelques misérables bâtiments qui abritent deux ou trois paires de meules, la moitié du temps inactives.

En ce moment, les moyens de communication avec les villes voisines sont déplorables ; on est à 35 verstes de Kalazine, à plus de 70 verstes de Troïtza, et au moins à 52 verstes de Pereslav-Zalesky.

Pour rejoindre les chaussées qui passent à l'un de ces points principaux, il faut franchir des chemins impossibles sitôt qu'il pleut ou qu'il tombe tant soit peu de neige ; ils ne sont praticables tant bien que mal que par les sécheresses d'été ou par les fortes gelées d'hiver, c'est-à-dire par le traînage.

En perspective, il y a bien un chemin de fer qui doit passer à 20 verstes ; mais quand sera-t-il fait ?

Quoi qu'il en soit, il y a lieu d'en tenir grand compte, car, dans le domaine en question, il y a au moins le quart de la surface qui est couverte de bois passables dans lesquels on pourrait retirer un jour bien des traverses, des poteaux télégraphiques et autres bois d'œuvres dont le produit pourrait jouer un grand rôle comme avances au sol ou capital de roulement dans les projets dont il nous faut maintenant parler.

Dans les conditions que nous venons de dire, le problème se pose assez exactement ainsi : augmenter si c'est possible, ou tout au moins maintenir le revenu actuel de dix-huit roubles argent par tiablo, soit une redevance totale de 5,662 roubles argent, puisqu'il y a 259 tiaglos, qui à eux tous cultivent mal, ou plutôt détiennent seulement toutes les terres du domaine, à quelques centaines de déciatines près.

Il nous faut mentionner maintenant la présence sur le domaine d'un haras bien monté, qui est anciennement établi où il est et qui jouit, à juste titre, d'une certaine réputation sur les hippodromes russes, où plusieurs produits ont déjà gagné des prix, notamment dans ces dernières années.

Cette circonstance n'est pas aussi insignifiante qu'elle en a l'air; c'est dans l'espèce une véritable complication au contraire, puisque, jusqu'à ces derniers temps, le haras étant uniquement consacré à l'agrément, il est vrai, a non-seulement absorbé les revenus, mais encore a coûté en retour au moins 2,000 roubles argent chaque année.

Les paysans payaient, pour la plupart, leurs redevances en avoines et en fourrages, aux cours les plus fantastiques souvent, puisqu'ils étaient fixés de gré à gré avec les palefreniers, de telle sorte qu'au lieu de redevoir au comptoir, c'était, la plupart du temps, le comptoir qui leur redevait.

Etant donné un pareil état de choses, dans quel sens convient-il de le modifier, en vue des réformes radicales qui sont sur le point d'être mises en vigueur? telle est la première question à laquelle il s'agit de répondre.

Il faut, non pas se mettre à l'œuvre tout de suite, puisque cela est impossible avant qu'on ne sache précisément comment les choses seront réglées; mais on peut, on doit tout préparer en vue des événements que l'on croit les plus probables.

Par ce qui précède, on voit que le haras est une base d'opération imposée par la force du passé. Cette base n'est pas, après tout, beaucoup plus mauvaise qu'une autre, bien qu'elle ne soit pas celle que j'aurais choisie si j'avais eu le champ entièrement libre. Enfin, telle qu'elle est, elle conduit à la transformation des produits du sol en produits vivants qui sont au moins de facile transport et de vente courante. Nous verrons plus tard quelle sera la spécialité de service qu'il conviendra le plus de conserver ou de choisir ; il nous faut auparavant nous préoccuper de la question d'alimentation, après avoir reconnu toutefois qu'il y a lieu de maintenir la tendance actuelle, qui est dirigée du côté de la production des trotteurs. Il y a des antécédents dont il faut au moins tirer parti, puisque les plus gros frais sont faits et qu'il n'y a plus à y revenir.

Le haras étant disposé pour recevoir cent chevaux de tous âges, il convenait de se créer avant tout une réserve de terre autour du château, assez importante pour nourrir largement ledit haras, tout en permettant une culture d'agrément, si je puis m'exprimer ainsi, qui servît en même temps de modèle dans la localité.

J'ai désigné dans ce but environ 250 déciatines de terre qui touchent au château et au haras ; plus, tous les pâturages qui sont situés sur les rives de la Nerla, dont je ne puis indiquer l'étendue, par la raison très-simple que je ne la connais pas exactement. Je crois cependant qu'il y a environ 25 à 30 déciatines.

Enfin, j'ai fait réserver de l'autre côté de l'eau, presque en regard du haras et du château, une trentaine de déciatines de taillis, qu'au besoin on pourrait avantageusement faire défricher un jour.

Je garde encore près de cette réserve environ 200 déciatines de bois et de taillis, sur trois points différents autour de ce noyau, en supposant qu'on puisse le conserver tel que je l'ai désigné. Je dis ceci à cause des difficultés qu'il est possible d'éprouver quand il s'agira de transporter ailleurs que sous les fenêtres du château et dans la cour du haras les terres de l'église notamment, qui sont en ce moment un véritable obstacle à tout arrangement rationnel.

C'est là une sorte de difficulté qui devra être bien fréquente quand il s'agira du lotissement des terres, car je l'ai rencontrée à peu près partout où j'ai été.

C'est dans cette réserve, si on peut la former, qu'il s'agit d'installer une culture aussi productive que possible. Mais pour faire une culture productive, il faut un capital quelconque que l'*abrock* ne fournira plus complétement, si on reprend une partie des terres, surtout des parties à convenances.

En me basant sur des raisons et sur des calculs dont on comprendra facilement que je taise ici les détails, j'ai conseillé la réduction du haras à soixante têtes. La vente des quarante sujets déjà désignés doit largement pourvoir aux prévisions du budget que j'ai naturellement dû dresser avant tout.

On se rappelle que la contrée où je suis produit de l'avoine, de l'orge, du seigle et du foin. Pour un haras, c'est bien quelque chose, mais c'est loin d'être suffisant.

Ce qu'il faut essentiellement, aussi bien pour l'homme que pour l'animal, je l'ai déjà dit, c'est une grande variété dans le choix des aliments; ce à quoi je tiens, surtout pour les chevaux, c'est qu'il y ait toujours la possibilité de leur donner autre chose que du foin, de la paille et de l'avoine.

Les hippiatres savent que rien n'égale la carotte et la féverolle pour le bon entretien des chevaux; mais dans les conditions où l'on a vu que je suis placé, il n'y avait pas à songer à la carotte. Ma pensée s'est arrêtée alors sur le *topinambour*, dont les lecteurs du *Journal de St-Pétersbourg* connaissent maintenant les qualités principales, si j'ai bien su les leur expliquer dans un précédent article. Toutes les parties de terrain peu abordables à la charrue, et dont j'ai parlé plus haut, seront donc plantées en topinambour à raison de douze tchetverts de semences par déciatine. Comme le haras est tout près des côtes dont il s'agit, on aura ainsi sous la main de véritables réserves dans lesquelles on puisera au fur et à mesure des besoins, mais l'hiver seulement.

Je compte sur un produit de *cent coules* par déciatine, en calculant sur des rendements qui s'obtiennent effectivement depuis cinq ans sur le domaine même. Ces appréciations ont d'ailleurs été confirmées par le fait que voici et que je suis bien aise de rapporter ici pour confirmer ce que j'ai déjà dit du topinambour : depuis *vingt ans*, un voisin de campagne récolte des topinambours sans jamais ressemer de nouveau ; jamais ils n'ont gelé, et toujours il en a obtenu au moins autant que je viens d'indiquer plus haut.

Dans une partie indéterminée encore de la sole d'avoine, il sera semé tous les printemps du *trèfle rouge* à raison de un poud et demi de graine par déciatine. Ce trèfle rendra dès la première année de la paille d'avoine un peu plus fourrageuse et meilleure à manger que la paille de seigle.

A défaut de paille de blé, je tiens à ce qu'on donne de la paille d'avoine de temps en temps aux chevaux.

La seconde année, on aura de 3 à 400 pouds d'excellent fourrage sec qui se mélangera avantageusement avec le foin naturel dans certains moments.

J'ai parlé d'une partie de terre bonne à défricher. Tous les ans on en défoncera une petite partie avant l'hiver, et dès que la saison le permettra, on sèmera la petite *féverolle à cheval* à raison de un tchevert par déciatine.

Je compte récolter par chacune de ces mesures au moins cent coules.

J'attache tellement d'importance à éviter autant que possible le régime absolument sec aux animaux domestiques, notamment aux chevaux, que pour l'été j'ai disposé mes indications de façon à ce qu'il y ait toujours quelques aliments verts à donner.

Et d'abord, dès l'automne on sèmera du *trèfle incarnat* ou *farouch,* qui donnera un excellent fourrage peu après la fonte des neiges ; je me suis assuré de la possibilité du fait près d'une personne qui en a fait l'expérience depuis trois ans. A partir de cette même époque, on ne discontinuera pas de semer de très-petites parties de sarrasin, de moutarde blanche et surtout de petits navets, non-seulement pour les chevaux qu'on soumettra complétement au régime du vert, mais encore pour ceux qui auront besoin d'être nourris d'une façon particulière dans les cas que j'ai prévus avec détails dans mon projet.

Comme il peut être intéressant pour le lecteur de savoir avec quelque précision l'époque approximative des semailles dont je viens de parler, la quantité de graine qu'il faut employer et les rendements qu'on peut espérer, je reviendrai sur cette partie de mon sujet au commencement du très-prochain article qui suivra celui-ci.

XXVIII.

De l'exploitation rationnelle d'un domaine de 7,500 déciatines dans le gouvernement de Vladimir.

(TROISIÈME ARTICLE.)

J'ai promis, dans mon précédent article, d'indiquer en tête de celui-ci l'époque des semailles dont j'ai parlé ou à parler, la quantité de semence à employer et les rendements que l'on peut espérer. Je vais remplir ma promesse très-volontiers; mais auparavant, je dois réparer une omission qui me revient à l'instant à la pensée: c'est que je n'ai pas dit que l'*assolement libre* dont je m'occupe en ce moment n'est pas fait uniquement en vue du haras, bien que celui-ci en soit la principale cause.

A côté du haras, sur la rive droite de la Nerla, il y a en effet un *scotnoï dvor* où nous aurons à loger et à nourrir des vaches, des moutons et même des porcs et des volailles.

Enfin, il y aura un personnel auquel il faut bien songer aussi; par conséquent, il y a part pour tous dans les produits de l'assolement projeté dont voici maintenant un *résumé général*, afin qu'on puisse d'un seul coup d'œil en embrasser la disposition et en comprendre l'économie.

Pour moi, l'année agricole commence en automne, soit si l'on veut, pour la Russie, à l'époque des semailles de seigle.

Je ne préciserai jamais les dates autrement que cela ; par ce moyen, mes indications serviront autant que possible partout, puisque chacun pourra les approprier à sa localité.

Je prends donc pour point de départ la semaille du *seigle*, dont je n'ai rien à dire, tout le monde connaissant ici suffisamment bien pour le pays et pour l'époque la culture de cette céréale. Le seigle dit de *Russie* est d'ailleurs fort estimé, même en Orient, à cause de ses qualités très-productives ; je n'en ai pas conseillé d'autre pour cette bonne raison et aussi parce que, tant que faire se peut, il faut admettre ce qui est où l'on se trouve et n'introduire le nouveau ou modifier l'ancien qu'avec une extrême prudence et beaucoup de tact et de réserve pour froisser le moins possible les croyances de gens dont, après tout, on a impérieusement besoin de se servir.

J'ai naturellement recommandé le *chaulage* dont j'ai déjà suffisamment parlé ici.

Je n'ai compris que comme essai, c'est-à-dire sur une très-petite surface, *l'épeautre (triticum spelta)* Полба. A cause de sa rusticité, il me semble que cette céréale devrait rendre des services à la Russie, mais comme je n'en ai encore entendu parler nulle part, que je ne sais pas, par conséquent, comment elle se comporte, j'ai dû m'abstenir jusqu'à plus ample informé ou jusqu'à ce que j'aie pu juger moi-même par les résultats qui seront obtenus.

J'ai fait faire avec la même réserve et dans les mêmes conditions de la féverole d'hiver Бобы *(faba vulgaris hiberna)* de l'orge d'hiver *(hordeum henastichum)*, l'*avoine d'hiver* dite avoine de Provence, laquelle résiste à nos grands froids.

Je ne donne aucun détail sur les essais, puisque je ne sais pas s'ils réussiront, surtout quand il n'y aura pas de longues neiges, sur lesquelles l'agriculture doit avoir beaucoup à compter si je ne me trompe pas.

En même temps, et même avant le seigle, j'ai indiqué, mais

toujours comme essai, la *navette* d'hiver *(brassica napus sylvestris)* et la *gesse* chiche *(latyrus cicera)*.

J'ai été plus osé pour le *trèfle incarnat*, Пунцовый Клеверъ *(trifolium incarnatum)*, parce que chez nous il résiste aux hivers les plus froids de nos départements du Nord. On le sèmera sur une déciatine en mettant deux pouds de graines mondées. On aura ainsi l'espérance d'avoir au moins mille pouds de fourrages verts dès les premiers beaux jours du printemps, si les neiges sont un peu protectrices pendant l'hiver.

Bien que je sois certain de la réussite de la *spergule*, Горнца *(spergula arvensis)*, parce que j'en ai vu à la ferme-école de Kazan où elle est cultivée avec le plus grand avantage, je n'ai cependant conseillé qu'un très-petit essai, tellement je crains les gelées. C'est pour le printemps que je réserve la place de cette plante véritablement merveilleuse pour les vaches laitières.

Bien avant qu'on n'ait à craindre le froid, dès les premières chutes de feuilles, j'ai conseillé la plantation de *pommiers à cidre*, кислица, en vue de la fabrication de cette excellente boisson dont je vous ai parlé, en vous expliquant les préférences que j'ai pour elle par rapport au kwass. J'ai bien recommandé de creuser les trous à 15 archines les uns des autres et à une profondeur d'au moins une archine et demie en tous sens, et de garnir le fond d'une couche d'environ quatre pouces soit de gravas, soit de cailloux gros comme des œufs et plus. Cette simple précaution hâte de beaucoup les premiers rendements en les augmentant tous ultérieurement; c'est une sorte de *drainage* local dont on retire toujours un grand profit.

Dès que les terres sont ressuyées et qu'on peut commencer ce qu'on appelle partout les *semailles de printemps*, j'ai formellement indiqué la *féverole* comme devant être semée sur au moins trois déciatines du terrain défriché avant l'hiver dont j'ai parlé plus haut. J'ai dit, je crois, qu'avec un tchetvert de féveroles on pourrait espérer jusqu'à dix coules de grains, j'ajoute qu'on peut avoir en plus de 120 à 130 pouds de fanes sèches qui sont aussi excellentes que les tiges des topinambours pour chauffer le four, après qu'on les a fait fourrager préalablement par les moutons et même par les chevaux qui aiment beaucoup les feuilles et les cosses qui sont après les tiges.

Je ne dis rien du *blé de printemps,* dont tout le monde connaît la culture et pour lequel, d'ailleurs, mon terrain n'est pas très-propice. Je voudrais cependant pouvoir en récolter pour les besoins de l'exploitation. J'en ferai donc essayer sur ma meilleure veine de terre qui sera fumée en conséquence et de plus bien *parquée* par le petit troupeau de moutons que je me propose d'avoir pour transformer en viande, en laine et en fumier une masse d'herbes courtes qu'on ne pourrait pas faucher et qui serait perdue ainsi que mille autres choses, généralement sans emploi ici, et dont mes petites bêtes à cornes du pays s'accommoderont parfaitement bien, à la grande satisfaction et au profit de l'exploitant.

On sèmera le blé, l'orge et l'avoine du pays; il n'y a que comme essai que j'enverrai de France quelques variétés, comme par exemple notre *blé de Saumur de mars sans barbe,* notre *blé bleu de Noé;* un peu de notre *avoine noire de Brie,* sur la réussite de laquelle je compte médiocrement.

Je fais plus de fond sur l'*avoine à grappe de Hongrie* dont le grain est léger, maigre, dur à battre, c'est vrai, mais qui, en somme, est très-productive. J'enverrai aussi de l'*orge chevalier,* et surtout de l'orge à deux rangs (*hordeum distichum*), que nous cultivons beaucoup et qui est très-estimée.

Les *vesces,* les *lentilles* et les *pois* seront cultivés comme on a l'habitude de le faire en Russie; je n'en ai indiqué que de moyennes quantités, bien que je fasse un grand fond sur ces trois plantes-là *comme fourrage de supplément et de réparation.* J'ai fait préparer dans le même but et dans les mêmes conditions quelques dizaines de sagènes carrées de carottes *(daucus carota),* Морковь, variété blanche à collet vert; rien n'est meilleur pour la convalescence des animaux, quand on ne peut pas en donner comme régime ordinaire.

Je prohibe complétement le *lin*, malgré les usages très-enracinés du pays, et bien que mes terres à seigle pussent lui convenir jusqu'à un certain point. Mais le lin et toute culture analogue qui demandera de grands soins, par conséquent beaucoup de main-d'œuvre, doivent être rigoureusement exclus d'une exploitation comme celle-ci qui sera dirigée, en définitive, par un intendant et non par le maître, ce qui est bien différent, à moins qu'il ne puisse l'être par un fermier belge, ce que je préférerais de beaucoup et ce qui est bien aussi dans mes projets.

Je comprends, pour en revenir au lin, que les petits particuliers en fassent, parce qu'ils comptent leur temps pour rien ; mais dès qu'il faut *débourser de l'argent* pour payer les gens que l'on emploie, *il faut s'abstenir absolument*, sans cela on n'obtiendrait que des produits qui auraient coûté deux ou trois plus qu'ils ne vaudraient, et partant on se ruinerait bien vite.

Je n'ai rien à ajouter à ce que j'ai dit du *topinambour*, puisqu'on sait qu'il se cultive comme la *pomme de terre*, que tout le monde connaît maintenant.

J'avais bien le projet de développer notablement ma sole de pommes de terre au moins autant que celle du topinambour, en vue de l'établissement d'une *féculerie*, mais j'ai contre moi la tentative avortée d'un propriétaire voisin, ce qui doit me faire mettre sur mes gardes.

D'après les renseignements qui m'ont été donnés, on n'a pas trouvé d'écoulement convenable à la fécule ; il doit y avoir là-dessous quelque chose que je me propose de rechercher, car aucun pays ne conviendrait mieux que celui où je suis à une féculerie, dût-on même transformer encore la fécule en glucose.

Quoi qu'il en soit, comme il faut éviter tout échec, si petit qu'il soit, dans les débuts surtout, j'ai ajourné ce projet qui est très-arrêté cependant dans ma pensée, d'autant plus que la tentative du voisin dont je viens de parler a eu pour heureux résultat d'implanter la culture de la pomme de terre dans le pays où elle est maintenant très-développée.

Un ajournement d'ailleurs ne m'est pas désagréable, en ce sens qu'il laisse le temps de préparer les voies et les moyens de formation du capital qu'il faut toujours pour monter une usine, si petite qu'elle soit, et qu'avant tout il ne faut rien entreprendre si on n'a pas son capital en poche sans que cela gêne le moindrement aucune des branches quelconques de l'exploitation, car une des conditions de succès les plus incontestables, c'est que rien ne souffre nulle part. Et c'est en ceci qu'il ne faut jamais oublier de ne *pas trop embrasser* si on ne veut s'exposer *à mal étreindre*.

Pour ma sole de *betterave*, j'ai choisi la variété du pays qu'on m'a montrée, et je me bornerai à envoyer la variété blanche à collet vert, qui est si bonne pour le sucre et pour l'alcool. Je serais bien aise qu'elle soit acclimatée pour le cas où, un jour, il serait possible d'établir une petite distillerie qui serait alimentée par la betterave et par le topinambour.

Ceci n'est, bien entendu, qu'une prévision des plus éloignées, puisque je sais qu'il faudrait tout d'abord compter avec messieurs les fermiers des eaux-de-vie. C'est là un sujet que j'ai promis d'aborder à fond l'un de ces jours, et il en vaut bien la peine, car rien n'est plus profitable à l'agriculture que les petites industries qui transforment sur place des matières encombrantes en produits ayant une grande valeur sous un petit volume, et qui laissent au cultivateur un résidu excellent pour l'entretien ou pour l'engraissement de son bétail.

Pour le moment donc, on devra se borner à cultiver la betterave comme grand essai pour les moutons. Avec dix livres de graines, ne coûtant pas en France plus de vingt cop. argent la livre, on peut espérer de 180 à 250 berkovetz de racines par déciatine. Il y a eu chez nous des récoltes de betteraves qui ont été jusqu'à 600 berkovetz par hectare, or la déciatine russe est plus grande de quelques sagènes carrées que notre hectare.

J'ai vu dans mes excursions du maïs ou *blé de Turquie*, Кукуруза *(zea maïs)*, assez beau pour que je sois autorisé à en tenter l'essai, en vue seulement d'une bonne coupe de *fourrage vert*.

J'enverrai la variété la plus hâtive, le *quarantain*, appelé ainsi parce qu'il est réputé accomplir toutes les phases de sa végétation en quarante jours ; qu'il en mette 50 ou 60 ici, c'est tout ce que je désirerais : avec deux tchetverick de maïs on peut compter sur 150 à 200 coules d'excellentissime fourrage vert dont tous les animaux sont très-friands.

Le fameux *sorgho à sucre* ([1]) et même la variété à balai seront essayés dans les mêmes conditions.

J'ai donné toute mon attention au choix d'un coin de terre propre à la *luzerne (medicago sativa)*. Je déclare que je ne négligerai rien chaque fois que l'occasion s'en présentera pour introduire cette culture qui, à mon avis, pourrait rendre les plus grands services à la Russie. J'ai bien trouvé assez de fond de terre pour les racines, mais je crains que ce fond ne soit pas assez riche.

Quoi qu'il en soit, l'essai en sera fait avec le plus grand soin ; on comprendra facilement l'insistance que j'y mettrai, quand on saura qu'avec un poud et demi de graine de luzerne de la plus mince valeur on peut récolter jusqu'à 60 berkovetz de très-bon fourrage sec, comparable en qualité *aux meilleurs foins* des prairies naturelles.

J'ajoute qu'une fois bien implantée comme elle le serait certainement avec quelques soins dans les terrains noirs de la

([1]) Depuis que j'ai écrit ceci j'ai vu de très-beaux échantillons de graines de sorgho venues à maturité sur les terres de M. le sénateur Duhamel, en Podolie. Ces graines figureront à la prochaine exposition agricole de St-Pétersbourg.

Russie (tchernozèmes) la luzerne donnerait pendant 7 à 10 années de suite une coupe abondante, *sinon deux*, et laisserait derrière elle un sol aussi fertile que s'il eût été fumé copieusement.

La luzerne, en effet, projette des racines qui vont chercher leur vie profondément dans le sol ; il en résulte que les produits que l'on obtient *ne demandent absolument rien à la surface;* au contraire, il lui laissent des feuilles qui se détachent de la tige pendant les manipulations de la récolte, et quand on défriche un champ pareil on a 3 à 5 années encore à recevoir sans jamais rien donner que les semences d'avoine, de féverole et de blé que l'on confie successivement au sol pour en retirer plusieurs fois autant.

Mais ce sujet en valant tout à fait la peine, je me propose d'y revenir d'une façon spéciale, si mon séjour en Russie se prolonge encore un peu ; à défaut, il n'y a aucune raison pour que je ne vous en écrive pas de France même ; au contraire, car je n'ai pas oublié la promesse que je vous ai faite de rester en correspondance avec vous pour tout ce qui de chez nous peut intéresser l'agriculture russe, et les cas que j'aurai à vous signaler seront nombreux.

C'est avec un véritable regret que j'ai renoncé à comprendre le *sainfoin*, Эспарсетъ *(hedysarum onobrychis)* dans mon assolement, mais le manque à peu près absolu de calcaire dans mon sol m'en a imposé l'obligation.

Je me suis un peu consolé en faisant essayer la *minette*, Буркунъ *(medicago lupulina)*, mais j'ai dû compter sur la *moutarde blanche*, Горница *(sinapis alba)* à peu près de la façon la plus absolue pour mes réserves de vert. J'en ai fait semer également comme *engrais vert* que je me propose de faire enfouir à la charrue sur le champ qui recevra le trèfle incarnat en automne ; avec un poud de graine de moutarde on peut avoir plus de 100 berkowetz de fourrage vert ; cela n'est pas du tout à dédaigner, d'autant plus que cela vient à peu près partout sans grands frais et presque sans préalables.

J'ai fait réserver un coin du *l'ogorod* du *scotnoï dvor* pour recevoir quelques drageons de *houblon*, Хмѣль. J'ai donc l'idée qu'il ne serait pas impossible un jour, non pas de faire une *brasserie*, on ne peut pas établir toutes les industries agricoles sur une si petite surface relativement, mais, au moins, qu'il ne serait pas impossible, dis-je, d'avoir de quoi se fabriquer une sorte de boisson spéciale comme on en fait en Belgique avec du sirop de sucre obtenu dans les plus petits ménages avec des betteraves récoltées sur place et un peu d'orge et de houblon. Je ne tairai pas non plus, je l'ai déjà dit d'ailleurs, que je ne suis pas sans espoir d'amener en Russie pour exécuter ce programme, un véritable fermier belge qui aurait avec lui sa famille, *son capital* et son expérience ; cela suffira pour expliquer pourquoi je m'applique à certains détails spéciaux que, sans cela, je traiterais peut-être un peu différemment.

XXIX.

De l'exploitation rationnelle d'un domaine de 7,500 déciatines dans le gouvernement de Vladimir.

(QUATRIÈME ARTICLE.)

J'ai dit, dans mon précédent article, que j'avais dressé les plans dont je parle ici *un peu* en vue d'en confier l'exécution, ou tout au moins la continuation, à un fermier belge; j'aurais pu dire que je les avais faits *beaucoup* à cette intention, car j'ai déjà écrit dans ce sens à un de mes amis qui a de nombreux rapports avec des cultivateurs de ce pays devenu trop petit pour eux, de telle sorte que ne trouvant plus de terres à louer à des prix abordables, ils ne demandent pas mieux que de s'expatrier, et ils font bien, puisque, partout où je les ai vus, ils ont eu l'occasion de faire fortune, tout en rendant de véritables services dans le pays même où ils se trouvaient.

Je compte donc beaucoup sur un de ces intelligents agriculteurs de progrès pour développer, suivant les indications que la pratique seule peut donner chaque année, les projets dont je parle ici; je me féliciterais beaucoup qu'il en fût ainsi, car je n'ai jamais eu qu'à me louer d'eux chaque fois qu'ils ont eu à remplir un programme tracé par moi — et cela m'est déjà arrivé plusieurs fois — bien qu'ils eussent pu s'en dispenser, attendu qu'une fois maîtres de la terre ils peuvent en faire ce qu'ils veulent. Ici, en Russie, je dirai que les avantages que pourrait rencontrer un fermier belge seraient encore bien plus grands que partout ailleurs; c'est pour cela que je serais aise d'en faire la démonstration avec l'un d'eux.

J'ai déjà fait, pour les raisons que je viens de dire, plusieurs promesses analogues à celles-ci, à des propriétaires russes qui comprennent bien leurs intérêts en désirant introduire sur leurs terres de vrais praticiens, agriculteurs de progrès, ayant avec eux une famille laborieuse, de l'expérience et un capital. Celui-ci est souvent de plusieurs milliers de roubles argent, jamais moins de deux à trois milliers. Or, il n'en faut pas davantage ici pour le propriétaire du sol, qui, de cette façon, s'assure avec toute garantie un vrai fermier à prix d'argent, et qui, de plus, le débarrasse de tout tracas.

Pour le fermier, il n'a besoin d'avoir qu'un petit capital de roulement relativement à ce qu'il faut en Belgique, par exemple, et dans les autres pays très-avancés en agriculture. Cependant, je connais des fermiers belges qui ont émigré avec 25,000 roubles argent comptant; mais ils avaient une nombreuse famille à établir.

Je disais donc qu'en attendant le résultat des négociations qui sont ouvertes à ce sujet, et dont je rendrai compte aux lecteurs du *Journal de St-Pétersbourg*, si je juge qu'elles sont de nature à les intéresser, en attendant, dis-je, il faut reprendre l'exposé très-abrégé de mes plans.

Ce que j'ai vu en Russie de la bonne venue de crucifères m'a engagé à consacrer quelques sagènes de terrain au fameux **rutabaga**, Рутабага Турнепсъ *(brassica campestris rutabaga)* et au chou-navet *(brassica campestris napobrassica)*. Sept à huit livres de semences suffisent pour une déciatine, et on peut en retirer de 3 à 500 berkovets de racine. J'ai dit que j'attachais beaucoup d'importance à la *spergule*, surtout d'après l'expérience concluante et tout à fait pratique dont j'ai été témoin à la ferme-école de Kazan; avec 25 livres de graines par déciatine, on obtient, après deux mois d'attente seulement, de 50 à 60 berkovets d'excellent fourrage vert; il n'y en a pas de meilleur pour pousser les vaches à la production du lait. La spergule a, de plus, le grand avantage de ne pas fatiguer le sol, de telle sorte que le seigle devient généralement superbe quand il est placé immédiatement derrière elle, notamment derrière la spergule géante.

Toujours à partir de la même époque dont j'ai parlé, c'est-à-dire sitôt qu'on peut commencer ce qu'on appelle les semailles de printemps, je ferai semer du *sarrasin* tous les quinze jours, pour avoir toujours du fourrage vert, puis j'en ferai semer sur tout le terrain que je destinerai à des semailles d'automne que je prévoirai ne pas pouvoir fumer convenablement. Avec 4 à 5 tchetvericks de grains, on est à peu près assuré de récolter ainsi 100 à 120 berkovetz de fourrage vert bon à couper pour donner à manger au ratelier, ou bon à enfouir comme engrais vert à la charrue.

J'ai adopté le sarrasin ordinaire *(polygonum fagopyrum)* parce qu'il est bien connu ici et facile à avoir comme semence; je n'en essaierai pas moins la variété dite de *Tartarie*, que je n'ai pas encore rencontrée ici, dans sa patrie cependant *(polygonum tataricum)*. Je crois qu'elle convient mieux que l'autre, parce qu'elle est plus productive et plus hâtive; si son grain est inférieur, cela m'est égal pour ce que je veux en faire.

Vu l'importance du chou en Russie, je ferai essayer notre **grand chou branchu du Poitou**, ou *chou cavalier*, qui vient très-bien en pleine terre. J'en ferai autant pour le navet (*brassica rapa depressa*); l'un et l'autre, s'ils viennent bien, comme je le pense, seront une ressource pour les gens en cas d'accidents.

C'est entre les deux époques qu'il y a partout, le printemps et l'automne, qu'on sèmera le *trèfle incarnat*, sur les avantages duquel je me suis assez expliqué, je crois, dans un précédent article. On le placera derrière un sarrasin récolté en vert, très-probablement.

Ici se termine, assez exactement pour recommencer tout de

suite, l'*assolement complétement* LIBRE que j'ai conseillé, le seul qui convienne à une culture rationnelle, dans un pays comme celui-ci, où tout est *inconnu* et où tout le sera bien plus encore dans les débuts de l'émancipation.

L'économie de mon plan repose donc au fond, si on veut bien y faire attention, sur les cultures connues et adoptées dans le pays avant tout et par-dessus tout. Il n'y a en dehors de cela que des essais assez peu étendus par eux-mêmes pour qu'on ne risque pas grand'chose avec eux.

Je n'ai fait d'exceptions que pour le *topinambour*, 1° parce que je suis absolument certain de sa réussite; 2° parce que je peux me procurer de la semence sur place.

Si j'en manquais un peu, je trouverais le complément de ce qu'il m'en faut à Moscou.

Je n'ai pas indiqué, on l'a peut-être remarqué, l'étendue de toutes les soles dont j'ai parlé ; je dois dire pourquoi : c'est que je ne sais pas encore, même approximativement, le nombre de chevaux qui resteront au haras, ni le nombre des animaux que j'aurai à la ferme. Le tout dépendra du capital que je me procurerai de la façon que j'ai indiquée, et beaucoup plus encore de la réponse du fermier belge auquel il a été écrit.

On conçoit, en effet, que si celui-ci vient tout de suite sur les lieux pour se rendre compte par lui-même, comme c'est l'habitude, et cela est tout naturel, il exercera une certaine influence sur l'exécution des travaux, surtout si les choses sont à convenance.

En général, en quelques semaines un fermier belge sait à quoi s'en tenir, car une des plus grosses difficultés qui apparaissent à bien des gens, celle de la langue, n'est absolument rien pour lui. En effet, il ne craint jamais de la rencontrer, soit pour la vaincre, soit pour la tourner à sa manière.

Si l'on voulait une preuve du fait important que j'énonce en ce moment, je citerais les mécaniciens belges, qu'on rencontre sur plusieurs des bateaux à vapeur du Volga ; et ici, cependant, leur mission est bien autrement grave que celle d'un simple fermier, avec laquelle, d'ailleurs, il n'y a aucune comparaison à établir, si ce n'est celle dont j'avais besoin pour répondre à une objection qui m'a souvent été faite, celle de la connaissance de la langue russe.

J'aurais pu encore citer à ce sujet les milliers d'Allemands qui vont tous les ans en Amérique, c'est-à-dire dans un pays où l'on ne parle généralement que l'anglais. Eh bien, cela n'est effectivement une difficulté pour personne, par la raison très-simple qu'on s'entend toujours suffisamment dans ce monde chaque fois qu'il ne s'agit que des besoins de la vie courante et de tout ce qui se rattache à une spécialité déterminée, pour laquelle, après tout, on n'est pas obligé d'apprendre ce qui concerne les autres.

Ceci posé, je reviens à mon sujet principal.

Le haras continuera le genre de production principal auquel il s'est livré jusqu'à présent; il visera au trotteur, puisqu'il a ses étalons pour cela, dont un est du premier type et que, du reste, ses élèves sont déjà très-avantageusement connus sur le turf par leurs succès.

J'apprécie d'ailleurs le trotteur russe pour ce qu'il vaut et j'aime surtout la beauté et l'harmonie de ses formes, laquelle lui assure une durée de service dont on ne se fait pas toujours une idée bien exacte et qui tient précisément à ce que, pour être bon trotteur, il faut absolument être bien fait. Or, quand on est bien fait, on a toutes les chances d'existence et d'aptitudes possibles dans sa spécialité.

Comme, jusqu'à nouvel ordre, on garde les instruments aratoires du pays, c'est-à-dire ce qu'il y a de plus léger au monde, on ne craindra pas de confier de petits travaux aux juments et aux poulains d'âge. Le tirage de la herse, il n'y a pas un connaisseur qui ne le sache, est impayable pour donner de l'assiette et du ton aux épaules et pour affermir les aplombs,

Dans les convalescences des maladies de pied surtout, on

sait aussi que la marche sur la terre labourée rend le plus grand service.

Je ne puis pas entrer ici dans les détails des différents régimes que j'ai indiqués suivant les âges des sujets, leurs aptitudes, les époques de l'année, etc., etc.; je me bornerai à dire que j'ai recommandé plus de deux ou de trois exercices par semaine pour la préparation à la course. Quant à l'alimentation quotidienne, elle est assez bien entendue maintenant pour qu'il y ait peu à changer.

Si j'avais eu à créer un haras de toutes pièces, je n'aurais certainement pas choisi la destination capricieuse (inconstante par conséquent) de l'hippodrome; mais, je le répète, il y avait des antécédents. Je me bornerai donc à pousser indirectement au cheval de service avec les sujets qui n'auront pas absolument tout ce qu'il faut pour la lutte de grande vitesse. Puis, après un temps d'essai convenable, si je vois que le haras coûte plus qu'il ne rapporte, j'en conseillerai la suppression pure et simple, et c'est peut-être par là que j'aurais sans doute commencé, si des raisons graves ne s'y étaient opposées.

J'arrive maintenant au bétail de la ferme dont la direction dépendra beaucoup de circonstances sur lesquelles je ne suis pas encore fixé en ce moment.

Un vacher suisse demande en effet à prendre sur place tout le lait qu'on produira, à raison de 25 copeks le védro, mais à la condition qu'on lui en livrera une certaine quantité en moyenne tous les jours.

On sait pourquoi cette seconde complication relative me tient en suspens. S'il s'agissait de marcher seul, le parti serait bientôt pris; je pousserais à la production du lait, si toutefois j'y avais avantage, en vue du vacher suisse, qui veut faire du fromage de Gruyère.

Mais dans une occurrence comme celle-ci, je me suis tenu dans une certaine réserve qui me fait en tous cas limiter le nombre des vaches à ce qu'il en faut pour les besoins de la maison. Dès à présent j'ai proposé l'élimination de toutes les jeunes bêtes qui ne sont pas bien marquées au système Guénon, de façon à n'avoir au bon moment, et quoi qu'il arrive, absolument que des génisses de choix comme futures laitières ; c'était bien le cas ou jamais de faire l'application de cette excellente méthode qui rendrait bien des services ici, si elle était connue plus qu'elle ne l'est.

Pour les moutons, j'ai dit que je gardais la race du pays, et on se bornera à en avoir pour les besoins du personnel et pour la vente, dans les limites seulement des pâturages sur lesquels ils auront à glaner. On tâchera de livrer pour la boucherie, avant l'hiver, tout ce qu'on pourra, sauf à racheter ou à échanger au printemps.

Les porcs ne figureront que pour utiliser les déchets et mille et une choses qui seraient perdues sans eux. Il n'y a malheureusement aucune raison de développer ici l'élevage de ce précieux animal comme on pourrait le faire ailleurs et comme on ne le fait cependant pas.

Pour la même raison de *manque de débouchés*, on se bornera à n'avoir de volailles que pour nettoyer les fumiers, c'est-à-dire pour y rechercher les grains non digérés qui restent dans les déjections, car il n'y pas à songer à ne donner aux chevaux, par exemple, que de l'*avoine concassée* ou de la paille hachée ; ce serait trop demander à la fois, et il ne serait pas raisonnable d'exiger du premier coup l'adoption de toutes les méthodes perfectionnées qui ne sont même pas encore complétement suivies dans toutes les contrées agricoles de l'Occident.

On se rappelle que dans la propriété dont il s'agit ici nous disposons d'une force hydraulique assez considérable ; malheureusement, dans les conditions où nous sommes, il n'y a aucun moyen de l'utiliser autrement qu'en améliorant le moulin qui existe en ce moment.

Quand nous aurons une solution pour notre fermier belge, et que nous saurons s'il peut nous dégager d'un côté de façon à ce que nous puissions reporter nos forces de l'autre, nous verrons à prendre un parti. En attendant, nous conseillons de chercher à louer cette force à un usinier quelconque, et de préférence à un industriel qui emploierait des matières premières que l'agriculture locale produit et qui ferait travailler, sans les énerver, les forces et l'intelligence de la jeunesse des deux sexes que, dans un temps donné, on aurait chance au moins de retrouver pour les travaux des champs.

J'en ai fini avec la rapide esquisse que je m'étais proposé de faire ici d'une partie de mes plans et de mes projets par rapport à la *réserve* du domaine au sujet duquel j'ai été longuement consulté. Je dois ajouter cependant un détail oublié, en manière de couronnement de cette première partie de ma tâche: j'ai fortement conseillé de planter sur le périmètre de l'espèce d'enclave que j'ai choisi, soit des pommiers dont la bonne venue est certaine, soit des arbres quelconques, si on craint que les pommes laissées ainsi en plein air ne soient volées par les paysans. De cette façon on aura des limites vivantes qui donneront un grand charme à la propriété. Ceci serait pris, j'en suis sûr, en sérieuse considération, si jamais il était question de vente, puisqu'on aurait ainsi à la fois une terre d'agrément et de rapport.

Je dis de *rapport*, parce que je suppose que la manière dont se fera l'émancipation permettra de garder tout ou partie des paysans actuels comme petits fermiers, et au besoin comme ouvriers dans les moments pressés. Ici, bien des combinaisons se présentent à la fois et sont les unes et les autres désirables à divers titres; mais comment les aborder dans les conditions actuelles, en aussi peu de temps et avec aussi peu de place que j'en ai?

Puis il me faudrait peut-être entrer dans des détails qu'il ne m'appartient pas de faire connaître en entier, pour le moment du moins.

J'aime donc mieux ajourner cette seconde partie de ma tâche, dont d'ailleurs les études ne sont pas entièrement achevées, puisque j'ai dit que j'avais été interrompu par les neiges, qui m'empêchent encore de finir les excursions assez minutieuses qu'il me restait à faire pour me donner une idée bien exacte de la grande étendue du bien, c'est-à-dire des 7,000 déciatines restantes, dont j'aurai ultérieurement à parler.

Quoi qu'il arrive, à moins cependant d'événements que je ne puis prévoir en ce moment, je crois pouvoir dire que l'exécution de mon plan préliminaire sur la réserve dont je viens de parler commencera dès le printemps prochain. Dans tous les cas possibles, il est positif que les exemples que nous donnerons, si toutefois nous parvenons à en donner de bons, ne peuvent pas être perdus, puisqu'ils profiteront au propriétaire, et *directement* par les résultats qu'ils lui donneront, et *indirectement* par le stimulant qu'ils ne peuvent manquer de donner aussi à tous ceux qui les verront de près.

Avec les idées que j'ai maintenant sur l'importance qu'il y aurait pour la Russie à entrer largement dans la voie des progrès agricoles, je n'hésiterais pas, si j'étais jamais consulté, à conseiller l'institution d'une *prime d'honneur régionale* comme celle que nous avons en France depuis quelques années déjà.

On ne se fait pas une idée des progrès que cela a fait faire dans nos départements les plus arriérés. Il a suffi de quelques décorations données à propos dans les débuts, en supplément de prime, pour déterminer un grand nombre de propriétaires, qui étaient restés inactifs toute leur vie, à entrer dans la lice et à se préparer sérieusement à la lutte.

Il avait même été un instant question de créer ce qu'on avait déjà appelé un ordre du *Mérite agricole*. Je crois que le projet a été abandonné, mais je suis très-porté à croire que la chose serait fructueusement applicable à la Russie. C'est là une idée que je crois bonne et que je me propose de développer, si un jour l'occasion s'en présente.

XXX.

Les industries agricoles. — Féculerie et amidonnerie.

Dans le cours des excursions que je viens de faire, avant l'arrivée des premières neiges, dans le gouvernement où je suis, j'ai été assez heureux pour me trouver en visite chez un des abonnés du *Journal de St-Pétersbourg*, qui m'a rendu trois services d'un seul coup :

1. Il m'a mis à même de me remettre un peu au courant des nouvelles générales, ce qui m'a été d'autant plus agréable que depuis trois mois mes lettres de France ne m'arrivent plus, arrêtées qu'elles sont, je l'espère du moins, au bureau spécial de la poste à Moscou, où j'avais donné mon adresse, mais d'où aucun exprès n'a pu, jusqu'à présent, m'en obtenir une seule.

Obligé d'attendre maintenant mon retour dans la ville sainte, pour avoir mes lettres, on conçoit combien il a dû m'être agréable d'avoir au moins un dédommagement, si faible qu'il soit relativement, puisque les nouvelles politiques et autres ne peuvent guère remplacer celles de la famille et des amis.

2. Il m'a rendu le second service de me dire que je promettais très-souvent dans mes articles de revenir sur un sujet que je ne faisais qu'effleurer, sous le prétexte que le temps et l'espace me faisaient défaut ; sous ce prétexte ou sous tout autre d'ailleurs.

3. En me fournissant la preuve desdites promesses par la remise qu'il m'a faite de mes propres articles, il m'a donné les moyens de tenir ma parole sans motif possible pour y manquer.

Voilà bien, ce me semble, trois services signalés, je ne cherche nullement à les nier; je n'ai plus alors qu'à me justifier. Chaque fois que je promettais, je puis l'affirmer, j'avais bien réellement l'intention de tenir; mais, si je ne me suis pas exécuté, cela a été dû uniquement à ce que je n'avais par devers moi aucun guide, aucun memento qui pût me rappeler suffisamment mes promesses.

Je vais donc m'empresser, maintenant qu'il ne me manque plus rien, de me mettre à l'œuvre, de façon à me compléter autant que je le pourrai pendant la période de captivité que les contre-temps m'imposent, à moins de trois jours de distance de Moscou cependant, c'est-à-dire, à la tête d'une ligne de communications qui peut me conduire en quelques heures à St-Pétersbourg et en quelques jours seulement à toutes les gares des chemins de fer occidentaux, sans même attendre l'ouverture de la section de Dunabourg, mais en comptant un peu sur celle d'Ostrow que l'on annonce comme devant être prochaine.

Ceci posé, j'entre immédiatement en matière sur un sujet sur lequel j'ai promis de revenir plusieurs fois, et notamment à la fin de mon dixième article. Je n'en avais gardé nul souvenir précis, je dois l'avouer, parce que, en voyageant comme je le fais sans discontinuer, depuis plus de dix mois consécutifs, il est impossible de garder la moindre note sur ce qu'on fait et sur ce qu'on écrit.

Le temps passe si rapidement quand on est uniquement occupé à voir et écouter du matin au soir, qu'en vérité j'ai bien droit à quelque indulgence.

J'y compte bien un peu, je vous l'avoue, non-seulement pour la nouvelle série d'articles que j'entreprends en ce moment, mais encore pour la manière souvent très-rapide avec laquelle je me suis permis jusqu'à présent d'envoyer mes appréciations à mesure que je les formulais.

Quand je réunirai tous ces articles en un seul corps de volume, et ce sera bientôt, je tâcherai de mettre un peu plus d'ordre qu'il n'y en a, qu'il ne pouvait, je dirai même qu'il ne devait y en avoir dans de semblables articles, tous écrits là où ils ont été inspirés, sans autre prétention de ma part que celle d'être très-vrai et très-sincère, tout en cherchant à ne blesser personne, et en prenant, par conséquent, tous les ménagements voulus pour cela. Si j'ai réussi, comme je l'espère, je ne me plaindrai pas de l'espèce de contrainte que cette manière de faire m'a imposée parfois; et je m'en consolerai, si j'ai néanmoins pu rendre ainsi quelques services.

Entre toutes les industries agricoles qui doivent se recommander à l'attention des propriétaires russes, il faut certainement placer, sinon principalement, au moins très-notamment les *féculeries* et les *amidonneries*, qui ne le cèdent à aucune autre pour ainsi dire dans leur spécialité.

Toutes les deux, en effet, résolvent complétement le problème qui est et qui sera toujours posé à la Russie agricole, industrielle et commerciale; *elles réduisent sous le plus petit volume possible des matières premières* relativement *encombrantes*, et elles leur donnent, ainsi réduites, non-seulement une *valeur plus grande*, mais encore une propriété capitale pour le pays, celle de pouvoir, toutes choses étant égales d'ailleurs, SE CONSERVER INDÉFINIMENT SANS ALTÉRATION, ni pendant l'*emmagasinage* ni pendant le *transport*.

Je suppose qu'on n'a jamais assez réfléchi à ce merveilleux privilége des fécules du blé ou de la pomme de terre, car sans cela les principaux pays producteurs de la Russie seraient couverts des usines dont je veux parler.

L'une et l'autre, en effet, sont essentiellement indiquées, je dirai même imposées par la force des choses dans ces pays-ci;

quelques détails spéciaux vont servir à le démontrer, si l'on veut bien nous suivre un instant.

Et d'abord, comme industries agricoles, les féculeries et les distilleries répondent à une première partie du programme que l'on doit *toujours* s'imposer quand on entreprend quelque chose de ce genre sur ses propriétés. Si elles *prennent* au sol au moins elles lui *rendent* aussi, et cela est de la dernière urgence.

Elles rendent au sol, non-seulement un engrais dont il ne peut se passer, mais encore elles donnent auparavant une excellente nourriture au bétail par les *résidus* qui se transforment d'abord en viande, en graisse, en lait, en laine, en peaux, suivant les cas, et font retour au sol en fin de compte, sous forme d'un engrais excellent qui va servir encore à aider à la production de nouveaux produits qui peuvent être retransformés à leur tour, et ainsi de suite.

Si l'on prend une pomme de terre, qu'on la râpe avec un couteau et qu'on mette la pomme de terre ainsi râpée dans un linge à mailles peu serrées; si on lave cette sorte de marmelade *crue* en jetant de l'eau dessus, l'eau passera à travers le linge et tombera, supposons dans un verre, en entraînant quelque chose de blanc avec elle. Au bout d'un certain temps cette eau sortira du linge claire comme elle l'était avant, ce qui indiquera que l'opération est finie.

On aura sur le linge une matière spongieuse : c'est le parenchyme de la pomme de terre, qui constitue ce qu'on appelle le *résidu*, qu'on donne au bétail après l'avoir laissé égoutter et un peu sûrir, à moins qu'on ne le réduise par la presse pour le conserver.

Au fond de l'eau on trouvera en dépôt quelque chose de blanc comme de la farine : ce sont les grains de fécule de la pomme de terre qui, plus lourds que l'eau, se sont amassés au fond du vase d'où il n'y a qu'à les recueillir pour avoir ce qu'on appelle la *fécule* verte.

Si on lave à nouveau ce produit pour le blanchir, et si on le fait sécher à l'étuve, on aura le produit marchand qu'on appelle fécule sèche de première qualité et avec laquelle on fait notamment des potages, des mélanges on ne peut plus variés avec diverses substances alimentaires, du *pain* même, et enfin, si l'on veut, une matière sucrée, un vrai sirop qu'on appelle *glucose.*

Nous venons de dire en deux mots ce que c'est qu'une *féculerie.* Dans la pratique, il n'y a en effet que la dimension des objets qui soit changée.

Le *couteau* est une *râpe* cylindrique qui tourne comme une meule à repasser et qui écorche avec les dents de scie qui en hérissent la surface les tubercules qu'on en approche exprès d'une certaine façon.

Le *linge à mailles peu serrées* est un *cylindre* à toiles métalliques.

Le *verre,* un *baquet* ou un *tonneau* en bois, cent si l'on veut, suivant l'importance de l'usine.

L'*étuve,* tout le monde sait ce que c'est; ici seulement il y a le plus souvent un fond absorbant.

Je n'ai pas à entrer davantage ici dans les détails techniques qui concernent les féculeries, j'en ferai d'ailleurs une *description complète* qui sera peut-être même accompagnée de dessins, quand je rassemblerai les présentes études dans un ou plusieurs volumes, avant de quitter la Russie. Je me bornerai donc à dire, pour le moment, qu'en moyenne, une *déciatine* de bonnes pommes de terre saines, venues surtout dans les bons sols sablonneux qui conviennent si bien à ce tubercule, peut donner 5,500 livres russes de fécule sèche, 22,000 livres de pulpe égouttée ou 5,000 livres de pulpe pressée.

Comme détail d'intérêt agricole pur, je dirai que les eaux qui ont servi à une féculerie sont excellentes pour engraisser les terres. Quand on peut les y envoyer par des sortes de canaux d'irrigation, c'est le mieux, parce que c'est le seul procédé économique possible.

Quand on ne peut pas agir ainsi, il faut s'arranger pour perdre ces eaux, soit dans une rivière quand rien ne s'y oppose, soit dans un puits absorbant, sans cela elles empestent la contrée. Il en est de même des eaux des amidonneries, j'en appelle au nez des habitants de Kalavine et de Kazan. C'est là la raison qui a fait classer en France ces sortes d'établissements dans la catégorie de ceux qui sont considérés comme insalubres et qui, à ce titre, sont astreints à des règles et à une surveillance administrative qui ne seraient pas inutiles ici, si cela était possible un jour, comme il faut bien l'espérer, avec les changements qui se préparent.

Je n'entrerai pas non plus ici dans de grands détails sur les amidonneries, pour les raisons que je viens de donner tout à l'heure. Je dirai seulement que rien n'est plus mal entendu ni plus mal compris que cette sorte d'industrie, qui, cependant, devrait être russe par excellence.

Dans toutes les usines que j'ai visitées on mouille le blé et on l'écrase ensuite; c'est, je le répète, la plus détestable de toutes les méthodes, puisqu'on perd le gluten qui pourrait, qui devrait être ici de la plus haute importance.

Prenez une poignée de farine de blé, mouillez-la avec de l'eau, comme pour en faire de la pâte à pain; mettez cette pâte dans la main, et placez-la, l'une portant l'autre, sous un petit filet d'eau froide, en pétrissant sans cesse; recueillez cette eau tant qu'elle coulera blanche.

Au bout d'un certain temps, il vous restera dans la main quelque chose de pâteux, de gluant, d'élastique comme du caoutchouc gris mâché: c'est le *gluten*, c'est-à-dire la partie nutritive du pain, la *viande végétale*, comme on dit encore.

C'est avec cela que l'on fait les fameuses pâtes d'Italie, le *macaroni*, le vermicelle et ces mille pâtes à potage que tout le monde connaît.

Au fond de l'eau on trouvera en dépôt, comme tout à l'heure avec la pomme de terre râpée, quelque chose de blanc; c'est la fécule du blé, qu'on appelle *amidon*, et c'est avec cela qu'on empèse le linge pour qu'il se tienne roide, depuis la chemise des hommes jusqu'aux jupons crinolinoïdes des dames. Qu'on juge par là de la quantité d'amidon qui s'emploie dans le monde civilisé !

Six pouds de farine de blé peuvent donner un poud d'amidon de première qualité et un demi-poud d'amidon de deuxième qualité.

Au prix où est le blé actuellement, ou du moins au prix où il était dernièrement, j'ai calculé ce que pourrait rapporter une amidonnerie établie à Kalazine, tirant ses matières premières de Rybinsk et écoulant ses produits à Moscou. J'ai trouvé que, tous frais payés aussi largement que possible, les bénéfices ne pouvaient pas être moindres de 35 à 40 p. % du capital engagé. Ils s'élèveraient à 50 et 60 p. % au moins, avec les procédés perfectionnés à l'aide desquels on utilise le gluten, au lieu de le laisser aller dans les résidus comme on le fait partout où j'ai visité des amidonneries en Russie. J'en fournirai bientôt la preuve, à l'époque et dans les conditions que j'ai indiquées plus haut, en faisant connaître les motifs de mon nouvel ajournement.

XXXI.

L'ignorance du propriétaire en matière agricole. — L'absentéisme. — Le spécifique.

J'ai dit quelque part que l'*ignorance* des propriétaires en matière agricole et l'habitude qu'ils ont de ne pas habiter leurs campagnes, c'est-à-dire l'*absentéisme*, étaient deux grandes causes de l'infériorité relative de l'agriculture russe.

L'ignorance n'est pas générale, il faut bien le reconnaître. Mais les rares exceptions qui existent sont insuffisantes; elles ne peuvent rien par conséquent pour les vrais progrès du pays.

Les connaissances agricoles acquises à l'étranger, et ce sont les seules qui constituent l'exception dont je viens de parler, ne sont pas de nature, à mon sens du moins, à rendre le moindre service; au contraire, je crois qu'elles ne peuvent qu'induire en erreur, si elles ne sont pas utilisées d'une certaine façon.

Et d'abord, le peu qu'il y en a parmi les seuls seigneurs qui les possèdent, ceux qui ont voyagé à l'étranger notamment, est loin d'être très-complet et surtout très-compris; il s'en faut davantage encore que ce peu soit suffisamment digéré, si je puis m'exprimer ainsi, pour être utilement appliqué aux besoins locaux.

Pour aller droit au but, je dirai nettement que ce peu de *science superficielle* est plutôt un mal qu'un bien, dans un certain sens, parce que le Russe est déjà par trop disposé à copier, à importer, tandis que c'est précisément le contraire qu'il faudrait faire par rapport à l'instruction des masses qui, en définitive, doit être le principal but de tous les efforts actuels. Je m'explique.

S'il ne s'agissait que des seigneurs, bien que leur instruction moyenne soit loin d'être très-satisfaisante en général, d'après ce que j'en ai vu, il y aurait cependant quelque espoir de voir les bonnes méthodes sinon appliquées tout de suite, au moins suffisamment comprises et appréciées.

Après ce premier pas, l'avenir ferait le reste.

En d'autres termes, il y aurait bien une somme assez grande d'intellect des choses agricoles dans la classe des propriétaires actuels pour que, s'il ne s'agissait que d'eux, on pût compter sur l'adoption et la mise en pratique des procédés occidentaux les meilleurs qu'il serait possible d'importer en Russie; mais que peut faire une fraction aussi minime d'individus en présence de la masse de paysans qu'il s'agit de faire mouvoir? Absolument rien.

On aura beau retourner la question comme on voudra, on en arrivera toujours à se heurter contre l'*ignorance relative* de la classe des propriétaires et contre l'*ignorance absolue* des paysans.

Maintenant, comment donc conviendrait-il de faire pour infiltrer partout l'instruction voulue, pour que le progrès désiré fût aussi efficace que prompt?

Tel est le grand problème qu'on ne devrait cesser de se poser en Russie jusqu'à ce qu'il soit résolu.

C'est assez dire que je n'ai pas la prétention d'arriver à ce résultat; je n'ai pas d'autre prétention ici que celle de chercher, pour ma *toute petite part*, à y contribuer en communiquant les idées que j'ai à cet égard, vaille que vaille.

L'ignorance du propriétaire n'étant pas contestable, — l'ignorance comme je l'entends du moins, c'est-à-dire *uniquement* en matière agricole, je n'ai pas à me prononcer sur autre chose ici, — celle du paysan l'est encore bien moins. Chez lui, cette ignorance est complète et absolue.

Mais, dira-t-on, si la tête de l'échelle sociale ne sait que peu de chose, ne conviendrait-il pas tout d'abord de songer à faire passer ce peu, si faible qu'il soit, dans tous les autres échelons vivants de ladite échelle?

Non, mille fois non, répondrai-je, et voici pourquoi : c'est que même ce si peu dont il s'agit ne vaut rien pour conduire à la solution du problème qu'il faut décidément se poser d'une manière tout à fait différente qu'on ne l'a fait jusqu'à ce jour, si l'on veut arriver à quelque chose.

Ce qu'il importe avant tout de ne pas perdre de vue, c'est que *le Russe n'aime pas l'importation étrangère*, ni en hommes ni en choses; encore moins en idées. — Et pourquoi? demandera-t-on. — Pour la grande raison que *cela contrarie ses* HABITUDES.

Je n'ai pas à apprécier le plus ou moins de raison qu'il a d'être et de penser ainsi; je prends le Russe tel qu'il est, et je dis : Puisqu'il est ainsi, il faut le prendre par d'autres moyens que ceux qu'on a voulu employer jusqu'à présent. Il faut le prendre par et en lui-même, au lieu de chercher à le prendre par et avec les autres.

Je citerai à peu près textuellement, quoique de mémoire, un passage d'Haxthausen qui rend bien ma pensée à ce sujet et que j'engage les Russes à méditer, tellement je le trouve juste et profond, tellement je crois qu'il y a à suivre: « La couche supérieure du peuple russe, dit-il avec raison, a reçu depuis un siècle l'empreinte de la civilisation européenne, *mais cette empreinte n'est pas* NATIONALE *et* NE DÉRIVE PAS *du* DÉVELOPPEMENT INTIME DU PEUPLE RUSSE. » Eh bien, je dis à mon tour, en spécialisant ces remarquables paroles: *Tant que les progrès agricoles ne dériveront pas d'une source nationale* ils ne s'incrusteront pas comme il convient qu'ils s'incrustent dans la masse du peuple des campagnes, et partant ils seront sans effets utilement appréciables sur la richesse du pays et, par conséquent, sur sa puissance, qui, après tout, dépend essentiellement de l'état plus ou moins prospère de sa situation intérieure.

Mais, si je ne me trompe pas dans ces appréciations, il en résulterait, ce semble, qu'il faudrait commencer la révolution salutaire dont je parle, non plus par en haut, comme on a essayé de le faire jusqu'à ce jour, mais bien, au contraire, tout simplement par en bas.

Ce n'est pas là tout à fait mon avis.

Il faudrait, à mon sens, que la chose pût se faire *simultanément*. Dans ce cas, le moyen d'arriver par le haut ne serait pas difficile à trouver; mais il n'en serait pas de même pour arriver par en bas. En ceci, la difficulté me paraît grande en effet, et j'avoue mon incompétence actuelle à ce sujet. Quoi qu'il en soit, si j'ai dit vrai, le moyen ne serait peut-être pas bien long à trouver.

J'en laisse le soin à plus habiles que moi.

C'est à la noblesse, c'est-à-dire à la propriété foncière, par conséquent la classe de la société qui est la plus intéressée à la propagation d'un genre de progrès qui, après tout, ne peut que multiplier sa propre richesse; c'est à la noblesse, dis-je, qu'il faut songer à s'adresser, malgré tout ce que nous avons dit de son ignorance spéciale.

C'est à elle qu'il faut demander de *vouloir*, parce que, pour elle encore, vouloir c'est pouvoir, et parce que, enfin, si elle le veut bien, elle pourra *nationaliser* le peu qu'elle sait et ce qu'elle apprendra ultérieurement de l'étranger, pour le faire accepter comme tel par les paysans, auxquels il faut absolument qu'elle fasse une sorte d'éducation relative, sous peine de voir le revenu de ses terres s'amoindrir au lieu de s'augmenter.

Mais il sera dit que dans l'examen de cette question les difficultés se présentent à chaque pas; elles naissent les unes des autres en quelque sorte, et sitôt que l'une d'elles est levée ou tournée, il s'en présente une autre.

C'est ce qui arrive précisément ici ; à peine nous accommodons-nous tant bien que mal de ce que nous avons appelé l'ignorance agricole relative du propriétaire russe, que nous nous trouvons en présence d'un obstacle peut-être plus grand encore — l'*absentéisme*, c'est-à-dire la coutume prise de n'aller que le moins possible à la campagne, d'où l'on tire cependant un revenu principal qui se mange bien plus agréablement dans les villes, c'est vrai, mais bien moins utilement pour soi-même et pour le pays auquel on appartient Et cependant, si la vie de campagne était bien comprise elle serait vite appréciée, quand ce ne serait que pour les jouissances qu'elle donne et pour les *économies* qu'elle permet de réaliser.

Que faire en attendant, je le demande encore, contre l'*absentéisme* dont il s'agit ici? Il eût peut-être été impossible de répondre il y a quelques années seulement, c'est-à-dire qu'on eût été bien embarrassé pour trouver un remède à un mal si incurable que celui qui avait pour base le goût du luxe et de la représentation, à l'intérieur aussi bien qu'à l'étranger, dût un jour cette véritable passion vertigineuse engloutir jusqu'au dernier rouble d'une fortune, fût-elle même aussi grande que celle de tel ou tel qu'on aurait pu citer.

Il n'y avait guère à faire que ce qu'on a fait, il faut bien en convenir : mettre une entrave à l'émigration absolue, et encore n'aurait-il pas fallu en même temps créer des gouffres attrayants dans leur genre comme ceux des villes, des capitales et de la cour elle-même. De tous temps et dans tous les pays, les représentants de fortunes territoriales qui ont voulu goûter de la vie brûlante des grands centres ont fini par être entraînés, il ne faut pas l'oublier, en entamant plus ou moins leur situation.

C'est chose bien étrange que partout la même faute se soit commise et se commette encore : on multiplie les attraits des villes, on leur donne la puissance illusoire du *mirage*, et l'on ne fait absolument rien pour les campagnes, sur lesquelles, cependant, la vie de chacun repose et d'où dépendent la richesse et la force des empires!

Eh bien donc, puisque le mal est aussi ancien et aussi grand que je le dis, on doit croire qu'il n'y a aucun remède possible, et c'est parfaitement vrai dans un sens. Pour la Russie surtout, il n'y avait pas de remède; un *spécifique seul* pouvait la préserver. Fort heureusement ce spécifique est trouvé, et on se dispose à bien le préparer, pour l'administrer ensuite à la dose voulue. Ce spécifique, c'est l'émancipation.

Avec l'émancipation, en effet, il faut désormais, comme on dit, se résigner à prendre le *taureau par les cornes,* à couper le *mal par la racine.* Il faut songer à faire face, sinon à l'orage, au moins à la crise que l'administration dudit spécifique va déterminer.

Puisque la cure doit être tentée, il n'y a donc plus qu'à bien déterminer une chose, c'est que la dose du spécifique qui sera administré ne soit ni trop faible ni trop forte. Comme c'est là l'affaire de chacun, eh bien, que chacun s'en occupe, maintenant qu'il est temps de se préparer soit à suppléer à ce qui pourrait manquer pour que la crise soit salutaire à point, soit pour tempérer ce qu'elle pourrait avoir d'un peu exagéré si cela arrivait.

Je crois donc fermement pour ma part que rien ne pouvait être meilleur que l'émancipation pour combattre l'absentéisme. *Bon gré mal gré,* il va falloir maintenant regarder de plus près ce que font les *intendants,* cette autre plaie sourde mais vorace de la propriété foncière, ce parasitisme puissant qui non-seulement s'engraisse aux dépens du maître et du paysan, mais encore trouve le moyen de rejeter sur le premier tout l'odieux des mesures vexatoires qu'il exerce sur le dernier.

Quand le propriétaire aura compris tout ce qu'il a à gagner à voir les choses par lui-même, il comprendra combien est vrai le proverbe de l'*œil du maître*, lequel s'appliquera aussi bien à ses revenus qu'à son bétail.

Quand il aura vu et jugé par lui-même, il craindra moins ce qui le fait reculer souvent aujourd'hui, c'est-à-dire les demandes de secours et de réparations qu'on lui adresse sans cesse quand il visite ses villages.

Une fois l'habitude d'un bon entretien adoptée, les **réparations** ne sont plus une chose ruineuse comme elles le sont aujourd'hui, même quand il s'agit de ses propres habitations.

Enfin, il faut encore que le seigneur aille sur ses terres s'il veut que l'agriculture y fasse des progrès. Son exemple portera bientôt ses fruits s'il sait s'y prendre, et il saura s'y prendre s'il est un peu encouragé.

C'est ici que l'intervention du gouvernement peut devenir extrêmement efficace pour combattre l'absentéisme. Qu'au lieu d'exiger d'inutiles services pour donner un *tchine*, l'administration supérieure tienne compte d'une manière ostensible des efforts qui seront faits par les propriétaires en faveur de l'agriculture.

Qu'au lieu de détestables ou de ridicules employés sans valeur spéciale, sans exactitude d'ailleurs comme sans dignité, elle préfère de bons agronomes habitant leurs terres et y prêchant d'exemple, et, j'en ai la conviction profonde, les choses changeront bien vite de face.

Dans un pays comme celui-ci, il suffirait d'*un mot* venu d'en haut pour que l'impulsion fût donnée ; viennent ensuite quelques témoignages officiels de satisfaction à ceux qui les auront mérités les premiers, et aussitôt chacun s'empressera à l'envi de faire ce qu'il faut pour en obtenir autant.

Les *concours régionaux*, comme ceux que nous venons d'instituer en France, seraient du meilleur effet en Russie, cela n'est pas le moindrement douteux pour moi. La noblesse pourrait d'autant plus vite et d'autant plus facilement entrer dans cette voie si elle le voulait, et elle le voudrait *si on l'y invitait*, qu'elle est déjà à peu près organisée. Seulement, je crois qu'elle aurait à choisir ses maréchaux en conséquence, afin qu'ils soient tous, autant que possible, à la hauteur de la mission dont il s'agit ici. Peut-être serait-il possible de les utiliser tels qu'ils sont. Mais ce n'est là qu'un détail dont je n'ai pas d'ailleurs à m'occuper davantage et pour lequel, après tout, je ne suis pas compétent.

XXXII.

La culture et l'industrie du lin.

(DEUXIÈME ARTICLE.)

Dans un des mes précédents articles sur le *lin*, j'ai parlé du manque de *routoirs* naturels, parce que je ne pouvais considérer comme tels les barrages qui se font à travers les plus petits ruisseaux et à l'aide desquels on forme des flaques d'eau croupie qui donnent souvent les fièvres aux habitants qui se servent des ces insalubres réservoirs. Je sais bien qu'en certains endroits on met à profit, sans autant de danger, de plus grandes étendues d'eau ; mais nulle part on ne procède comme on pourrait le faire à la *préparation* d'un produit qui devrait être le plus beau fleuron de la couronne agricole russe. C'est parce que diverses personnes pensent ainsi qu'on m'a déjà rappelé plusieurs fois mes promesses de revenir sur ce sujet, en m'invitant à entrer dans plus de détails sur la manière dont il conviendrait de cultiver et de préparer le lin en Russie. Je vais le faire avec autant de détails que possible, car, plus que jamais, je comprends la haute importance de cette culture et de cette industrie dans un pays comme celui-ci qui pourrait lui consacrer, à la rigueur, près de *cent millions* de déciatines de terres excellentes, exceptionnelles même, puisque je veux parler des *tchernozèmes*, qui n'ont leurs pareilles au monde que dans un tout petit coin de la Hongrie, je crois.

Et tout d'abord je vais dire comment nous cultivons le lin en France et comment je l'ai cultivé moi-même ; ce sera la meilleure critique que je puisse faire de la manière russe. J'examinerai ensuite la question industrielle et commerciale, autant qu'on peut le faire ici, et enfin je citerai un exemple de rendement qui devrait servir de point de mire aux agronomes du pays, s'il ne leur en sert déjà, car c'est un exemple assez connu, bien qu'il ne le soit pas autant qu'il mériterait de l'être.

Nos lins ne sont pas, en moyenne, les premiers du monde, chacun le sait, si ce ne sont toutefois ceux de nos départements du nord, qui tiennent la tête à juste titre à côté des lins belges. Mais je ne veux pas en parler ici, les exceptions ne font pas règle ; il ne sera donc question que de notre culture commune.

Dans ces conditions, nos lins pèsent environ 8 pouds le tchetwert ; nous en mettons de 8 à 16 pouds par déciatine, et sur cette surface nous récoltons de 17 à 48 pouds de graine et de 20 à 30 pouds de filasse, selon qu'on cultive aussi mal qu'en Russie, ce qui arrive, ou qu'on cultive comme dans nos Flandres et comme en Belgique.

Nous semons sur toute terre propre au seigle et au froment, *pourvu* que cette terre soit *riche* de ce qu'on appelle la VIEILLE FORCE, c'est-à-dire de celle qui est due à des fumures successives précédentes ou à des phénomènes naturels, comme ceux qu'on trouve à point dans nos alluvions ou dans vos tchernozèmes.

Nous évitons les terrains à fumures récentes, parce que cela provoque la production de petites *tiges branchues* sans valeur.

Nous qui n'avons pas à tailler en plein drap, comme en Russie, nous mettons le lin de préférence soit directement sur une alluvion, soit derrière un pré ou un trèfle défoncés, une avoine fumée, ou après le chanvre, la pomme de terre, la betterave ou la carotte, qui sont toujours précédés d'une abondante fumure.

Le terrain étant choisi, nous le labourons avant l'hiver, en laissant les bandes de terre telles que la charrue les fait, afin le donner le plus de prise possible aux influences atmosphériques. Cette méthode, on le conçoit, *double* presque la surface, par les ondulations et les rugosités du sol que baigne ainsi l'air extérieur.

Au printemps, dès que la terre est parfaitement *ressuyée*, on laboure, on herse, on roule et on reherse, afin de bien pulvériser le sol et de détruire les *mauvaises herbes* qui auraient pu venir.

Quand la terre se couvre encore d'une seconde pousse des *mauvaises herbes* qui ont pu échapper aux premières façons soit en mars ou au plus tard en avril, on laboure une *troisième fois*, on herse vigoureusement pour bien égaliser le sol, puis on sème et on enterre la semence à la herse.

Quand on veut récolter de la *graine*, on sème au *minimum*; quand on veut de la *grosse filasse*, on sème une quantité intermédiaire; quand on veut de la *filasse*, propre à faire du *fil très-fin,* on sème au *maximum.*

Nous semons surtout le *lin ordinaire (linum usitatissimum)*, votre grand et beau lin de *Riga (linum majus)*, et beaucoup, depuis quelque temps, le *lin à fleurs bleues*, et aussi le *lin à fleurs blanches (linum flore albo)*, qui chez nous dégénère moins que les autres, notamment que le *lin* dit royal.

Depuis quelques années nous essayons un lin américain, le *lin* dit *à graine jaune*, qui est déjà cultivé avec succès en Irlande. M. Vilmorin, qui l'a préconisé, a comparé ses rendements avec ceux du lin commun, et il a trouvé qu'il donnait un *dixième* de plus en bois et en soie, et un *sixième* de plus en graine.

Les plus grands ennemis du lin, ce sont les *mauvaises herbes:* aussi faut-il donner la plus sérieuse attention, c'est le mot, au *binage*, qui est, on peut le dire, une opération capitale et qui s'exécute dès que les mauvaises herbes se montrent, ce qui a lieu chez nous en avril ou en mai.

Quand nous le pouvons, nous faisons exécuter ce binage *à la pointe du couteau,* par des femmes et des enfants. Pour bien faire, l'ouvrier doit s'accroupir sur le sol, se mettre littéralement dans la position d'un *enfant qui joue aux osselets* sur le sable.

De ce binage dépend l'avenir de la récolte, de même que du rouissage dépend la qualité de la filasse ; — s'il est bien fait, le lin ne tarde pas à grandir et à se garantir lui-même en *ombrageant* le sol et en étouffant ainsi, par conséquent, toute mauvaise herbe qui pourrait venir.

Il ne faut pas se préoccuper du froissement des tiges quand on se couche pour ainsi dire dessus afin de bien biner ; aux premières rosées ou aux premières pluies et aux premiers rayons du soleil elles se redressent bien vite, et quelques jours après il n'y paraît plus.

Quand le lin est bien venu, on n'en a pas fini avec les soins minutieux qu'il faut lui donner. Trois mois *après la semaille,* en moyenne, la maturité de la graine s'annonce par la teinte jaune qu'elle prend.

Nous arrachons alors et nous laissons sur racine, comme partout, soit en petites gerbes, soit en accotement le long d'une perche, ou *tête contre tête,* pour laisser sécher.

Nous récoltons d'abord la graine, soit en frappant les têtes sur un banc nu ou hérissé de dents de fer, soit en les battant avec un maillet de bois, soit même au fléau.

Pas de difficulté pour la graine, qu'on nettoie ensuite comme on l'entend.

Quant aux tiges, le premier de tous les soins est de les mettre à l'abri des alternatives d'humidité et de sécheresse.

On les emmagasine donc ou on les entasse quelque part au sec, comme on peut, à moins qu'on ne procède tout de suite à ce qu'on appelle la préparation.

Dans ce cas, la première opération est le *rouissage,* qui a pour but, comme on le sait, de dissoudre les matières résineuses ou gommeuses qui tiennent les fibres ligneuses agglomérées à l'écorce.

Quand ces fibres sont détachées, on a ce qu'on appelle la *filasse*. Mais pour l'obtenir il faut placer la tige dans une eau ayant une certaine température naturelle ou artificielle, laquelle favorise une sorte de fermentation qui est liée intimement, sans aucun doute, à la température de l'eau et qui produit la désagrégation désirée.

La durée de ce phénomène varie, suivant la saison, entre quatre et douze jours. Pendant ce temps d'immersion voulue, le lin en bottes est maintenu au fond de son routoir par des poids quelconques: on emploie généralement pour cela de grosses pierres,

C'est pendant cette opération que l'attention du cultivateur doit être soutenue, *incessante*, pour ainsi dire, car *quelques heures de séjour de plus qu'il ne faut* dans l'eau *suffisent* pour *affaiblir le nerf de la filasse* et *lui ôter une grande partie de sa valeur*.

Le producteur soigneux épie en quelque sorte tous les phénomènes qui se passent, depuis le dégagement des bulles gazeuses qui se produisent souvent dès le lendemain de la mise à l'eau, jusqu'au moment où cette eau prend une teinte rougeâtre et exhale une odeur particulière dont l'intensité croit sans cesse jusqu'à la fin du rouissage.

A cet instant décisif, la filasse se *détache facilement de la tige, sur toute sa longueur*.

Alors, mais alors seulement, on retire de l'eau et on lave; puis on fait ressuyer et sécher en étalant au grand air, puis enfin on resserre bien au sec, à moins qu'on ne teille immédiatement.

Ici encore nous prenons des précautions dont il m'a semblé qu'on n'avait presque pas de souci en Russie.

Dans nos campagnes, nous n'avons rien plus qu'ici cependant: une *macque* ou *broie*, sorte de grande *mâchoire* en bois faite en forme de banc à ciseaux et qui sert à mâcher les tiges pour faciliter la séparation recherchée de la filasse et de la chènevotte.

Quelquefois nous nous servons du maillet cannelé ou de l'*écangue*.

Le *brisoir de Bohême* est peu usité.

Nous faisons le *serançage* à la maison, comme partout, avec des peignes spéciaux.

Le succès de toutes ces opérations secondaires dépend *essentiellement* du ROUISSAGE. Il n'y a que quand celui-ci est bien fait *à point* qu'on a des filaments bien égaux partout, lisses et non cotonneux et embrouillés comme j'en ai vu ici, là où j'ai été. Il est vrai que partout aussi on laisse aller le rouissage un peu *à la grâce de Dieu*, comme beaucoup d'autres choses en Russie d'ailleurs !

J'ai dit ce que j'avais à dire ici de la culture et de la préparation du lin. Il n'y a qu'à comparer notre manière de faire avec celle qui est usitée ici pour comprendre les différences de rendement qui doivent exister en quantité et en qualité.

Il serait temps, cependant, pour la Russie de faire cesser un pareil état de choses, si elle ne veut pas se voir exposée à ce qui lui est déjà arrivé pour ses *chanvres*, dont les exportations ont été en décroissant, à cause de leur mauvaise préparation, et cela malgré les triages officiels ou facultatifs.

Le lin pourrait, devrait même être pour la Russie une véritable spécialité, puisque TROIS MOIS *lui suffisent pour mûrir* et que le sol qui lui convient par excellence ne lui fera jamais défaut.

C'est bien quelque chose, sans doute, que de fournir au commerce européen les *deux tiers* de sa consommation en lin, mais ce n'est pas ainsi qu'il faut voir les choses. Il ne faut pas perdre de vue les rapprochements cités par M. Nebolsine et desquels il résulte, si j'ai bon souvenir, que les lins russes se payaient sur les marchés anglais 38 p. % de moins que les lins les moins estimés, ceux d'Irlande, et *deux cent soixante-dix pour cent* de moins que les lins de Courtray !

Ces énormes écarts disent assez que le cultivateur russe est on ne peut plus assuré de trouver le prix que sa marchandise vaudra, le jour où il voudra se mettre en mesure de profiter de la marge qu'il a devant lui. Qu'on songe bien, en effet, au bénéfice qui pourrait en résulter pour la Russie, puisque toute la *plus-value* qui serait obtenue par rapport aux prix actuels *resterait entièrement dans le pays*, attendu qu'une tonne de lin aussi bon que celui de Courtray ne coûterait pas plus de *transport* qu'une tonne du plus mauvais lin qu'on puisse exporter, malgré la différence de valeur vénale.

Ce n'est pas seulement au point de vue de la matière brute que la Russie devrait soigner sa culture et son industrie linières plus qu'elle ne le fait; j'ai promis de citer un exemple qui montrera ce qu'elles peuvent produire ensemble quand elles sont bien entendues et bien menées, je l'emprunte aux comptes rendus de la Société agricole d'Irlande, dont l'autorité et la compétence ne seront contestées par personne, en ceci surtout.

Voici cet exemple :

Une surface donnée de terrain a rendu en Irlande même, sur le pied de 63 pouds de lin par *déciatine*, un produit total brut de 435 rbls argent.

Avec ledit lin il a été fabriqué 1,050 douzaines de mouchoirs, lesquels ont été vendus à raison de 16 rbls 19 cop. la douzaine, soit une somme de 16,957 rbls 50 cop. provenant d'une seule déciatine de terre ensemencée en lin !

Bien, que je cite un peu de mémoire, je ne crois pas m'écarter beaucoup de la vérité; je garantis même les chiffres; je crois d'ailleurs qu'on retrouverait, au besoin, la mention de ce fait dans un des volumes de l'ouvrage de Tengoborski sur les *Forces productives de la Russie*.

Qui pourrait donc maintenant, je le demande, retenir plus longtemps éloigné du progrès un pays comme la Russie, auquel rien n'a été refusé, semble-t-il, pour produire *essentiellement le lin*, si je puis m'exprimer ainsi?

La *terre* par excellence pour cette culture, on le sait, ne lui fait pas et ne lui fera jamais défaut.

Elle va avoir le *travail libre* qu'elle pourra appliquer aux méthodes perfectionnées de l'Occident.

Les *débouchés* extérieurs ne lui manqueront jamais non plus, car sur dix millions de pouds que le commerce du monde manipule tous les ans, elle aura toujours place pour les *deux tiers* au moins dans l'apport général. Elle saura toujours où envoyer cette part, en Angleterre, en France, en Prusse, en Danemark, en Belgique, en Allemagne, en Espagne et en Portugal.

Quant à ses produits manufacturés, jamais le consommateur ne les lui laissera sans emploi.

Est-ce que jamais la consommation a fait ou fera défaut à la production?

Voyez les *cotonnades* anglaises, est-ce qu'elles restent longtemps en magasin?

On m'a beaucoup parlé des échecs qu'ont éprouvés les premiers qui ont voulu s'occuper de l'industrie linière et notamment de la filature mécanique; mais est-ce que nulle part on a vu une industrie quelconque s'implanter du premier coup sans écoles, sans tâtonnements?

A chaque chose il faut son temps et le temps voulu.

Pour moi, je crois que le moment des épreuves est passé si on le veut bien.

Que la Russie se mette donc à l'œuvre, qu'elle se donne une année ou deux années, et plus s'il le faut, de méditation et de préparation silencieuses, puis qu'elle ouvre un grand tournoi comme celui qui s'est ouvert à Londres en 1851 et à Paris en 1855, sept ans après que l'idée première y avait pris naissance, et quatre ans après l'éclosion à l'étranger comme d'usage.

Que *dès à présent* la Russie annonce sa ferme résolution d'ouvrir à *St-Pétersbourg une* EXPOSITION UNIVERSELLE le jour même où elle inaugurera la voie ferrée qui va relier pour toujours ses deux capitales avec l'Occident.

La constitution du crédit par la réorganisation des banques, les effets de l'émancipation et ceux d'une amélioration agricole aidant, la Russie pourra se montrer ce qu'elle est : riche d'avenir comme aucune autre nation, à la condition expresse toutefois qu'elle *vivra double*, si je puis m'exprimer ainsi, tout au moins jusqu'à ce qu'elle ait comblé les lacunes d'un passé sur lequel on ne peut plus revenir autrement qu'en marchant comme je le dis.

Ma conviction est si profonde en ce qui concerne la possibilité de multiplier les produits du sol, le jour où l'on voudra lui demander ce qu'il peut donner, que je n'hésiterais pas à me charger d'en fournir la preuve *à mes risques et périls,* si je trouvais une occasion qui fût à ma convenance.

Ainsi j'entreprendrais volontiers cette tâche sur un terrain dont le fond de terre serait en plus grande partie constitué par le tchernozème et d'une étendue suffisante pour qu'on pût y installer les industries agricoles qui seraient le mieux indiquées pour les circonstances locales, notamment en ce qui concerne la production des environs et les débouchés.

Par ce qui précède, je montre, je crois, jusqu'à l'évidence, combien ma confiance est grande dans la puissance possible de l'agriculture russe, puisqu'une démonstration pratique comme celle dont je parle ne demanderait pas moins de trois ans de travail assidu sur place et sans interruption d'abord, puis ensuite plusieurs fractions d'années encore. Mais n'importe, je le répète, je ne reculerais pas devant une semblable mission, et cela d'autant moins qu'en dernière analyse le succès qu'on obtiendrait, si on l'obtenait, comme je n'en doute pas, serait utile à tous, puisque chacun pourrait profiter d'un exemple que j'aurais le plus grand soin de faire connaître dans ses plus petits détails en son temps.

XXXIII.

La ferme-école de la société d'agriculture de Moscou.

J'ai été très-heureux, on se le rappelle, de dire tout le bien que je pensais de la *ferme-école de Kazan*, et j'avais dû cependant restreindre beaucoup mes appréciations, attendu que je n'ai pas pour mission d'apprendre aux Russes ce qu'ils ont chez eux, bien qu'ils ne le sachent guère, en ce qui concerne l'agriculture du moins, la seule chose dont j'aie à m'occuper en ce moment. Puis, ce qui m'avait encore engagé à être un peu réservé, c'est qu'il entrait dans mes projets de visiter d'autres établissements du même genre avant de rentrer à Saint-Pétersbourg, et je comptais naturellement qu'en me rapprochant ainsi de la capitale, je verrais sinon beaucoup mieux, tout au moins aussi bien.

Je viens d'avoir à cet égard une déception bien grande, je dois l'avouer, en visitant la ferme dite modèle des environs de Moscou, et je ne m'explique pas encore à l'heure qu'il est qu'aux portes d'une ville si importante, sous les yeux d'une Société agronomique qui jouit d'une réputation très-méritée, j'en suis certain, on n'ait pas mieux que cela à offrir en exemple aux propriétaires du sol, qui ont pourtant un si grand besoin d'être éclairés et dirigés!

Comme situation, la ferme dont il s'agit ne laisse partout rien à désirer, suivant moi; elle est à deux ou trois verstes d'une barrière, par conséquent très-abordable pour tout le monde; elle touche presque à un village assez peuplé, qui se nomme Boutersky, je crois, et elle a pour voisin le plus proche une petite *école vétérinaire*, ou une infirmerie si l'on veut. A mon avis, je le répète, il n'y a rien de mieux à souhaiter que les proximités que je viens d'indiquer, celle de la ville et celle de l'école.

On a ainsi, en effet, à sa portée et à sa disposition des secours pour les premiers besoins, en cas de maladie ordinaire du bétail, et toutes les ressources d'une grande ville pour les cas plus graves ou pour des expériences quelconques, aussi étendues et aussi importantes qu'elles puissent être indiquées de l'intérieur ou de l'étranger.

Ceci posé, arrivons aux faits. La ferme de l'institut agronomique de Moscou, comme on l'appelle encore, ce me semble, ne se distingue par rien de saillant extérieurement; il n'y a presque pas de traces de cette régularité et de ce parallélisme de construction qui plaît tant à Kazan et qui dispose déjà l'arrivant en faveur de l'établissement.

Mais je passerais volontiers sur l'extérieur, si l'intérieur offrait des compensations. Il est loin, malheureusement, d'en être ainsi: les *dortoirs* des gens, si je puis m'exprimer ainsi, sont extrêmement mal tenus, très-sales et très-*odoriférants*. Je dis *dortoir* pour ne pas employer un mot qui pourrait blesser quelques susceptibilités et que les chasseurs à meute connaissent tous très-bien.

Si les hommes sont aussi mal logés qu'ils le sont bien à Kazan, élèves et ouvriers, par contre la demeure des animaux est assez confortable, l'aménagement des lieux semble rationnel; la nature du pavage du sol et ses pentes ont l'air de répondre à toutes les exigences de l'hygiène; l'aération paraît suffisante. Mais, hélas! si on interroge les faits, on est bien vite désillusionné. En ce moment, par exemple, si on désire voir le beau bétail dont il a été tant parlé dans ces derniers temps, on apprend qu'une partie en est exilée à la première station du chemin de fer, près de Moscou, et on voit le restant dispersé et expirant dans tous les coins des étables et des boxes, voire même dans les écuries!

Qu'est ce donc que ce fléau qui frappe ainsi un troupeau réputé et désormais abandonné à la garde d'un vacher ignorant, mais complaisant au moins, un des deux seuls individus que nous ayons rencontrés dans ce désert à portée de canon de la ville? Ce fléau, c'est la *péripneumonie épizootique* ou la pleuropneumonie, comme on voudra l'appeler ; c'est-à-dire cette maladie contre laquelle tous les traitements curatifs ont à peu près échoué jusqu'à ce jour, mais pour laquelle on a trouvé un moyen *préservatif* aussi efficace que la vaccine contre la petite vérole, soit une véritable vaccine aussi, que tout le monde connaît aujourd'hui en Occident sous le nom d'*inoculation* du gros bétail.

Je ne savais pas, quand j'ai parlé ici pour la première fois de ce procédé préventif, *infaillible* ou à peu près pour moi, que je verrais un jour un aussi triste exemple que celui dont je parle, et cela dans des conditions si opposées à ce qu'on serait en droit d'attendre d'un établissement comme celui dont il s'agit.

Ce qui m'a paru plus triste encore que le spectacle affligeant de ces débris d'un beau troupeau agonisant dans tous les coins de la ferme, c'est la manière dont le vétérinaire de l'établissement comprend les choses. Questionné par nous sur les motifs qui pouvaient l'empêcher d'inoculer le bétail confié à ses soins, il nous a répondu purement et simplement qu'il ne savait presque pas ce que c'était que l'inoculation, et qu'il s'en souciait fort peu d'ailleurs, puisque, par suite du traitement qu'il aurait déjà fait suivre au troupeau, il n'avait perdu que 30 vaches sur 60 du premier coup! Les 30 autres étaient bien, il est vrai, atteintes de nouveau, mais il comptait bien, nous assurait-il, en sauver cette fois encore au moins la moitié!

Je ne relève pas tout ce qu'il y a à relever dans ces faits, je veux me borner à les citer; ils portent avec eux leurs enseignements, et n'ont pas besoin par conséquent de commentaires.

J'ajouterai cependant que, contrairement à la bonne opinion que le vétérinaire en question semble avoir de son traitement, il ne sauvera même pas les cinquante pour cent sur lesquels il compte. S'il désire savoir une des raisons sur lesquelles je me fonde pour parler ainsi, je me contenterai de lui dire, et cela devra lui suffire, qu'on ne traite pas la pleuropneumonie en laissant les malades dans le local où la maladie a pris naissance, soit à cause de la contagion si on y croit, soit à cause des vices connus ou inconnus de l'habitation.

Enfin, même dans ces mauvaises conditions, on ne met pas des sétons pectoraux longs à peine comme le doigt, animés ou non, alors qu'il y a de la matité dans l'un des poumons du malade, et que depuis trois jours déjà la rumination ne se fait plus convenablement!

Mais, me dira-t-on, comment se fait-il que des choses de ce genre puissent se passer sous les yeux d'une Société agronomique comme celle de Moscou, qui a, paraît-il, un secrétaire perpétuel qui doit être très-expert dans ses fonctions, si on en juge par le long temps d'exercice qu'il a et par la réputation sans aucun doute très-méritée qui l'entoure, avec plus ou moins de contestations jalouses ou impartiales, je ne sais.

A cela je ne répondrai rien, pour la raison très-simple que, malgré tous mes efforts, je n'ai pas pu obtenir directement les renseignements que j'avais grand désir de recevoir, et personne, jusqu'à ce jour, n'a songé à me les offrir. C'est peut-être parce qu'ils ne sont pas bons... Quoi qu'il en soit, s'ils me parviennent jamais, je les ferai connaître; en attendant, je me contenterai de la constation des faits et je dirai en conséquence : *Il est* HONTEUX, pour un établissement d'intérêt général comme celui dont je parle, d'avoir à sa disposition le moyen d'enseigner au pays la manière de se préserver des ravages de la péripneumonie, et de n'en rien faire !

Si on voulait arguer d'ignorance, je dirais d'abord que ce serait là une bien triste et bien trop mauvaise raison, car tout ce qui concerne l'inoculation est connu aujourd'hui de tout le monde. D'ailleurs, j'ai vu à la bibliothèque de l'université de Moscou même toutes les publications françaises dont on peut avoir besoin pour se guider dans la méthode opératoire de l'inoculation. Il n'y a donc qu'à vouloir pour pouvoir.

Quand même on ne se servirait que du procédé du docteur Willems, qui est bien inférieur à celui du docteur de Saive, c'est vrai, et bien moins sûr, mais plus connu ; quand même, dis-je, on se bornerait à cela, on serait au moins à peu près assuré de *préserver à tout jamais* de la maladie les quatre-vingt-quinze centièmes au moins des bêtes inoculées, c'est-à-dire piquées simplement sous la queue avec une lancette trempée dans du virus fraîchement pris dans les poumons d'une bête récemment morte de la pleuropneumonie.

Si j'avais trouvé le moindre représentant du directeur de la Société d'agriculture, lors de ma visite, faite exprès à l'improviste, je l'avoue, afin de mieux voir les choses, comme c'est dans mes habitudes, je me serais fait un vrai plaisir de donner pratiquement les indications suffisantes pour inoculer d'après la méthode de Saive, la meilleure de toutes, et que je connais très-particulièrement ; mais, je le répète, je n'ai rencontré que le vacher et le chef des ateliers des machines. Peut-être serai-je plus heureux l'un de ces jours en visitant la section vétérinaire de l'école de médecine de Saint-Pétersbourg... C'est ce que je verrai bientôt.

Je viens de dire que j'avais rencontré le chef des ateliers de construction des machines. Ici j'ai plutôt à louer qu'à blâmer ; à part un manque à peu près complet d'organisation rationnelle, à laquelle je vois qu'il faut décidément renoncer en Russie en matière de machines, j'ai été très-satisfait des instruments qui se fabriquent à la ferme.

Les matériaux qui sont employés sont *d'excellente qualité*, et je n'hésite pas à affirmer qu'en général on doit être extrêmement satisfait des acquisitions qu'on fait à cette fabrique.

Si une chose m'étonne, c'est que les propriétaires russes ne mettent pas plus souvent à contribution les magasins de cette ferme. C'est peut-être parce qu'ils sont d'origine russe... Quoi qu'il en soit, je déclare y avoir vu notamment des *scarificateurs* à cinq dents au prix très-raisonnable de 13 roubles; une charrue *défonceuse* (Кротъ) au prix modeste de 5 roubles 50 c. Pour la culture des racines, on ne peut rien désirer de meilleur; chaque propriétaire devrait en avoir.

J'ai beaucoup remarqué aussi un parfait *hache-paille;* il n'y en a pas de meilleur ni en France, ni en Angleterre, ni en Belgique, et cependant son prix est plus que raisonnable : 50 roubles; c'est très-peu pour son excellentissime qualité et sa rusticité.

Je ne citerai pas les autres machines sur lesquelles j'ai pris des notes; il me faudrait plus de place que je n'en ai. Je dirai seulement que l'agriculture russe a de bien meilleures choses à prendre là que chez M. Boutenop de Moscou, où les machines sont généralement trop *compliquées* et *trop chères* pour ce pays-ci.

Si l'occasion s'en présente, je dirai, l'un de ces jours, combien je trouve peu appropriées aux besoins de la Russie la plupart des machines étrangères que j'ai vu essayer samedi dernier chez M. Boutenop, à la porte Rouge. Les locomobiles, les batteuses divisant les grains en plusieurs catégories de qualités, *parfaites en elles-mêmes*, je dois le reconnaître, ne conviennent pas du tout, à mon avis du moins, aux exploitations agricoles de la Russie.

Quant aux moissonneuses, elles ne peuvent ménager que les

plus cruelles déceptions à ceux qui les achèteront avant qu'elles soient rendues plus pratiques qu'elles ne le sont aujourd'hui.

Mais revenons à notre ferme de Moscou, et disons: il y a là d'excellents éléments, mais on ne paraît pas savoir s'en servir. A quoi cela tient-il? c'est ce que je ne sais pas encore, mais j'espère le savoir bientôt.

J'ai parlé de l'infirmerie vétérinaire qui est aux portes de la ferme, et j'ai dit qu'il y aurait quelque chose de bien à faire en combinant d'une certaine manière les deux établissements; j'expliquerai ma manière de voir à ce sujet, si je puis me procurer des renseignements qui me font défaut aujourd'hui. En attendant, je répète qu'il est très à regretter que la ferme en question soit laissée dans l'état où je l'ai vue, presque abandonnée, avec des bâtiments d'été délabrés et des *étables vides,* par suite d'une mortalité qu'il eût été pourtant si facile d'éviter, tout en donnant un bon exemple au pays.

J'aurais bien à désirer plus d'ordre aussi et plus de méthode pour la disposition des machines fabriquées et des modèles, une force motrice meilleure que celle qu'on a à sa disposition, avec un manége qui, loin d'être parfait, n'est pas même suffisant; mais il me faudrait alors entrer dans beaucoup trop d'autres détails du même ordre. Il suffit de voir seulement les dessins de manéges qui sont dans le *Matériel agricole,* pour se convaincre de la distance qu'il y a entre le manége à parapluie de la ferme et ceux dont on se sert aujourd'hui à peu près partout en Occident. Je renvoie à ce même ouvrage également pour ce que j'aurais pu dire de l'excellente charrue sous-sol et des services qu'on doit en attendre en Russie. Le *Matériel agricole* fait partie de la *Bibliothèque des chemins de fer,* éditée par la maison Hachette de Paris, et je sais qu'on le trouve à la librairie Dufour, à Saint-Pétersbourg, et à celle de Krogh, successeur d'Urbain, à Moscou. On verra, là aussi, les remarquables services qu'on peut demander aux scarificateurs pareils à ceux que la ferme construit dans d'excellentes conditions.

Je recommande également les machines à battre de cet établissement ; elles sont très-rustiques (¹), c'est bien plus ce genre-là qu'il faut à la Russie que les coûteuses machines anglaises importées par M. Boutenop, toutes très-compliquées d'ailleurs et de très-difficile RÉPARATION, ce qui est capital dans ce pays-ci. Enfin elles sont si peu *transportables* dans les chemins comme ceux que je viens de parcourir, que je ne comprends même pas qu'on en ait essayé l'introduction sur une certaine échelle.

Je reviendrai avec détails sur la ferme de Moscou, dans l'ouvrage que je publierai sur mon voyage ; je serais bien aise d'apprendre d'ici là que cet établissement s'est amélioré convenablement. C'est un devoir pour la Société d'agriculture de ne rien patronner qui ne soit digne d'elle ; il y a donc tout lieu d'espérer que ses membres ne toléreront pas plus longtemps un pareil état de choses. Je le désire et le souhaite vivement pour elle.

(¹) J'ai vu de très-bonnes machines à battre chez M. Wilson de Moscou qui m'a paru mériter d'être encouragé dans sa partie.

A. J.

XXXIV.

L'agriculture à la ville. — Prix du topinambour sur le marché de Moscou.

Je me félicite chaque jour de plus en plus d'avoir commencé mes études sur la Russie agricole en m'enfonçant tout d'abord autant que je l'ai pu dans l'intérieur, non pas qu'il n'y ait dans les villes d'importants documents à recueillir, mais bien parce que ces documents n'acquièrent leur véritable importance qu'alors seulement qu'on peut les comparer entre eux et remonter pour ainsi dire chaque fois que besoin est à la source d'où ils proviennent.

Une autre raison milite encore en faveur de cette manière de faire : c'est que dans les villes on peut se rendre parfaitement compte de la question des débouchés intérieurs, et quand on connaît déjà celle des moyens de communication on peut faire ses calculs en conséquence.

Enfin on rencontre à la ville un plus grand nombre de propriétaires qu'à la campagne. Ce n'est pas très-heureux pour le pays, mais enfin c'est comme cela.

On y trouve surtout cette catégorie particulière de propriétaires qui ne songe qu'à une seule chose, à manger son revenu quand elle ne va pas au delà. Plus rarement on en voit qui font des économies ; c'est la très-petite exception ; cependant y en a-t-il encore quelques-uns.

Quoi qu'il en soit, rien n'est plus curieux à observer et à étudier que cette majorité des villes qui ne sait pas le premier mot de ce qui se passe à la campagne et qui néanmoins pérore sur toutes choses comme s'il s'agissait de juger une simple question locale de théâtre ou de promenade publique, ou encore de politique générale, ce qui est aussi une des manières non moins grotesques de messieurs ces citadins-là.

Mais ce qui me semble surtout très-grave en ceci, c'est que cette même majorité a, de plus, la prétention de trancher dans les cas les plus capitaux comme dans celui par exemple dont la solution est ajournée, dit-on, au moins de novembre de l'année prochaine.

Il y a plus encore si c'est possible. Qu'un propriétaire mieux avisé et plus sensé que les autres s'occupe lui-même un peu activement de ses biens, aussitôt on le voit en butte presque aux railleries des désœuvrés. On ne croit pas au bon fonctionnement de sa machine nouvelle, à la qualité de ses fromages façon Gruyère, au rendement de ses champs dès qu'ils ne sont pas cultivés et fumés comme les autres. Bref c'est une véritable comédie humaine ; mais malheureusement elle se joue, suivant moi, sur le bord d'un volcan.

Je ne sais pas si je publierai bientôt les curieuses études que j'ai faites sur la vie de ce genre de propriétaire des villes, soit chez lui, soit au club, soit au théâtre, partout enfin où on le rencontre, depuis la table à manger jusqu'à la table de jeu. Je m'y déciderai sans doute un de ces moments, à cause de la relation plus intime qu'on ne le pense qu'il y a entre ces petits morceaux de carton qu'on pousse les uns après les autres sur ce tapis vert maculé de chiffres blancs et les intérêts agricoles du pays tout entier! Mais il faudra pour cela entrer dans un autre ordre d'idées que celui que j'ai suivi jusqu'à présent. Je resterai donc dans mon sujet primitif, tout terre-à-terre qu'il soit, jusqu'à ce que je l'aie épuisé relativement.

Et tout d'abord, je dirai qu'à Moscou j'ai trouvé la preuve que les avantages dont j'ai parlé dans un de mes précédents articles, en ce qui concerne les topinambours, ne doivent pas être considérés comme ayant été le moindrement exagérés, ainsi que quelques personnes l'ont cru à ce qu'il paraît. En effet, en visitant un des principaux marchés de la ville pour connaître les prix courants de chaque chose, j'ai découvert que non-seulement la *poire de terre* a tous les mérites que je lui ai attribués pour l'intérieur des exploitations, mais encore qu'elle en a un qui est loin d'être à dédaigner pour l'exportation locale, quant à présent du moins.

Chez tous les marchands dont j'ai visité les réserves jusqu'au fond des cours les plus sombres et les plus enfumées, je n'en ai pas trouvé à moins de 4 roubles et demi à 5 roubles argent le tcheverik, soit 40 roubles le tchetvert.

J'ai voulu pousser les choses plus loin afin d'être bien sûr de mon fait ; j'ai offert de vendre au lieu d'acheter ; on m'a résolûment proposé de passer marché pour une quantité importante au prix de 3 roubles et demi, et jusqu'à 4 roubles le tchetverik !

Qu'on juge par là de ce que rendrait en argent une déciatine de topinambour, si on se rappelle les rendements possibles que j'ai indiqués.

En cas de ventes en gros de ce genre, il y aurait à prendre des précautions pendant le transport, car rien n'est plus sensible à la gelée que le topinambour dès qu'il est hors de terre.

Pour ne laisser aucun doute sur le fait que j'annonce et en raison aussi de l'importance que j'attache à cette partie de mon sujet, je citerai l'un des marchands qui m'a proposé l'achat dont il s'agit ici ; il demeure place du Marché, n° 8, à Moscou, et son nom est Anofréef.

Si j'insiste tant et si je reviens avec tant de complaisance sur ce sujet, c'est que j'aurai encore à m'appuyer sur ces détails quand je parlerai de la fabrication des eaux-de-vie de topinambour.

On voit déjà d'ici ce que pourrait donner au propriétaire le produit d'une déciatine de tubercule, qui, étant distillé, lui procurerait un résidu excellent pour son bétail et une eau-de-vie parfaite, qui lui serait payée en ce moment 80 copecks le védro dans le gouvernement de Moscou, 81 dans celui de Tambow, et 86 dans celui de Pétersbourg, où le topinambour viendrait admirablement.

Quand je traiterai de ce sujet, si je puis le faire comme je l'entends, autrement je m'abstiendrai, j'entrerai dans tous les détails de cette immense production qui se termine par une non moins immense mais désolante consommation, à 3 et 4 roubles le védro, d'un produit qui a été payé par ce que je viens de dire, et qui, tel qu'on le vend dans les kabaks, coûte la bourse et la vie, ce n'est que trop vrai, à tant de pauvres diables qui finissent pour la plupart d'une mort affreuse, précédée de *delirium tremens*, soit chez eux, soit sur les chemins, soit à l'hôpital.

Quand j'en serai là, je dirai les remarques que j'ai faites à ce sujet en visitant les salles de dissection de la faculté de médecine à l'université de Moscou; elles ne seront peut-être pas dépourvues d'intérêt au point de vue hygiénique.

Il me faut maintenant répondre à plusieurs objections qu'on a bien voulu me faire depuis que je suis arrivé de l'intérieur.

Il est très-difficile, me dit-on, de suivre pratiquement une partie des conseils que je donne.

Je suis bien aise d'avoir cette occasion de dire une fois pour toutes que je n'ai ni la volonté ni même l'intention de donner des conseils. Je ne me crois pas assez d'autorité pour cela, ni assez de connaissances approfondies du pays.

Je cause sur ce que j'ai vu, je fais part de mes réflexions, et voilà tout.

Peut-être cela contribuera-t-il à attirer l'attention et la discussion sur un sujet qui n'avait pas été du tout abordé jusqu'à ce jour.

Peut-être cela contribuera-t-il à faire voir à ceux qui ne savaient même pas que l'agriculture existait ou pouvait exister comme science et comme pratique en même temps, qu'ils étaient plus gravement dans l'erreur qu'ils ne pouvaient le penser.

Peut-être enfin, de l'ensemble du choc des idées qui seront émises de part et d'autre à ce sujet, résultera-t-il un peu plus de cet esprit particulier qui fait tant défaut en Russie et dont parlait si bien la lettre d'un des abonnés du *Journal de Saint-Pétersbourg* à propos d'un article du *Journal des Débats*, je crois.

S'il en était ainsi, je n'aurais rien de plus à désirer, car je crois qu'alors j'aurais contribué pour ma toute petite part à semer une graine qui, tôt ou tard, portera certainement ses fruits.

Ceci posé, pour éviter toute équivoque sur l'appréciation de mes faits et gestes, j'en reviens à l'idée première, celle de l'application de quelques idées que j'ai pu émettre sur le progrès dont l'agriculture russe est susceptible.

Dans l'état actuel des choses, dit-on, il n'y a pas possibilité de tenter n'importe quelle réforme, d'entreprendre n'importe quelle amélioration.

A ceci je répondrai par des faits :

La Russie possède tous les genres d'exemples pratiques qu'elle peut désirer.

Elle a des propriétaires qui ont essayé avec succès l'application du matériel agricole perfectionné dans leurs propres domaines; je citerai sous ce rapport M. le prince Léon Gagarine, qui, dans son bien de Tambow, a importé six machines à moissonner, une machine à battre et une locomobile. Il assure être parfaitement satisfait de ses acquisitions; c'est ce que je me propose de constater par moi-même l'année prochaine si je puis; je cite donc uniquement sous caution, mais la caution est bonne, et cependant je fais toutes mes réserves pour les moissonneuses surtout.

Le fils de M. Poltaratsky, c'est-à-dire le petit-fils d'un des premiers et des meilleurs agronomes que la Russie ait eus, si j'en crois la renommée, a appliqué sur ses terres de Kalouga, à 12 verstes de la ville, je crois, le *travail payé* en substitution du travail à la *corvée*, et il s'en trouve admirablement bien.

Je n'ai pas vérifié, j'en conviens, mais M. Poltaratzky fils est entré avec moi dans des détails techniques tellement intimes et tellement étendus ; il m'a semblé d'ailleurs avoir tellement le feu sacré du métier, que je crois volontiers par avance tout ce qu'il m'a dit à ce sujet ; au surplus, j'en aurai la preuve par moi-même un de ces jours, je l'espère du moins.

Comme produit d'une vacherie, il me semble difficile de faire mieux que ne fait M. le prince Galitzine, à 180 verstes de Moscou. Cependant, grâce à une organisation intelligente qui date déjà de loin, il produit jusqu'à 2,500 pouds de *fromage de Gruyère* par an, dans de telles conditions, que son lait lui est payé, par sa propre industrie, à raison de 36 copeks ([1]) le védro ; c'est presque aussi cher qu'aux environs de Paris, où bien des fermiers ne vendent pas plus de 10 à 12 centimes le litre aux laitiers en gros.

([1]) Ce qui me prouve que ce produit est excellent c'est que je retrouve à l'instant une note qui m'a été remise en Suisse par un propriétaire de l'Oberland qui était venu faire sa fortune en Russie en fabricant des fromages de Gruyère dans le gouvernement de Smolensk. Il était si satisfait des rapports qu'il avait eus qu'il était tout disposé à revenir ici établir ses fils, et c'est à ce propos qu'il m'a remis le résumé des conditions auxquelles il consentirait à refaire le voyage. Je copie textuellement :

1º Il faudrait qu'on s'engageât à lui fournir environ 12,000 védros de lait par an du 1er mai au 13 octobre.
Il paierait ce lait à raison de 25 copeks argent le védro.

2º Il faudrait le loger et arranger une laiterie et une fromagerie à sa convenance où il fut libre et chauffé.

3º Il faudrait lui fournir trois domestiques dont l'un pourrait être une femme.

Je sais bien qu'il y a des ventes à 17 et 20 centimes, soit un maximum de 2 fr. 40 cent. le védro ; mettons une moyenne de 50 copeks si l'on veut, mais ce ne sera encore là que l'exception.

Je pourrais bien encore citer des exemples qui me sont particulièrement connus jusque dans le gouvernement d'Orembourg ; mais ceux qui précèdent me suffisent pour prouver que dès l'instant qu'on a pu faire mieux qu'on ne fait en général, il n'y a rien à attendre pour se mettre à l'œuvre.

Quels que soient les événements que l'avenir réserve, ils ne peuvent, en effet, en aucun cas faire que les progrès accomplis ne soient des progrès. Voilà pourquoi, suivant moi, du moins, il n'y a aucune espèce de raison pour qu'on ne se mette pas à l'œuvre tout de suite si on le peut.

Qu'on me dise que c'est précisément cette question de *pouvoir* qui tient le plus les choses en suspens ; oh ! alors, je le comprendrai, puisque le nerf de toutes choses, c'est-à-dire le *capital*, fait défaut ; mais alors aussi je répondrai ceci : c'est une raison de plus pour faire les plus grands efforts possibles, car l'inaction ne peut amener que des ruines partielles, et celles-ci un malaise, sinon une ruine générale.

On me citait tout dernièrement le fait signalé dans les publications de l'administration russe des paysans de la Couronne qui, avec un rendement de quatre pour un avaient été obligés d'acheter des quantités considérables de grains pour combler leur déficit (5 millions de tchetvertes je crois), le *quatrième grain pour un* ne pouvant pas suffire à la subsistance de

4° Il paierait le lait qui lui serait fourni
moitié le 1ᵉʳ janvier,
moitié le 1ᵉʳ mai.

5° A moins d'un engagement de 10 à 12,000 védros, il ne paierait pas le lait plus de 20 à 23 copeks le védro.

6° En cas de traité plus important, il déposerait telle somme qu'on voudrait d'avance jusqu'à concurrence de la valeur d'une année en garantie de l'exécution de son traité.

l'homme, si mal nourri qu'il puisse être. Eh bien, d'après les mêmes statistiques officielles, la production moyenne de toute la Russie n'est guère plus élevée. N'est-ce donc pas assez dire quel est le remède si le mal est là?

Oui, *le remède est bien dans la seule agriculture*, il n'y a qu'elle qui, progressant sous les efforts incessants de l'initiative privée, aidée de l'administration, quand besoin sera, puisse faire que la Russie ne soit plus ce qu'elle est : un vaste pays foncièrement plus riche que tout autre pays au monde, et où cependant les hommes et les animaux ne sont pas nourris à leur suffisance. Aussi, tant qu'il en sera ainsi, les uns et les autres ne donneront-ils qu'un travail qui sera ce qu'il est aujourd'hui, insuffisant pour la généralité des besoins, et menacé sans cesse d'être encore diminué par des éventualités terribles.

XXXV.

Encore la ferme de la Société d'agriculture de Moscou. — A propos de mon itinéraire pour l'année prochaine. — Le musée des industries nationales russes de M. Kokorew. — Matières fertilisantes perdues aux abattoirs de Moscou.

Depuis ma récente visite à la ferme de la Société d'agriculture de Moscou, j'ai obtenu par hasard un renseignement qui me donne la clef de bien des choses. Je dis par hasard, parce qu'il m'a été impossible, jusqu'à présent, de rencontrer à qui parler parmi les membres de ce que nous appelons le *bureau* d'une société.

Le président, m'a-t-on dit, fait ce qu'il peut avec un grand zèle et un grand désir du bien, mais enfin il ne peut pas aller au delà. Quant aux membres, ils sont divisés, à ce qu'il paraît, en deux camps. Les uns soutiennent le *Journal* que publie la société, les autres prétendent qu'il s'occupe de sujets étrangers à sa spécialité.

Mais ce à quoi je crois, c'est que l'état dans lequel j'ai trouvé la ferme tient à ce que la société en abandonne la direction à la seule condition d'en partager les revenus, et non à la condition qu'on fera tout ce qu'il faut, coûte que coûte, pour que sa marche ne laisse rien à désirer.

Il résulte de ceci une chose élémentaire à prévoir, c'est que plus la part qui revient ou reviendra au directeur est forte, plus il en est ou en sera satisfait; par conséquent, il conduira toujours son exploitation comme le font les fermiers dans tous les pays du monde; il cherchera à retirer le plus grand revenu possible, et comme la société touche ou touchera autant que lui, plus le rapport sera grand, plus on sera content de part et d'autre.

Si j'avais su cela plus tôt, j'aurais fait mes observations en conséquence, puisqu'on ne peut pas exiger d'une ferme pure et simple tout ce qu'on est en droit de demander à une sorte de ferme-modèle d'intérêt public.

Cela est si vrai, qu'en général les fermes-écoles proprement dites coûtent toujours beaucoup plus qu'elles ne rapportent; je n'en excepte pas même notre très-excellente *ferme impériale de* GRIGNON, si l'on veut bien relever les comptes depuis sa fondation jusqu'à ce jour.

Mais si elles coûtent aux associations qui les patronnent et qui les dirigent, elles leur font au moins *honneur*, témoin Grignon, dont je viens de parler, qui a été fondé par une *société d'agronomes* libres, qui n'a d'abord rien rapporté du tout, mais qui, dans les dernières années, a rendu près de 9 p. 100 d'intérêt, et qui a doté la France de quinze cents jeunes agronomes au moins.

Grignon a de plus reçu près de 45,000 *visiteurs* qui ont profité plus ou moins des enseignements qu'on y rencontre à chaque pas, et sa fabrique a expédié dans tout l'univers plus de 18,000 machines de tous genres, qui ont été pour la plupart des modèles, non pas tous très-parfaits, mais au moins toujours meilleurs que ce qu'ils étaient appelés à remplacer.

Voilà ce que j'avais cru rencontrer à la ferme de la Société d'agriculture de Moscou, mais dès l'instant que le but principal est plutôt de retirer un revenu que de donner des exemples, je n'ai plus rien à dire, je retire toutes les critiques que j'ai pu faire, et je ne perdrai même pas mon temps à démontrer, qu'à mon sens, ce n'est pas ainsi qu'une grande Société comme celle de Moscou devrait agir pour rendre des services à l'agriculture de son pays.

Pour les mêmes raisons, je m'explique maintenant l'insuccès relatif des essais de moissonneuses qui ont été faits sur ladite ferme ; je ne comprenais pas d'abord qu'on eût pu y trouver des champs tellement engagés de mauvaises herbes que les machines, au nombre de quatre, ne pouvaient pas bien y fonctionner dans les conditions où on les avaient mises ; mais il y a peut-être des exploitations en Russie où il y a bénéfice à laisser une terre s'engager d'herbe, peut-être était-ce le cas ici. Personne n'a rien à voir à cela, je le répète, puisqu'une *ferme de rapport* principalement ne peut pas être considérée comme une ferme d'instruction publique, si je puis m'exprimer ainsi. Bien que, cependant, plus une ferme de ce genre rapporterait tout en remplissant son programme, et mieux cela vaudrait, ce n'est pas contestable.

Mais en voilà assez sur ce sujet, dès l'instant qu'il est circonscrit dans les limites que je viens de dire. On m'assure d'ailleurs que le directeur actuel de la ferme est un homme entendu et qu'il saura bien réparer le temps et l'argent perdus. Je l'apprendrai avec plaisir. Dans ces conditions, je ne parlerai plus de la ferme que si j'ai l'occasion d'y faire des expériences sur *l'inoculation,* l'un de ces jours, comme j'ai déclaré être prêt à en faire quand on voudrait ; cela ne tardera peut-être pas. J'en serais bien aise, et je ferais connaître alors le résultat de ces premiers essais ici. Je compte d'ailleurs les renouveler à Saint-Pétersbourg.

En attendant, je dois rectifier un fait qui vient de m'être signalé à l'instant. On croit, m'assure-t-on, que j'ai déjà mon itinéraire tout tracé pour la seconde excursion que je me propose d'entreprendre au printemps de l'année prochaine.

A ceci je n'ai qu'une chose à répondre, c'est que pour agir ainsi il faudrait ne pas plus connaître par soi-même l'intérieur de la Russie que je ne le connaissais alors que de Moscou, en quittant le chemin de fer, je traçais sur la carte un itinéraire qui a été publié dans le *Journal de Saint-Pétersbourg*, et que bien certainement je comptais dans ce moment-là pouvoir suivre de point en point.

Maintenant que je connais les chemins, je me garderais bien de faire aucun projet définitif.

Il n'y a pas de volonté qui puisse lutter contre des obstacles matériels comme ceux qu'on rencontre dans les chemins russes, avec leurs ornières, leurs *ponts* petits et grands, et leurs interminables chaussées en bois ronds, à fleur de sol, ou à fleur d'eau dans les *tunders*, dans les bois et même en plaine.

Je me bornerai donc à prendre de simples engagements conditionnels, comme je l'ai déjà fait, et j'adopterai, quand il sera temps de partir, le parcours qui me paraîtra le plus instructif en même temps que le plus commode. Tout ce qui a été ou qui pourrait être dit en sens opposé à ce qui précède est et sera aussi controuvé que les mille suppositions dont j'ai déjà été honoré personnellement sur les causes et sur le but de mon voyage, d'après ce que j'apprends chaque jour par les personnes avec lesquelles j'ai le plaisir de causer agriculture,

Ceci répondant à plusieurs demandes auxquelles il m'a été impossible de donner suite par correspondance, jusqu'à ce jour du moins, je reprends maintenant mon rôle de narrateur.

J'ai visité ces jours-ci, en compagnie d'un économiste aussi savant que modeste, M. Babst, professeur à l'université de Moscou, le *commencement du musée des industries russes* que M. Kokorew se propose de former dans une maison isolée qui fait face à sa maison d'habitation ; l'idée m'a paru très-heureuse, et je fais des vœux pour qu'elle soit complétement exécutée.

J'ai vu là des choses qui m'ont étonné autant par leur bon marché que par leur qualité : des faux à 37, 45 et 60 kopeks, faites dans le gouvernement de Tver, des faucilles à 10 kopeks, des forces à tondre les moutons à 20 kopeks, des haches à 24 kopeks, des ferrements de bêche à 25 kopeks.

Dans la division du gouvernement de Vologda, j'ai vu de magnifiques *lins* dont la valeur estimative n'est portée cependant qu'à 2 et 3 roubles le poud, ce qui m'a prouvé une fois de plus que le capital qui s'engagerait dans cette industrie sur une grande échelle, réaliserait sûrement des bénéfices énormes ; j'ai vu là aussi de la peaucerie qui peut rivaliser avec celle de bien des pays en réputation, et plusieurs autres échantillons très-intéressants des industries agricoles russes, comme il serait bien agréable et bien utile de pouvoir les étudier réunis tous ensemble, ainsi que M. Kokorew a le projet de le faire.

Je m'étonne qu'une bonne pensée comme celle-là n'ait pas été plus encouragée qu'elle ne l'a été, puisqu'on lui a même contesté le titre *national*, si vrai cependant, qui lui avait déjà été donné. Mais que M. Kokorew ne se décourage pas pour si peu ; *s'il achève son œuvre*, il aura fait quelque chose d'utile pour son pays, ce sera en même temps on ne peut plus agréable pour ceux qui veulent l'étudier sérieusement. Malheureusement pour moi, je n'ai encore vu que les premiers commencements, mais cela m'a suffi pour avoir une idée de la chose et pour m'en faire vivement désirer l'achèvement.

C'est dans l'industrie basée sur l'agriculture que se trouve l'avenir de la Russie ; il n'y a que par cette voie qu'on arrivera un jour à exporter plus qu'on importe. Si on n'y arrivait bientôt, on ne pourrait que marcher à une ruine certaine, puisque aucun pays ne peut indéfiniment importer plus qu'il n'exporte ; c'est élémentaire.

En visitant les abattoirs de Moscou, j'ai été très-surpris de la quantité de matière fertilisante qu'on y laissait perdre et dont cependant l'agriculture des environs aurait le plus grand besoin. (¹)

(¹) Dans des villes comme Moscou et St-Pétersbourg il faudrait un abattoir central autour duquel se trouveraient des ateliers-modèles dans lesquels la matière animale serait travaillée. De cette façon, à St-Pétersbourg par exemple, où on tue 100,000 bêtes bovines

Je ne parle pas aujourd'hui de ces établissements comme aménagement ni comme hygiène ; ils laissent tout à désirer sous ces deux rapports. Je dis seulement qu'une société qui se formerait pour tirer parti de tout ce qui s'y perd pourrait rendre service aux cultivateurs voisins tout en n'y perdant pas son temps, au contraire.

J'aurais autant de confiance dans une petite société de ce genre que dans toutes celles dont j'entends parler à chaque instant depuis que je suis en Russie, où tout ce que je vois à ce sujet me rappelle l'époque fiévreuse des sociétés par actions en France, alors que quelques fripons adroits et audacieux ont su faire tant de dupes à leur propre et privé profit.

Mais ceci est un grave sujet auquel je n'ai pas le temps de toucher autrement que comme je le fais en ce moment, c'est-à-dire en passant.

par an, on aurait des usines qui seraient dans les meilleures conditions possibles, puisque tout se trouverait sur place. On réunirait ainsi sous la même main: tannerie, suiferie, fabrique de stéarine et de chandelle, fabrique de cordes à boyaux, d'huile de pieds de bœuf, de colle ou de gélatine, de noir animal, d'albumine, tisserie des poils, engrais concentrés et animalisés, une draperie et tout enfin ce qu'on peut faire avec ce qu'on appelle les déchets d'une bête abattue. Ce serait aux municipalités des grandes villes à encourager ce genre d'industrie qui, pour être instructive pour le pays, devrait avant tout être productive pour celui ou ceux qui en tenteraient l'entreprise.

XXXVI.

Des plantes qu'il conviendrait le plus d'acclimater ou de propager en Russie. — Céréales.

On m'a demandé bien des fois, sur ma route, de donner des renseignements sur les plantes qui, à mon avis, conviendraient le mieux à la Russie et qu'il serait bon, par conséquent, d'y importer ou d'y propager. J'ai répondu quelquefois verbalement, quand je le pouvais et quand je voyais que cela suffisait pour satisfaire un simple sentiment de curiosité passagère, ce qui a été le cas le plus fréquent, — je regrette d'avoir à le dire.

Plus rarement j'ai donné des notes écrites, mais bien incomplètes, comme on peut en donner en voyage, — de mémoire.

Depuis lors, je me suis trouvé en rapport avec de sérieux amateurs de progrès agricole, et ils sont rares ici, je dois l'avouer; par conséquent, j'ai fait avec plaisir pour eux, sur ce même sujet, un petit résumé de souvenir, mais à tête reposée, et c'est lui que je viens communiquer aujourd'hui au *Journal de St-Pétersbourg*, en manière de réponse à toutes les demandes auxquelles je n'ai pas toujours pu donner la suite que j'aurais désiré.

Comme tous les questionneurs dont il s'agit sont des abonnés sans exception, je ferai ainsi une grande économie de temps en répondant à tous à la fois.

Enfin il y a encore une autre considération que je ne dois pas taire non plus, c'est que pour coordonner ensemble les divers articles que je vous ai envoyés, il me fallait faire tout exprès un chapitre récapitulatif très-sommaire sur le même sujet, alors que je rassemblerai lesdits articles en volume; ce qui va suivre en servira.

La brièveté des notes que je vais consigner ici me permettra de ne pas craindre quelques répétitions, comme il est impossible de les éviter quand on n'a pas tout ce qu'on a écrit sous les yeux ; mais ce petit inconvénient disparaitra dans mon ouvrage.

En collationnant, j'élaguerai ce qui devra l'être et j'ajouterai là où il faudra ajouter.

Il m'arrivera aussi d'avoir quelques écarts de chiffres dans les indications des quantités de semences à employer notamment; mais outre que ces écarts ne pourront jamais être importants, je les corrigerai néanmoins avec le plus grand soin sur les épreuves dès que je serai de retour à Saint-Pétersbourg, c'est-à-dire fin novembre ou au commencement de décembre à peu près sûrement, après un séjour qui aura duré plus que je ne l'avais pensé d'abord à Moscou.

Ceci posé, j'entre immédiatement en matière.

Parmi les plantes dont je serais disposé à conseiller l'introduction en Russie à titre d'essai en petit avant tout, sauf à procéder plus en grand la seconde ou la troisième année, je signalerai notamment les suivantes; pour l'avoine (овесь):

La grosse *avoine noire de Brie*, qui est très-productive et qui me paraîtrait singulièrement préférable à la mauvaise avoine blanche que j'ai rencontrée partout, excepté à Moscou. En cas d'insuccès possibles je voudrais voir essayer la variété dite *joanette*, qui est extrêmement précoce et que j'estime assez, bien qu'elle soit un peu sujette à s'égrainer. Pour cette raison, on lui préfère souvent la *hâtive d'Etampes*, qui a également le GRAIN NOIR, et se sème, comme les autres, au printemps, à raison de 10 à 15 tchetvériks par déciatine.

Pour le blé froment (Пшеница) :

Les *blés blancs* de Hongrie et de Bergues, qui conviennent surtout aux *bonnes terres*, devraient venir en Russie. Le premier dégénère difficilement, le second est très-productif et il est extrêmement favorable à l'œil pour la vente ; on sait d'ailleurs que sa farine est fort belle.

Le blé *chiddam* est dans le même cas que les précédents pour les bonnes terres.

Ces trois variétés conviendraient à merveille aux *tchernozèmes*, et elles y donneraient des rendements inconnus jusqu'à présent en quantité et en qualité, tout du moins partout où j'ai été. Ce sont aussi des *blés sans barbe*, lesquels, à mon sens, sont infiniment préférables aux blés barbus, surtout pour les battages à la machine.

Les blés à grain jaune du *Mesnil-Saint-Firmin*, créés par notre collègue et ami M. Bazin, comme variété bien entendu, et les *hickling*, conviendraient aussi beaucoup à la Russie comme blés d'*automne*.

Comme blé de *printemps*, le blé *talavera* de Bellevue, celui du *Cap*, le *pictet* et le *carré de Sicile* rendraient des services ; le premier est très-productif quand on peut le semer de bonne heure ; le dernier est extrêmement hâtif.

Le *Saumur de mars* devrait bien s'acclimater aussi. Je recommanderai particulièrement le *blé bleu,* dit de *Noé,* qui se sème chez nous jusqu'en mars. C'est une des variétés des plus hâtives et les plus productives que je connaisse.

Je signalerai enfin le *red chaff Dantzick* comme étant remarquable par la qualité et par la quantité de ses produits. Toutes ces variétés se sèment à peu près à la volée, à raison de 10 à 15 tchetvériks par déciatine ; avec une machine spéciale, c'est-à-dire avec un semoir à lignes, il n'en faudrait que 8 à 10, et même moins. Mais je ne crois pas que la Russie soit appelée de sitôt à se servir de ces machines-là, à moins toutefois qu'on n'en fabrique de meilleures et de moins difficiles à mener que celles qui ont été faites jusqu'à ce jour, même en Angleterre, où le semoir est très-répandu, parce qu'il y a des ouvriers tant qu'on en veut pour les conduire et pour les réparer quand besoin est, conditions essentielles qui ne se rencontreront pas de longtemps dans ce pays-ci.

J'abandonne avec regret la *richelle* blanche de Naples, mais comme elle est déjà délicate pour le nord de la France, il n'y a guère d'espoir qu'elle convienne ici.

J'ai dit ma pensée sur les blés barbus et sur les semoirs; cependant, pour les premiers, j'excepte le blé de mars rouge, qui est très-hâtif, et pour les seconds, les semoirs dits à la *volée*, comme M. le prince Léon Gagarine en a. Il en est très-content, m'a-t-il dit, et je le crois; j'ai recueilli le même témoignage de la part de plusieurs propriétaires dont les noms m'échappent en ce moment, mais peu importe. Le fait est que le semoir à la volée peut rendre des services; je crois me rappeler que M. Poltaratzky fils en est également on ne peut plus satisfait.

Je borne ici mes appréciations sur les blés, j'en reparlerai peut-être quand j'aurai vu des échantillons nouvellement importés qui doivent m'être montrés ces jours-ci, et qui sont déjà semés en Russie depuis plusieurs campagnes, par un jeune propriétaire qui a passé deux ans à notre ferme impériale de Grignon. Le maïs (*zéa maïs*) devrait jouer en Russie un rôle qu'il est loin de remplir, je ne vois pas du tout pourquoi: le *quarantain* mûrit très-vite, l'*improved king Philip* est aussi précoce et ils donnent tous les deux d'excellents rendements en grain contre une semaille de un tchetvérik par déciatine, culture en ligne, ou de 3 tchetvériks à la volée.

Le maïs devrait être une culture de prédilection en Russie, dans le midi surtout, puisque son grain convient à tous les animaux aussi bien qu'à l'homme, et que de plus il donne le plus excellent fourrage vert qu'on puisse désirer après celui du sorgho.

J'ai déjà dit que *l'orge chevalier* (Ячмень Двурядный) avec son gros grain et son *écorce fine*, était très-productive, les brasseurs en font le plus grand cas; avec cette variété au moins, on pourrait compter sur des bières qui ne sentiraient pas le kwass comme presque toutes les bières russes. Je ne fais exception à cet égard qu'en faveur de la bière qui se vend 20 copeks à Moscou, laquelle est réellement excellente et meilleure à mon sens que celle de 30 copeks.

Parmi tous les millets que j'ai vus je n'ai pas trouvé une seule variété recommandable. Le *moha de Hongrie* (Мохарь) serait cependant bien préférable à toutes, quand ce ne serait qu'à cause de sa qualité, si précieuse pour la Russie, de pouvoir résister à la sécheresse, ce fléau des cultures de tous genres contre lequel on ne fait absolument rien, alors cependant que le seul emploi de la petite charrue fouilleuse ou sous-sol pourrait rendre tant de services !

Mais que faire contre l'apathie des propriétaires à cet égard ? Je finis par ne pas être en état de le dire moi-même, puisqu'on sait combien cette petite charrue — qui ne coûte que quelques roubles — peut rendre de services en *atténuant* autant que possible les effets de la sécheresse, et que cependant c'est à peine si elle est connue dans les neuf dixièmes des gouvernements de l'intérieur, alors que c'est par *milliers* qu'elle devrait se rencontrer partout.

Mais revenons à mon sujet. Le *sarrasin* (Греча) qu'on sème généralement n'est pas celui qui conviendrait le mieux; je lui préférerais de beaucoup la variété dite *argentée*, dont le grain est excellent et qui donnerait un gruau bien supérieur à celui qui se consomme en si grande quantité par le Russe de toutes les classes. Je sais bien que le sarrasin de Tartarie (*polygonum tataricum*) est moins sensible au froid, plus ramifié, plus hâtif même, mais son grain est notablement inférieur.

Il n'y a guère que pour le sarrasin, je dis ceci en passant, que je reconnais l'utilité des avines.

Les seigles russes (Рожь) laissent peu à désirer ; cependant la variété dite de *St-Jean*, ou seigle *multicaule*, si répandue en Allemagne, mériterait de l'être davantage qu'elle ne l'est en Russie, dans les parties que j'ai visitées tout du moins; car, une fois pour toutes, je ne parle que de celles-là.

Parmi les cultures céréales — les seules dont je veuille m'occuper dans cet article aujourd'hui, — il en est une sur laquelle je dois appeler tout particulièrement l'attention : c'est celle du *sorgho* à balai et du sorgho à sucre, sinon pour la production du grain, je ne suis pas éclairé à cet égard, mais tout au moins pour celle du fourrage.

Le sorgho a balai *(holcus sorghum)* est, dans ma pensée, une plante aussi méconnue que le topinambour. Malheureusement je ne suis pas très-certain qu'elle pourrait rendre ici les mêmes services, si ce n'est comme *fourrage* vert seulement.

Il est de fait qu'il faut à chaque instant compter, en Russie, avec un climat qui nous est inconnu en Occident, et sur lequel, par conséquent, on ne sait pas toujours exactement ce qu'on doit dire.

Que faire, par exemple, avec un sol qui est constamment gelé à deux archines de profondeur? Cette circonstance permet-elle de mettre à profit la qualité si précieuse du topinambour, qui est d'être indestructible par la gelée? C'est ce que je verrai bientôt par moi-même, si le temps cesse d'être aussi clément qu'en France, comme il l'a été jusqu'à la fin de notre mois de novembre. En attendant cette vérification ou du moins cette confirmation de ce qu'on m'a assuré à cet égard, disons ce que nous savons et ce que nous pensons du *sorgho sucré*, connu encore sous le nom de *canne à sucre du nord de la Chine*.

Le sorgho sucré *(holcus saccharatus)*, Сoрo сахарное, ne viendra peut-être à graine que dans le midi de la Russie, mais partout, ou à peu près, il réussira comme fourrage vert, et à ce seul titre il mériterait d'attirer l'attention des propriétaires, puisque la prairie artificielle est malheureusement inconnue en Russie. Le sorgho sucré donne un aliment de première qualité pour les animaux domestiques, et il a fallu toute la légèreté dont nous sommes capables en France pour accueillir les bruits qui se sont répandus sur les prétendues facultés nuisibles du sorgho mangé comme fourrage vert.

Non-seulement le sorgho mérite d'être cultivé comme fourrage, mais encore il est assuré du succès à peu près partout où croît la betterave, sinon pour la fabrication du sucre, — cette question n'est pas encore résolue pratiquement, — au moins pour celle de l'*eau-de-vie*. Pour ce genre de culture, dix livres de graines suffisent pour une déciatine.

Si on veut du fourrage, il faut en semer vingt-cinq livres, mais dans l'un ou l'autre cas on peut dire que jamais plante n'a payé plus largement les frais qu'on a faits pour elle. Je ne parle même pas, à propos du sorgho, de la propriété tinctoriale qui a été trouvée dans sa graine même; je veux me borner aux cas cités plus haut, et je dis que, dans ces conditions, le sorgho est appelé à rendre de grands services à la Russie, malgré sa très-grande sensibilité à la gelée dans les débuts et à la fin de sa croissance.

Je n'ai voulu parler, pour cette fois, que des plantes de la famille des céréales, et j'ai même dû, tout en me limitant ainsi, être très-bref sur celles que j'ai citées, tout en regrettant de ne pouvoir mentionner toutes celles dont j'aurais voulu parler un peu plus longuement que je ne fais ici.

Je crois, par exemple, que l'ALPISTE (канареечное сѣмя, *phalaris canariensis*) réussirait encore très-bien comme fourrage et comme plante à *gruau*. Le CORACAN d'Abyssinie *(eleusine coracana)*, *tsada d'agossa*, pourrait encore être essayé dans les mêmes conditions avec quelques chances de succès.

Le midi de la Russie devrait aussi essayer dans le même but

le POA, qui est très-employé dans certaines contrées de l'Afrique pour la nourriture de l'homme.

Les riz ne conviennent pas à ces pays-ci, ou tout au moins ils exigeraient plus de soin qu'on ne peut en donner avec la main-d'œuvre dont on dispose actuellement, qu'il s'agisse du riz irrigué et baigné ou même du riz sec tant préconisé.

XXXVII.

Moyen à employer contre la mortalité du bétail russe. — Vétérinaires cantonaux par cotisation et par abonnement.

Parmi les sujets sur lesquels j'ai promis de revenir dans mes précédents articles, on m'a signalé ce que j'ai appelé l'*abonnement vétérinaire*. J'ai toujours été bien heureux quand j'ai rencontré ainsi sur ma route quelques-uns de vos plus attentifs lecteurs, car, indépendamment des engagements qu'ils m'ont rappelés, ils m'ont fourni l'occasion de me renseigner sur les hommes et sur les choses des localités dans lesquelles j'ai été retenu si longtemps par le mauvais état incroyable des chemins.

Quoi qu'il en soit, je n'ai pas eu autrement à m'en plaindre sous ce rapport, puisque j'ai pu employer assez bien le temps passé dans chacune de mes stations forcées. Aujourd'hui j'utiliserai les notes que j'ai prises pendant mon séjour à l'une des dernières, en abordant à nouveau la question sur laquelle on a appelé mon attention alors.

J'ai dit assez ma pensée sur l'importance que j'attache à l'élément vétérinaire dans un pays comme celui-ci, pour qu'il ne soit plus nécessaire d'y revenir. Personne ne contestera, j'en suis certain, que le manque de *médecins vétérinaires* est une des choses que la Russie doit le plus regretter.

Mais les regrets ne suffisent pas dans les cas comme celui-là. Il s'agit, en effet, comme je l'ai déjà dit, de porter remède au mal, et j'ai par avance indiqué un des premiers moyens qu'il y ait à employer: celui de la création d'*écoles vétérinaires*, ou plutôt d'*écoles d'économie rurale* sur les bases et pour les raisons que j'ai dites.

Quand j'ai parlé de ces écoles, j'ai dit qu'il ne suffisait pas de faire des vétérinaires, mais qu'il fallait encore savoir s'en servir utilement, et c'est alors que j'ai parlé sommairement des abonnements. Je m'explique maintenant.

Dans un pays comme la Russie, le gouvernement aura beau faire les efforts les plus grands, il ne parviendra pas, avant bien des années du moins, peut-être même jamais, à former un nombre de vétérinaires suffisant pour qu'il y en ait partout où il faudrait qu'il y en eût, c'est-à-dire dans les *campagnes,* où, en définitive, se trouve principalement le bétail.

Il est hors de doute que bien des années encore après la création d'une école d'économie rurale, si on se borne à faire ce qui se fait en Occident, il arrivera ce qui est arrivé, ce qui arrive encore et ce qui arrivera toujours, tant qu'on ne prendra pas les mesures que nous allons indiquer; il arrivera, dis-je, que les meilleurs sujets resteront dans les grandes villes où se trouve la clientèle riche, agréable à fréquenter, fructueuse comme produit; là où la vie est commode, les relations *instructives*, le confortable possible et la viabilité des environs assez passable.

Après ce premier triage qui se fait naturellement par la force des choses, a lieu celui des natures qui ont du goût pour la carrière militaire; ceux-là se font *vétérinaires de régiment.* Il y aurait beaucoup à dire sur ce sujet, mais je m'abstiens; je me borne à constater qu'il y a là une seconde cause, très-notable elle-même, qui contribue singulièrement aussi à éclaircir les rangs si peu nombreux déjà des vétérinaires qui veulent bien vivre à la campagne.

Reste enfin la catégorie de ceux qui consentent à aller dans les villes de moyenne importance.

On voit d'ici maintenant ce qui revient aux campagnes! Rien ou à peu près, et cela dans tous les pays du monde. En Russie, dans ces mêmes conditions, il n'en resterait *pas un seul*, et, par conséquent, le but que le gouvernement se serait proposé ne serait pas du tout atteint.

Que faire donc pour éviter la désertion absolue des campagnes par l'homme de l'art qui a tant de services à y rendre?

Il faut créer des vétérinaires de circonscription, de district si l'on veut, comme il y a des médecins.

Il faut que ces vétérinaires soient astreints à des *tournées d'inspection*; que partout où besoin est, ils accompagnent les représentants de l'autorité, comme des légistes spéciaux accompagnent les agents qui sont chargés d'ouvrir des enquêtes.

Il faut enfin — j'aurais dû commencer par là — créer *tout d'abord* une véritable *police sanitaire*, puissante, active et *intéressée* au succès de son action incessante, non pas comme agent de l'État, mais comme représentant direct des intérêts privés de tous. C'est ici que j'arrive au système d'abonnement dont il s'agit.

Dans un pays comme la Russie, ce qu'il y a le plus à éviter à mon sens, c'est la création de nouveaux employés. Je ne dis rien pour cela ni en bien ni en mal de ceux qui existent, ce n'est pas mon affaire; je me borne à connaître et à constater qu'il ne me semble pas utile d'en augmenter le nombre.

Mais si les vétérinaires dont nous parlons ne sont pas employés par le gouvernement, ils ne seront pas payés par lui non plus. Qui donc, me demandera-t-on alors, rémunérera leur savoir et leurs peines? Rien de plus simple par le système dont je veux parler. On les fera payer par les parties qui sont le plus directement intéressées à obtenir leurs services, c'est-à-dire par les propriétaires des animaux domestiques.

A cet effet, chacun d'eux, quand ils auront un nombre assez notable de bêtes, ou des groupes d'un nombre déterminé de têtes appartenant à plusieurs, payeront, à titre de prime d'abonnement, une somme de . . . qui sera fixe d'une part et éventuelle de l'autre, en ce qu'elle aura de subordonné à la mortalité. Toutes les deux seront perçues de la manière ordinaire en Russie.

N'est-ce pas ainsi que tout se paye à peu près dans ce pays-ci, pour lequel la méthode d'abonnement semble faite tout exprès?

N'est-ce pas d'ailleurs la méthode la plus sage, la plus équitable, la plus juste et la plus sûre?

Je le demande à ceux qui ont voyagé en Angleterre: y a-t-il un pays au monde où les routes soient mieux tenues qu'elles ne le sont dans toute l'étendue de ce riche royaume? Et qui est-ce qui paye l'entretien des dites routes? N'est-ce pas celui qui les use? Et par quel procédé paye-t-il ce qu'il doit payer? N'est-ce pas par celui de la *cotisation* combinée avec celui de *l'abonnement?*

Dans presque tous les chemins de fer aujourd'hui, n'y a-t-il pas quelque chose d'analogue encore: la cotisation qui est payée par le premier venu chaque fois qu'il a besoin de voyager, et celle qui est payée une fois seulement tous les ans ou à vie par celui qui voyage souvent et qui prend ce qu'on appelle une carte d'abonnement? Eh bien, c'est quelque chose d'analogue que je propose pour la Russie le jour où elle aura des vétérinaires. L'intervention de l'autorité ne sera nécessaire que dans les débuts et comme intermédiaire seulement.

Qu'on fasse donc tout d'abord des circonscriptions, qu'on fasse ensuite le calcul du bétail qui s'y trouve, et qu'on fixe un prix d'abonnement par groupe de tant de têtes, savoir: *tant* par tête d'une manière fixe et *tant* comme éventuel, c'est-à-dire par rapport à la mortalité, peu quand il y aura beaucoup de morts et beaucoup relativement quand il y en aura moins.

Qu'on vienne dire ensuite à un vétérinaire : « Voici une liste de clients auxquels nous vous imposons, à charge par vous de visiter souvent le bétail de chacun d'eux.

« Votre premier devoir sera de chercher à PRÉVENIR les maladies en conseillant d'abord l'application des règles de l'hygiène et en nous prévenant quand on ne voudra pas se conformer à vos avis.

« Votre second devoir sera de soigner le bétail quand vous n'aurez pas pu l'empêcher d'être malade.

« En échange de ces services quotidiens et réguliers à l'égard des tournées réglementaires, l'État vous garantit un *minimum* de cotisation qui vous permettra, quoi qu'il arrive, de vivre très-honorablement et de satisfaire aux obligations de votre position sociale ; votre savoir et votre mérite personnels feront le reste. »

Voilà positivement ce qu'il faudrait à la Russie, et pour commencer à entrer dans cette voie, il faudrait faire comme on a déjà fait en France, assimiler le vétérinaire du régiment (¹) à

(¹) J'ai, au sujet des vétérinaires militaires en Russie, tout un plan d'organisation dont l'exécution serait, suivant moi, de la plus haute importance. J'entrerai dans quelques détails si l'occasion s'en présente bientôt. En attendant je dirai que je voudrais voir les vétérinaires militaires chargés, comme ils le sont en France, de faire des cours de maréchalerie pratique aux soldats qui ont déjà un peu d'expérience dans le métier.

Je voudrais plus, je voudrais que dans chaque régiment on apprît aux hommes qui en manifesteraient le désir et qui feraient preuve d'une certaine aptitude, non-seulement la maréchalerie, mais encore un peu d'art vétérinaire. Je voudrais, en un mot, qu'on fît des sortes de vrais maréchaux-experts qu'on renverrait ensuite dans leurs villages en attendant que les écoles, si on les fonde, pussent suffire aux besoins.

En disant, par exemple, que tous ceux qui se montreront capables et subiront convenablement des examens spéciaux seraient libérés du service, à charge par eux d'exercer leur art dans leurs villages respectifs, on aurait autant de candidats qu'on le voudrait.

tous les degrés de la hiérarchie, de façon que, suivant le talent et le dévouement dont il ferait preuve, il pût avoir de l'avancement comme le premier officier venu qui se distingue dans son grade.

Partout ces choses-là ont de l'importance, et en Russie plus que partout ailleurs peut-être. Pourquoi donc se priverait-on d'un moyen d'action aussi puissant que celui-là, quand surtout il est on ne peut plus juste, on ne peut plus équitable sous tous les rapports?

Dans ces conditions-là, c'est-à-dire avec l'appui officiel de l'autorité pour la perception des abonnements qu'elle garantirait et avec une position plus élevée qu'elle ne l'est aujourd'hui dans l'armée, laquelle aurait alors son contre-coup dans la carrière civile, le vétérinaire aurait tout ce qu'il lui faudrait pour rendre les services qu'on serait alors en droit d'attendre de lui : vie matérielle et considération assurées, c'est-à-dire tout ce qu'il est raisonnable de désirer, quelque exigeant qu'on soit.

Je crois avoir indiqué le moyen, certain pour moi, et le seul à mon avis, d'avoir de bons vétérinaires dans les campagnes ; je vais plus loin maintenant, et je dis : le jour où l'on voudra avoir des écoles vétérinaires, le même moyen pourra servir, j'en ai la conviction profonde. J'ai trop vu de près, en effet, ce que le propriétaire de bétail a à souffrir par suite du manque de vétérinaires, pour douter un instant que si un appel était fait à la propriété foncière pour lui demander de se cotiser volontairement dans le but de créer une école d'économie rurale et de la doter ensuite, je ne doute pas, dis-je, qu'en peu de

Enfin je voudrais qu'on fît encore quelque chose d'analogue pour les ouvriers bourreliers. Nulle part au monde les chevaux de service ordinaire ne sont plus mal harnachés qu'ici, nulle part le cuir n'est plus mal employé. Mais, je le répète, je consacrerai un article spécial à ces deux sujets, tellement j'ai la conviction qu'ils en valent la peine.

temps, même avec les préoccupations actuelles, on obtienne autant d'argent qu'il en faudrait.

Et d'ailleurs, quel que soit le moyen qu'on emploie pour mettre la Russie à l'abri de la mortalité qui frappe quotidiennement son bétail, *jamais* ce moyen ne coûtera autant qu'il rapportera, ou tout au moins que les pertes qu'il évitera.

Je ne sais pas si personne a su, même approximativement, pour quelle somme d'argent il meurt de bétail chaque année dans tout l'Empire, mais je garantirais bien, d'après le peu que j'ai vu, que cette somme suffirait largement pour payer ce que coûtent toutes les écoles vétérinaires et tous les vétérinaires du monde entier! Qu'on juge, d'après cela, de l'importance qu'a à mes yeux le sujet dont il est question ici. Cette estimation servira du reste à justifier l'insistance que j'ai mise en y revenant plusieurs fois déjà. Cela tient, après tout, à ce que je suis tellement pénétré de ce que je viens d'en dire que je voudrais faire partager ma manière de voir à tout le monde.

Si j'avais jamais pu garder quelques doutes sur l'abandon dans lequel se trouve le bétail russe par rapport aux soins dont il s'agit, j'aurais pu ce jour même juger par comparaison : ainsi j'ai vu un médecin venir dans le village où je suis pour un enfant nouveau-né qui était malade. Je me suis fait rendre compte du prix de revient de cette visite à cinquante-deux verstes de distance seulement de la ville habitée par le docteur. Eh bien, elle a coûté cinquante roubles argent, tout compris! Le chemin et le prix des chevaux de transport eussent été les mêmes pour un vétérinaire qui serait venu exprès aussi, s'il eût été appelé par quelqu'un.

N'est-il pas évident, pour quiconque connaît ce pays, qu'en général, dans ces conditions-là et même dans des conditions moins onéreuses, on préférera, 90 fois sur 100, laisser mourir les animaux que de faire de pareils frais pour eux? J'ai connu plusieurs exemples de ce genre. Et ce matin même, j'ai vu un paysan venir de plusieurs verstes demander les services d'un empirique de haras particulier. Il s'agissait d'une quarantaine de vaches qui sont malades dans un même village.

D'après ce qu'on m'en a dit, il y a des bêtes qui meurent dans les trois jours. C'est peut-être le *tchouma* qui fait son apparition dans la contrée, et dont il serait alors possible de triompher. Eh bien, quoi que ce puisse être, on vient chercher tout simplement une sorte de palefrenier qui n'a jamais vu que des chevaux, et encore est-ce *parce qu'il ne coûtera rien* aux paysans qu'on réclame ses services. Pendant ce temps, le mal peut faire des progrès, envahir les localités voisines, et ce qui eût été possible avec le système d'abonnement devient impossible aujourd'hui ; car, en supposant qu'il fût possible d'avoir un vétérinaire au même prix que le médecin dont je viens de parler, jamais il n'y aura assez d'accord entre les petits propriétaires pour arriver à faire volontairement la somme nécessaire, faute de laquelle cependant il périra peut-être assez de bétail pour nourrir abondamment cet hiver tous les loups du district. Je n'exagère rien. Demain je visiterai le bétail en question, et si je puis en parler sans indiscrétion, je vous dirai exactement ce qu'il en est.

P. S. J'apprends à l'instant qu'il s'agit d'une maladie essentiellement épidémique, la *péripneumonie*. Malheureusement pour mes études, je compte pouvoir bientôt partir[1]; je ne pourrai donc pas suivre le mal, je le regrette d'autant plus que j'aurais été très à même de pratiquer l'*inoculation* dans de bonnes conditions. Je serai peut-être à même de l'expérimenter

---

[1] Pendant mon séjour à Moscou, on n'a pu me présenter qu'UN SEUL poumon, et encore ce poumon provenait-il d'une vache qui n'était pas morte de la péripneumonie.

à la section vétérinaire de l'académie de médecine de St-Pétersbourg ; c'est ce que je saurai bientôt. (¹)

(¹) J'ai visité cet établissement deux fois déjà et j'y ai trouvé ce que je désirais comme renseignement, grâce à l'obligeance de son directeur M. le professeur Prosoroff. Il m'a mis notamment en rapport avec M. Langhenbasch, vétérinaire étranger, qui a bien voulu me conduire à Serghi chez M. Stobéus dans les étables duquel il avait *inoculé* 19 vaches et un taureau depuis 12 jours. Je compte suivre ces expériences et celles qu'on a également promis de me faire voir dans les environs. Quand j'aurai bien pu juger du résultat je rendrai compte de ce que j'aurai vu dans le *Journal de St-Pétersbourg*, où je continuerai mes correspondances comme par le passé, soit de France, soit de l'intérieur de la Russie quand j'y serai.

XXXVIII.

Les plantes dont il conviendrait d'importer ou de propager la culture. Les plantes fourragères.

(DEUXIÈME ARTICLE.)

Tout ce que nous appelons en France, je peux même dire en Occident, *plantes fourragères*, n'existe pour ainsi dire pas en Russie, et cependant ce sont celles dont elle a peut-être le plus impérieux besoin pour empêcher son bétail de périr des maladies qu'engendre la *faim* dont il souffre, à bien peu de chose près, d'un bout de l'année à l'autre. Aussi ne suis-je pas du tout étonné quand je vois les documents officiels les plus récents accuser pour une année non encore écoulée une mortalité de *un million six cent mille têtes de bétail*, et c'est peut-être bien *trois millions* qu'il faudrait dire?

Quoi qu'il en soit, voyons quelles sont les *plantes fourragères* qui devraient le plus être cultivées.

Je parle d'abord de la betterave, свекловица *(beta vulgaris)*, parce qu'il n'y a aucun doute à son égard. De toutes les variétés qu'on peut choisir, ce sont toutes celles qui conviennent le mieux pour la fabrication du sucre qui nourrissent le mieux le bétail. Mon beau-père, M. Decrombecque, cultivateur-sucrier et distillateur à Lens (Pas-de-Calais), a fait à ce sujet, dans le cours de sa longue et brillante pratique, des expériences qui ne peuvent laisser aucun doute.

Il est absolument impossible de rien préciser sur la valeur relative des espèces qui sont les plus estimées, il n'y a que des expériences faites ici sur place qui puissent décider, et je n'ai connaissance d'aucune, n'ayant pas encore visité les localités où les fabriques de sucre ont répandu la culture de cette précieuse racine.

Je ne citerai donc que par prévision, pour ainsi dire, les variétés que nous aimons le plus et qui me semblent devoir le mieux réussir ici ; ce sont : la *betterave blanche* à *collet vert* ou de *Silésie*, ou à *collet rose*, les meilleurs de toutes pour le bétail ; la race dite de *Magdebourg*, très-recherchée des sucriers ; la *jaune globe* et la *jaune d'Allemagne*; enfin la *jaune des barres*, qui tient le milieu entre ces deux dernières.

Voilà pour les bêtes à cornes. Pour les chevaux, rien ne peut remplacer la *carotte*, морковъ, (DAUCUS *carota*), et aucun pays n'a plus besoin que la Russie de cette précieuse culture qui donne de si excellents et si abondants produits.

Je sais bien que la question de conservation pendant l'hiver ne laisse pas que de présenter quelques difficultés, mais ce n'est réellement là qu'un détail relatif ; puisque cette difficulté est bien vaincue pour la betterave employée chaque année depuis longtemps déjà par les sucriers, elle peut l'être d'une manière analogue pour la carotte et pour toutes les autres plantes dites *racines fourrages*.

Il y a beaucoup d'excellentes variétés parmi lesquelles je recommanderai la rouge et surtout la *blanche à collet vert*, la première pour les terres peu profondes, et la seconde pour les terrains à couches arables plus épaisses. La *rouge longue ordinaire* et la *pâle* de Flandre conviennent comme étant de très-bonne garde, mais c'est la SAUVAGE *améliorée* sur laquelle j'appellerai le plus particulièrement l'attention. Il y en a de rouges et de jaunâtres, toutes ont un gros collet qui facilite l'arrachage ;

ceci n'est pas sans importance dans la pratique. Mais l'essentiel, c'est que cette variété est *peu délicate*, très-résistante aux intempéries et notamment à la SÉCHERESSE, surtout quand elle est semée sur un sol défoncé à la *fouilleuse*, ne fût-ce même que par un seul trait tiré derrière et dans le rayon tracé par la charrue ordinaire.

Je résumerai ultérieurement dans un tableau synoptique les quantités de semences qu'il faut employer pour toutes les plantes dont je parlerai dans la série d'études que j'ai commencée avec mon précédent article, cela me sera plus commode que d'entrer dans les détails chaque fois ; je mettrai en regard les rendements, les poids et tout ce qui peut intéresser l'agronome ; je dis ceci en réponse à des demandes qui m'ont été adressées à ce sujet.

Cette manière de faire est plus commode pour le genre de rédaction auquel on doit s'astreindre quand on écrit comme je le fais, soit entre deux excursions locales, soit entre deux ou plusieurs voyages fatigants, et tous les voyages sont très-fatigants dans ce pays-ci, en dehors du *traînage*, dont je n'ai pas encore eu occasion de profiter convenablement.

Parmi les plantes fourragères sur la bonne venue desquelles il ne peut y avoir aucun doute, il faut citer le chou (Капуста рыганка), dont on fait un si *monstrueux usage* dans le régime alimentaire des hommes en Russie.

Je sais bien que la grande quantité de soufre que contient ce crucifère et ses qualités propres rendent leur genre spécial de service à la santé particulière du Russe ; mais, en échange, il détermine des productions gazeuses si abondantes que je m'étonne d'en voir l'usage si répandu dans certaine classe de la société. Enfin, cela nous importe peu quant au bétail. Je voudrais donc voir cultiver exprès pour lui notre gros chou *cabu* ou *pommé*, dit aussi chou *quintal*, à cause de son poids énorme (*brassica obracea capitata*).

Le chou *cavalier*, encore appelé *chou à vache*, conviendrait très-bien aussi ; il est moins sensible au froid que tous les autres.

Je crois que notre *chou branchu du Poitou* ou *chou à mille têtes (brassica acephala)* donnerait de bons produits, car il est extrêmement fourrageux.

Enfin il y a le *chou de Daubenton*, qui résiste parfaitement aux rigueurs de l'hiver. Le *chou vert frisé grand du nord* lui est peut-être encore supérieur à ce point de vue, ainsi que la *variété rouge*, qui est, je crois, encore plus rustique.

Toutes ces espèces ne sont absolument pas cultivées pour les animaux, et c'est cependant ce qu'on devrait d'autant plus faire qu'en cas de pénurie il y aurait là de grandes ressources pour les hommes.

Tous les *choux-raves* et les *choux-navets* (Брюква рыганка), présentent les mêmes avantages relatifs que les précédents et devraient, à ce titre, être cultivés plus qu'ils ne le sont ; j'en dis autant du petit navet et surtout du fameux *rutabaga ;* on devrait en avoir partout, tandis qu'on en rencontre à peine ; c'est très-fâcheux.

Je ne dirai rien de la *pomme de terre* (Картофель), si ce n'est que j'en voudrais voir davantage encore qu'il n'y en a. Mais je sais les difficultés qu'on a eues pour la propager, et j'espère que les efforts qui ont été faits porteront un jour ou l'autre leurs fruits.

C'est cette pensée d'avenir qui soutient surtout chaque fois qu'on parle un peu d'innovations. Malgré toutes mes réserves à ce sujet, toute ma prudence en tout ce qui concerne les nouveautés, et ici presque tout est nouveauté sitôt qu'on sort des trois champs, je sais qu'on n'en dira pas moins que mes idées peuvent être bonnes, mais qu'elles ne sont pas pratiques ; c'est l'usage. On en a dit autant à ceux qui ont parlé les premiers de la pomme de terre, qui, heureusement, a tout de même fait son chemin.

Il faut le temps à tout.

Je ne me fais donc aucune illusion à cet égard, en ce qui me regarde personnellement; je m'attends à toutes les objections de ce genre, et je ne répondrai à toutes qu'une seule chose. C'est qu'il n'y a pas une idée émise par moi dans ces colonnes qui ne soit essentiellement pratique le jour où elle sera comprise et épousée, pour ainsi dire, par quelqu'un qui voudra et qui pourra la mettre à exécution.

J'ai déjà dit d'ailleurs que j'étais prêt à le prouver, si l'occasion s'en présentait jamais à ma convenance; je maintiens ma parole.

Ce n'est, au surplus, que pour cette catégorie d'hommes-là que j'écris, celle des hommes qui veulent surtout, parce qu'ils voient clair dans l'avenir, et non pas pour les oisifs, les indolents et les paresseux comme il y en a tant et qui trouvent plus commode de laisser aller les choses sans se préoccuper du lendemain. C'est encore moins, on le comprend d'avance, pour les ignorants ou pour les personnes étrangères aux matières dont je m'occupe. C'est assez dire que je ne me méprends pas sur le très-petit nombre des propriétaires sérieux qui me restent comme lecteurs désireux de progrès. C'est néanmoins pour eux seuls, si restreint qu'en soit le cercle, que j'écris aujourd'hui, et puisque je me surprends parlant à mon public, comme on dit, je lui répéterai encore une fois: Ne croyez pas un mot de tous les projets qu'on me prête; je suis un simple touriste spécialiste, racontant ses impressions, rien de plus, et pour le moment je ne veux pas être autre chose. Par conséquent, je me réserve entièrement et absolument l'avenir, j'en reste maître, quoi qu'on ait pu dire d'engagements personnels qui ont tous été, je le répète, formellement *conditionnels*, et qui resteront tels jusqu'aux avant-derniers instants de mon séjour à St-Pétersbourg, époque à laquelle ils pourront devenir peut-être bien définitifs.

Je viens de dire à peu près tout ce que je voulais dire sur

les fourrages-racines ou leurs anologues, je passerai plus rapidement sur les autres, bien qu'ils aient leur très-grande importance à eux tous seuls.

En tête, par exemple, je place la LUZERNE, Люцерна (MEDICAGO *sativa*), pour la propagation de laquelle on ne saurait trop faire.

La luzerne doit être un jour le *pain quotidien* du bétail.

Je m'étonne donc de la timidité des tentatives qui ont été faites jusqu'à présent sur cette merveilleuse plante. La variété dite *de Suède (M. folcata)*, желтый Буркунъ, conviendrait peut-être mieux à cause de la manière dont elle résiste dans les terres sèches. La *lupuline* ferait merveille dans un pays comme celui-ci, qui devrait avoir au moins *cent millions de moutons*. Pourquoi ne les a-t-il pas? C'est ce que je rechercherai un autre jour, si je puis.

Qui peut aussi s'opposer à la propagation du TRÈFLE, Клеврь, (TRIFOLIUM *pratense*)? C'est à peine si on en rencontre quelques champs, et encore ne sont-ce que des essais. C'est incroyable!

Il y a, en fait de trèfles, toutes les variétés qui peuvent convenir aux différents sols de la Russie:

Le *sauvage des prés* ou *cowgrass* des *Anglais*, Красная Кашка, qui est très-durable et qui vient à peu près partout, comme le *blanc (T. repens)* Бѣлоголовка ;

Le trèfle d'alsike ou hybride *(T. hybridum)*, Свѣтлебей, qui s'accommode très-bien des terrains froids et humides;

L'*élégant (T. elegans)*, qui se contente de terres pauvres argilo-siliceuses;

Et enfin le fameux *trèfle* INCARNAT, Пунцовый Клеверъ, ou *farouche*, ou trèfle du *Roussillon (T. incarnatum)*, qui vient partout où le calcaire ne domine pas trop.

C'est le contraire pour le *sainfoin*, Эспарсетъ, (HEDYSARUM *onobrychis*), appelé encore *bourgogne* ou *esparcette*. Le sainfoin aime beaucoup le sol calcaire. C'est bien une des meilleures ressources que je connaisse, seulement je n'ai pu avoir aucun renseignement sur la manière dont il supporte l'hiver russe.

Il y a maintenant toute la série de ce que nous appelons chez nous des *bisailles*, c'est-à-dire des plantes dont les pigeons bisets ou voyageurs aiment les grains, et qui, à elle seule, mériterait un article spécial. J'ai bien vu çà et là sur mon passage quelques champs de diverses espèces qui entrent dans la composition de ce groupe, mais sur une si petite échelle que c'est à peine si on doit en tenir compte.

Notre *gesse* cultivée, ou *lentille d'Espagne*, Нѣмецкій горохъ (LATHYRUS *sativus*) viendrait très-bien dans les terres saines. La *jarosse*, Угласный горохъ *(L. cicera)* pousse partout; si elle échauffe un peu les chevaux, elle est sans pareille l'hiver, à la bergerie, pour les moutons.

La *lentille*, Чечевица (ERVUM *ervilia*) n'est pas appréciée ici comme elle mériterait de l'être, d'après le peu que j'en ai vu. Je ne crois même pas que notre variété d'Auvergne soit connue *(E. monanthos, E. — vicia-monantha)*. Et cependant, dans les immenses terrains pauvres et sablonneux des gouvernements du nord, elle viendrait à merveille et rendrait d'immenses services.

Le *lotier* cornicule, Лапаный Горошкъ (LOTUS *corniculatus*), qui vient jusque dans les sables des dunes, conviendrait tout particulièrement à la Russie, à cause de la manière héroïque dont il résiste à la sécheresse.

Pour les terrains secs et graveleux, comme j'en ai rencontré beaucoup et comme j'en vois encore d'assez grandes étendues sur la carte du ministère des domaines, rien ne serait comparable au LUPIN *blanc*, Люпинъ (LUPINUS *albus*). Le LUPIN *jaune* conviendrait peut-être encore mieux, parce qu'il est moins difficile et qu'il mûrit ses graines dans toutes les contrées de l'Allemagne. C'est de là que M. le comte de Gourcy en a rapporté la graine en France, où les essais ont été si heureusement concluants. Là où rien n'avait pu venir jusqu'à ce jour, on a obtenu des récoltes admirables.

Le LUPIN *jaune* est appelé, suivant moi, à faire un jour une véritable révolution en Russie, partout où le sol est pauvre et dépourvu de calcaire. Cette dernière condition est rigueur.

Je ne puis plus maintenant que citer des noms pour terminer la revue de la série de plantes que j'ai voulu embrasser dans cet article. — Je fais des réserves en faveur des plantes suivantes, qu'on devrait chercher à propager en Russie, comme plantes fourragères: la CHICORÉE *sauvage*, Цикорей, Петровы Батоги (CICHORIUM *hitybus*); la FÉVEROLLE (FABA *vulgaris equina*); le MELILOT *blanc*, Донникъ (MELILOTUS *alba*); le TIMOTHY, Арженецъ (¹) (PHLEUM *pratense*); la NAVETTE (BRASSICA *napus sylvestris*). — J'en reparlerai à l'occasion, à propos de l'industrie des huileries, qui serait si susceptible de prêter à la spéculation la plus productive et la mieux entendue peut-être qu'il y ait à entreprendre dans ce pays-ci avec un très-petit capital relatif; — le PANAIS, Борщъ Полевой *(pastinaca sativa)*, qui peut rester en terre tout l'hiver; la PIMPRENELLE, Рядовикъ (POTERIUM *sanguisorba*), pour les terres sèches, sablonneuses et calcaires; le POIS *gris* (PISUM *arvense*); le POIS CHICHE, Пузырное сѣмя (CICER *arietinum*); le RAIFORT, Рѣдька (RAPHANUS *sativus campestris*); la SERRADELLE, Серраделла (ORNITHOPUS *sativus*); la SPERGULE (SPERGULA *arvensis*); les VESCES, Мышиный горохъ (VICIA *sativa, hyemnalis, flore albo*), etc., etc.

J'ai dit tout ce que je pouvais dire du *topinambour*, je n'y reviendrai donc plus; je ne pourrais que me répéter.

(¹) Ce Timothy des Anglais, Kolbengras ou Wiesen-Fennich des Allemands, est une des plantes les plus précieuses pour la Russie.

XXXIX.

Des plantes dont il conviendrait d'importer ou de propager la culture. — Plantes oléifères, filamenteuses et économiques.

(TROISIÈME ET DERNIER ARTICLE.)

Les deux articles qui ont précédé celui-ci sur le présent sujet étaient déjà partis pour le *Journal de St-Pétersbourg* quand j'ai visité l'*école d'agriculture de Moscou*, c'est-à-dire le 17 (29) novembre 1859. Je précise ce fait uniquement parce que, dans cette visite, j'ai trouvé à peu près la confirmation de toutes mes prévisions personnelles, en ce qui concerne les cultures qu'il conviendrait le plus d'importer ou de propager en Russie.

Je dirai très-incessamment ce que je pense de l'école d'agriculture de Moscou; pour le moment, je me bornerai à déclarer que ma première impression est aussi bonne que possible. J'ai trouvé là des collections qui m'ont tellement intéressé que je veux faire plus que d'en parler aux autres, je veux aller les étudier moi-même l'un de ces matins pour mon compte personnel.

Il y a dans cet établissement d'excellents éléments en hommes et en choses, ainsi que j'ai pu m'en convaincre soit le matin lors de ma visite, soit le soir chez M. le général Schipow, où j'ai rencontré, outre le directeur de l'école, des personnes très-éclairées qui portent un intérêt marqué à tout ce qui se rattache aux progrès de l'agriculture, le maître de la maison tout le premier.

Mais n'anticipons pas sur les faits ; j'ai besoin d'ailleurs d'en recueillir encore d'autres pour en faire un tout qui sera l'objet d'un prochain article spécial dans lequel j'achèverai de donner mes appréciations sur la ferme dont j'ai parlé déjà deux fois et sur tout ce qui peut s'y rattacher dans les limites que je me suis tracées ici.

Je reprends donc purement et simplement pour l'instant la suite et la fin du sujet que j'ai abordé dans mes deux précédents articles.

Parmi les plantes oléifères, le *lin* et le *chanvre* tiennent déjà un rang qui n'est pas sans importance dans les cultures russes. Ce rang sera longtemps conservé sans doute, à cause de la double propriété qu'ont ces plantes de donner à la fois et une fibre corticale textile et des graines oléagineuses.

J'ai déjà suffisamment parlé du lin ; je n'y reviendrai donc que pour dire que je n'en ai pas vu de grandes variétés dans les collections de l'école d'agriculture de Moscou, ce qui me confirme dans l'opinion que j'avais déjà que le lin ordinaire (лёнъ) *(linum resitatissimum)* était le plus exclusivement cultivé.

Je me renseignerai sur les variétés portées au catalogue du comptoir de cet utile établissement sous les № 85, 86, 87 et 88, et j'en reparlerai s'il y a lieu.

Je fais les mêmes réserves pour les variétés de chanvre (конопля) portées aux № 82 et 83.

Comme plante exclusivement oléifère je crois qu'il y aurait beaucoup de fond à faire sur la *cameline* (MYAGRINUM *sativum*) appelée en russe, je crois, рыжикъ; elle peut se semer très-tard, au printemps, et serait d'une grande ressource dans les sols doux et sablonneux, qui lui conviennent beaucoup.

Le *colza* (BRASSICA *campestris oleifera*), en russe кольза, devrait rendre bien plus de services qu'il n'en rend, puisque je ne l'ai presque pas vu sur ma route. La variété à *fleur blanche* et à *fleur bleue* m'a toujours très-bien réussi, ainsi que celle dite *parapluie;* je suis convaincu qu'elles conviendraient à la Russie. Le colza de mars (B. *verna*) réussirait certainement aussi bien que celui dit de *koubja*. Je serais même plus certain de sa supériorité quand les printemps sont longtemps à se bien dessiner, comme cela a lieu quelques fois, depuis plusieurs années surtout.

La NAVETTE d'*hiver*, озимый рапсъ (BRASSICA *napus oleifera)* рапсъ яровой, je crois, jouera un grand rôle dans les cultures russes le jour où les HUILERIES se développeront comme elles doivent forcément se développer un jour. Il est de fait que cette industrie est pleine d'avenir ici, puisqu'elle peut déjà être approvisionnée par des produits qu'on a l'habitude de cultiver, et qu'il sera très-facile de faire cultiver autour de soi les plantes dont on voudra donner la graine aux paysans.

La navette, je le sais, supporte très-bien les hivers ici; à ce titre, elle aura toujours la préférence sur la variété de printemps **Яровой рапсъ** *(B. præcox)* qui rend beaucoup moins, mais qui cependant peut être dans certains cas d'une très-grande utilité.

L'*œillette* (PAPAVER *somniferum*), макъ глухъ, sera cultivée le jour où l'on aura acclimaté la variété dite aveugle (P., *inapertum*), ainsi appelée parce que ses capsules n'ont pas d'opercules, ce qui précisément évite la perte des graines lors de la récolte.

Je ne dis rien de la *ram-till* ou *guizotine* (гюзотина) bien que je l'aie vue en collection; je ne crois pas qu'après avoir échoué chez nous où elle avait été importée directement d'Abyssinie sous le ministère de M. Guizot, elle puisse pour cela venir en

Russie, que je sache du moins. Je lui préfère de beaucoup d'ailleurs, quand même il y aurait égalité de bonne venue, le SOLEIL *tournesol* (HELIANTNUS *annuus*), подсолнечникъ, bien que la variété qui est adoptée ne me paraisse pas la plus convenable, si j'en juge surtout par la grande quantité de grains *non mûrs* que la population mange avec tant de plaisir, semble-t-il. Ce serait le cas, je crois, d'essayer le *soleil nain*, bien que ses produits soient inférieurs, mais il est plus précoce.

Je n'ai pu avoir aucune donnée qui me permette de me fixer sur la valeur possible ici de l'ARACHIDE, de la *julienne*, du *madia*, du *ricin* et du *sésame*. J'ajourne donc mes appréciations à leur sujet, bien que quelques-unes de ces plantes figurent dans des collections russes.

Parmi les plantes textiles encore peu utilisées en Europe, mais dont les précieuses qualités nous ont été révélées par les expositions universelles de Londres et de Paris, se trouve la fameuse ORTIE *du Canada (urtica canadensis)*, qui est vivace et qui viendrait très-bien en Russie, dans le midi surtout, j'en suis très-convaincu. J'y aurais bien plus de confiance que dans l'*ortie cotonneuse* ou TSCHOU-MA des Chinois, avec laquelle ils font, dit-on, leurs magnifiques tissus appelés *apoo*, qui se vendent dans le commerce anglais sous le nom de *grass-cloth*.

Ce qui nous raffermit dans notre croyance, quant à l'ortie du Canada, c'est que déjà, en Suède, on en tire un grand parti, surtout de la variété dite dioïque.

Je crois aussi que l'ASCLEPIAS de Syrie (ASCLEPIAS *syriaca*), индейская хлопчатая бумага, pourrait rendre des services ici, bien que chez nous on n'ait pas su tirer un parti avantageux des aigrettes soyeuses qui surmontent les graines et qui ressemblent tant à du coton.

Une plante économique sur le succès de laquelle je n'aurais aucun doute ni comme bonne venue ni comme spéculation industrielle, c'est la CHICORÉE *à café* (цикорей), autrement dit la CHICORÉE *sauvage à grosse racine* (CICHORIUM *intybus radice crassa*). En Allemagne notamment, on retire un parti considérablement avantageux de ce qui se vend partout sous le nom de chicorée de Brunswick ou de Magdebourg. La culture du *tabac* (табакъ) est connue; elle ne demande qu'à être perfectionnée.

Je terminerai ici le relevé des notes que j'avais prises tout spécialement, pendant le cours de mon voyage, sur les cultures qu'à mon sens il conviendrait le plus d'importer ou de propager en Russie. J'ai dû être souvent plus réservé que je ne l'aurais désiré, parce que je manquais de renseignements sur les essais d'acclimatation qui auraient pu être faits jusqu'à ce jour.

Je savais d'ailleurs qu'une société ou tout au moins un comité spécial s'était formé à Moscou dans le but que je viens d'indiquer, et je me proposais de le consulter, ce que je compte faire incessamment, avant de pousser plus loin mes études sur cette importante partie de l'économie rurale appliquée.

En attendant, je vais profiter de l'occasion que j'ai eue de connaître exactement les noms russes de quelques-unes des plantes de prédilection que j'ai nommées dans mes précédents articles, pour les indiquer ici sous forme de complément de cette petite série spéciale en trois articles, sur un sujet que je m'étais limité moi-même, en même temps je pourrai réparer une omission: ainsi, je n'avais presque pas parlé de l'ÉPEAUTRE (TRITICUM *spelta*), полба, parce que je n'en avais vu absolument nulle part. Cependant, outre la variété *blanche barbue* que j'ai indiquée, je crois, parce qu'elle est très-hâtive, et que cette qualité est précieuse ici, j'aurais pu recommander la variété blanche sans barbe, qui est très-rustique. Les plantes auxquelles j'ai dit que, suivant moi, on devait attacher le plus d'importance et dont je ne savais pas les noms russes alors, sont: le *maïs* (кукуруза), la *luzerne* (люцерна), le *lupin* (люпинъ), le *sorgho* (copro), le *trèfle incarnat* (клеверъ пунцовый), la *carotte* (морковь), la *spergule* (шпергель), la *betterave* (свёкла).

Quand j'aurai de nouveaux renseignements de ce genre, je les ferai connaître, dans la pensée d'être utile en évitant des recherches ; c'est là un complément qui m'a été bien souvent demandé et que je m'efforcerai de donner désormais le plus fréquemment que je le pourrai.

XL.

Je me proposais de développer aujourd'hui l'idée que j'ai émise sur l'emploi possible des vétérinaires de l'armée russe comme professeurs excellents pour former de bons *maréchaux experts* qui ensuite seraient allés dans leurs campagnes respectives, où ils auraient rendu des services et répandu quelques lumières par les exemples qu'ils auraient pu donner. Jugeant des vétérinaires militaires un peu par les nôtres, je ne voyais rien de plus promptement efficace que cette méthode d'instruction et de propagande, en attendant mieux du moins.

Je me disais, par exemple, qu'en promettant un congé définitif et certains avantages spéciaux à tous les soldats qui auraient bien suivi les cours et qui auraient répondu convenablement à un examen plus pratique que théorique, on aurait facilement les meilleurs sujets des corps et les hommes les plus intelligents.

J'allais même jusqu'à penser qu'il serait facile de former conjointement, par le même procédé, quelques excellents ouvriers *bourreliers* dont il me semble qu'on a singulièrement besoin dans ce pays-ci où tout le monde, malheureusement pour les chevaux et par conséquent pour la fortune publique, est le propre vétérinaire et presque le bourrelier de ses animaux de trait.

J'ai déjà dit ce qui m'avait donné cette dernière pensée : c'est l'état de délabrement de tous les harnais des chevaux, depuis celui du moujick jusqu'à celui de la poste, ce qui fait, notamment pour ces derniers, qu'ils sont tous plus ou moins blessés au garrot et aux épaules, en sorte que, à moins d'être *courrier*. ou *général*, on n'est jamais sûr, je ne dirai pas d'aller vite, mais souvent même d'arriver; ou enfin, si l'on va vite à force de pourboires, on n'en est pas moins sans cesse exposé à attendre des heures entières aux relais pour mille causes que tout le monde connaît et qui me conduiraient trop loin aujourd'hui si je voulais seulement les énumérer.

Revenons donc à mon sujet primitif et disons qu'en faisant mes projets sur l'utilisation des vétérinaires de l'armée, je ne savais pas, comme je le sais maintenant, ce que sont ces vétérinaires comme science et comme pratique.

J'ajourne donc pour le moment le développement de mon programme à ce sujet, mais je n'y renonce pas, il s'en faut; seulement, j'ai besoin d'arriver à St-Pétersbourg pour y recueillir des renseignements complémentaires qui me sont indispensables pour entrer plus avant dans cette question.

Il me faudra notamment étudier très à fond la section vétérinaire à l'école de médecine, puisque je ne la connais pas encore.

J'espère faire là aussi des expériences d'*inoculation* qu'il m'a été impossible d'entreprendre dans de bonnes conditions jusqu'à présent, malgré le zèle qu'ont mis plusieurs personnes pour me procurer le *virus* péripneumonique dont j'avais besoin. J'ai même à ce sujet des remercîments à adresser au directeur de la ferme-école de la Société d'agriculture de Moscou; bien que ses efforts aient été jusqu'à ce jour sans succès, il a au moins fait ce qu'il a pu.

C'est donc là encore un sujet sur lequel j'aurai à revenir, si je trouve à Saint-Pétersbourg, comme je l'espère, tout ce qu'il me faut pour cela. Dans le but de préparer d'avance les voies, en tant que je le puis moi-même, voici comment j'entends qu'une expérience soit faite pour être concluante.

Du virus péripneumonique étant donné, il faut faire deux lots de bêtes à cornes prises dans des conditions de santé, d'âge et d'antécédents aussi analogues que possibles.

L'un de ces lots sera inoculé et l'autre ne le sera pas.

Après la période d'incubation du virus, il faut placer pêle-mêle les deux lots ensemble dans un milieu infecté, soit antérieurement, soit par la présence de bêtes atteintes du mal contagieux.

Si de cette épreuve le bétail inoculé sort seul sain et sauf, tandis que celui qui ne l'aura pas été sera mort depuis la première tête jusqu'à la dernière, il me semble que l'expérience sera concluante.

C'est là ce que je me propose de faire à la section vétérinaire de Saint-Pétersbourg, si l'on veut bien se donner la peine de m'en fournir les moyens; je ne demande pas autre chose.

Je ferai même plus: je montrerai à qui voudra le procédé d'inoculation dont M. Decrombecque, mon beau-père, se sert depuis sept ans sur une moyenne de mille bêtes qu'il engraisse tous les ans avec les résidus de sa sucrerie et de sa distillerie, sans qu'il ait jamais eu à regretter d'avoir pris ce parti[1].

Je crois avoir dit que la péripneumonie faisait de tels ravages dans ses étables avant qu'il connût l'inoculation, qu'il était tout à fait décidé à renoncer à cette branche, très-lucrative cependant, de son exploitation quand la découverte belge est venue à son secours.

---

[1] J'ai montré ce procédé au vétérinaire du marché aux bestiaux de St-Pétersbourg. Il consiste notamment à placer le virus sous la queue au niveau des derniers coccygiens. Il serait peut-être préférable de piquer au tiers inférieur et postérieur de la queue après avoir coupé les poils. La mauvaise tenue habituelle des étables russes est une circonstance qu'il ne faut jamais perdre de vue dans une opération quelconque, si bénigne qu'elle soit, puisque le moindre défaut de propreté peut causer des accidents souvent très-graves et même mortels.

Maintenant que j'ai expliqué mes raisons d'ajournement sur les sujets qui précèdent, je répondrai à une objection récente qui m'a été faite : on trouve que je n'ai pas assez développé certaines idées que j'ai émises, et on m'a cité notamment celle qui concerne les vétérinaires.

Il me semble au contraire que j'en ai très-largement parlé, trop peut-être, pour ce qu'on a de place dans un journal quotidien comme celui-ci.

Au surplus, j'ajouterai ceci très-franchement pour les autres cas où l'objection peut être fondée : c'est que je ne puis pas songer à donner dans des articles isolés, souvent décousus, les développements qu'on réserve habituellement pour un ouvrage de fond comme celui que je publierai sur la *Russie agricole, industrielle et commerciale*. C'est alors, mais alors seulement, que j'aurai à examiner, avec tout le soin qu'il mérite, un sujet qui est extrêmement grave à mes yeux, celui de l'émigration étrangère en faveur de la Russie.

Sans doute il ne sera pas difficile de démontrer aux populations occidentales qu'elles auraient bien plus et bien mieux à faire en venant porter leur intelligence, leur capital et leurs bras à un pays comme celui-ci qui est si plein de ressources, qui est si riche foncièrement, et qui a tant besoin des trois leviers de production que je viens de nommer.

Mais si cette tâche est facile, pour moi du moins et telle que je la comprends, parce que je suis *très-intimement convaincu*, il en est une autre qui si elle n'est plus difficile, sera tout au moins plus épineuse, et il faudra pourtant l'aborder, car c'est un devoir de conscience : ce sera de prémunir l'arrivant contre les exactions auxquelles il sera exposé de la part de ses semblables de l'étranger.

Il n'y a peut-être pas un pays au monde, en effet, où l'exploitation de l'homme par l'étranger en général soit plus odieuse qu'en Russie.

Je sais bien qu'il y a de très-honorables exceptions, je m'empresse de le déclarer, mais elles ne font que confirmer la règle.

J'ai à ce sujet une série de documents que je publierai en temps voulu et qui seront aussi curieux qu'utiles à ceux qui se proposeront de venir en Russie. Nulle part, je le prouverai chiffres en main, avec les factures acquittées que j'ai recueillies à peu près dans toutes les branches de l'industrie et du commerce qui se rattachent le plus directement à la vie quotidienne; nulle part, dis-je, on n'est plus *exploité* qu'on ne l'est par l'étranger établi en Russie (toujours en général), aussi bien le passager que l'habitant du pays, qu'il soit Russe ou étranger lui-même.

Je me propose de démontrer que s'il est aussi juste qu'agréable de faire une rapide fortune quand on quitte son pays pour qu'on exporte ainsi son intelligence, sa valeur personnelle, en un mot venir dans un autre pays apporter son savoir et souvent sa vie, par contre il est aussi maladroit que peu honnête de vouloir arriver à ce but par les moyens rapides mais peu délicats qui sont les plus usuels d'après ce que j'ai vu déjà.

Je montrerai, tout en tenant compte de la cherté de bien des choses, laquelle n'est cependant que relative, qu'il y aurait un terme moyen à adopter qui serait bien plus conforme à l'équité et aux intérêts de tous, tout en donnant satisfaction aux besoins légitimes de chacun.

J'aurai aussi à citer par contre bien des concours, bien des services étrangers qui n'ont pas été suffisamment appréciés.

J'ai constaté plusieurs fois l'heureuse influence qui était le résultat de la coopération occidentale, et trop souvent j'ai trouvé qu'elle n'était pas récompensée à sa juste valeur.

Ce sera une compensation que j'éprouverai si je parviens à rétablir l'équilibre; elle me consolera de ce que j'aurai souvent de dur à dire à propos d'étrangers et même de compatriotes; mais la vérité doit passer avant tout.

Je m'appesantirai d'autant plus sur ce sujet que je suis très-convaincu qu'un jour ou l'autre le flot de l'émigration se portera dans une grande proportion sur ce pays-ci. Il suffira pour cela qu'il soit plus connu et mieux apprécié, c'est-à-dire qu'on y ait *confiance*; tout est là, et cela ne peut tarder longtemps désormais, car chaque jour en apporte sa preuve spéciale; on marche en effet en avant et plus qu'on ne le pense généralement.

XLI.

La société et l'école d'agriculture de Moscou.

J'ai visité, comme je l'ai déjà dit, l'école d'agriculture de Moscou avec la plus extrême attention. J'y suis retourné, comme je l'ai annoncé ici, pour y faire des études pour mon propre compte, et grâce à l'extrême obligeance de son savant directeur, M. Annenkow, j'ai pu étudier les collections de façon à en parler à fond quand le moment en sera venu.

J'avais déjà été aidé dans ma tâche par M. l'inspecteur Krasnopeskow, auquel je dois également des remercîments.

J'ai été d'autant plus content de ce que j'ai vu à l'école d'agriculture de Moscou que je trouvais là, en quelque sorte le résumé de ce que j'avais vu dans mes excursions à l'intérieur. J'y ai vu aussi le point de départ de bien des choses, et j'y ai trouvé la preuve des efforts qui en sont partis et dont on a confirmé le témoignage avec beaucoup de tact et infiniment de raison.

J'étais d'autant plus enchanté de me trouver dans un pareil milieu, que désormais je n'ai plus guère à compter sur rien en ce qui concerne la première partie de mes études, l'*agriculture*. L'hiver, en effet, ne me laisse presque plus le champ libre que pour la seconde partie, l'*industrie*. Mais il faut avouer que je trouve là un bien large dédommagement qui repose l'esprit en même temps qu'il le satisfait davantage, si je puis m'exprimer ainsi, parce que les éléments d'étude et d'observation sont plus condensés, plus saisissables, et, il faut bien le dire, plus avancés qu'en agriculture, où tout est encore à faire sur tous les points à la fois du vaste empire de Russie notamment.

Mais n'anticipons pas sur les faits, si ce n'est pour dire à l'avance que j'ai été extrêmement satisfait des établissements que j'ai visités jusqu'à présent. J'en parlerai avec détail en temps utile, et alors que j'aurai fini mes visites du même genre à Saint-Pétersbourg et aux environs, c'est-à-dire sous quelques jours. D'ici là, je suis aise de pouvoir mentionner comme m'ayant on ne peut plus favorablement impressionné par leur bonne tenue et l'importance de leur excellent matériel, les établissements de MM. Alexeïew et Hubner notamment; tous les deux ne laissent relativement rien à désirer, comme je le démontrerai incessamment; puis ceux de MM. Goudchkow; l'école des arts et métiers, qui est bien au-dessus de ce qu'on peut en penser en Occident, comme *ressources* immédiates et intelligence de direction ; la grande maison des *enfants trouvés ;* la maison des orphelins, dont s'occupe M. le prince Léon Gagarine, etc., etc.

Quand j'aborderai la partie industrielle et commerciale, je m'occuperai aussi des *chemins de fer,* sur l'importance à venir desquels j'ai recueilli d'assez notables renseignements, tant sur celui de Saratow que sur celui de Nijni et sur celui de Moscou ; mais je ne me compléterai qu'à Saint-Pétersbourg.

Pour aujourd'hui, je vais donc encore rester dans mon sujet primitif et je m'y maintiendrai jusqu'à ce qu'il soit relativement épuisé.

J'ai déjà dit que l'école d'agriculture de Moscou renfermait d'excellents éléments d'études et d'instruction et qu'il y avait là de quoi former de très-bons sujets pour l'intérieur de la Russie.

Sans trop entrer dans les détails, je signalerai une très-précieuse collection de graines du pays, à l'aide de laquelle on peut mettre les élèves sur la voie de toutes les améliorations du genre qu'il est possible de désirer.

L'agriculture et la sylviculture ont leurs parts chacune ; il y a notamment, pour cette dernière, une collection de bois qui est très-probablement unique dans son genre en Europe.

J'avais cru, à ma première visite, que l'école possédait des échantillons des terres de tous les gouvernements. Il n'en est malheureusement rien, il n'y a que ce qui vient de la grande exposition agricole de 1852. C'est très-fâcheux, et c'est là une lacune qui demande à être comblée.

Je ne saurais trop dire combien je trouve pratique le comptoir de vente de l'école. Là, me paraît-il, chacun peut venir acheter des livres, des graines, commander des instruments, des machines ; je ne connais rien de si complet en Occident.

Reste à savoir maintenant si les commandes sont bien remplies ?

C'est là un fait que je n'ai pas été à même de vérifier.

Je n'ai pas pu constater non plus si les élèves qui sortaient de cette école étaient de bons régisseurs, de bons intendants ; si déjà il y en avait qui s'étaient signalés par quelques découvertes, par quelques améliorations, ou tout au moins qui avaient convenablement et *consciencieusement* rempli les mandats que les propriétaires leur avaient confiés.

Ce que j'ai pu voir, c'est que sur le registre d'inscription qui se trouve au comptoir il y avait plus de demandes de l'intérieur qu'on ne peut en satisfaire ; je veux bien croire ce qu'on m'a dit et traduit à ce sujet ; je suis convaincu que cela est vrai, d'après ce que j'ai vu dans mes tournées.

Au surplus, je dirai que quand même les élèves qui sont sortis de cette école n'auraient pas encore complétement donné tout ce qu'on attendait d'eux, cela ne prouverait absolument rien à mes yeux ; car enfin, nous avons bien notre école de

Grignon qui a été fort longtemps sans produire et qui même a fourni des élèves qui ont plutôt ruiné les propriétaires dont ils régissaient les biens qu'ils ne les ont enrichis.

Tout ceci est relatif et regarde un autre ordre d'idées que le mien.

Pour moi, je ne veux constater qu'un seul et unique fait, c'est qu'à l'école d'agriculture de Moscou il y a de bons éléments, et les quelques hommes que j'ai pu juger m'ont paru capables; c'est déjà beaucoup comme on le voit.

La fondation de cette école fait donc, suivant moi, le plus grand honneur à ceux qui y ont pris part. J'ai vu avec plaisir qu'on en conservait le souvenir dans la salle des séances de la Société, où j'ai remarqué les portraits du prince Galitzyne, le premier président, du comte Tolstoï, le second président, et de M. le prince Serge Gagarine, le président actuel.

J'ai vu avec satisfaction aussi les témoignages qu'on a tenu à conserver pour des personnes dont les noms m'étaient déjà connus à divers titres: Mouraview, Poltaratzky, le grand-père du jeune agriculteur dont j'ai déjà parlé, Bolotow, Goutichnikow, Maltsow, Goutiotnikow, le professeur Antonesky, Blankenhagen, Chichkow, le professeur Pavlow, et enfin le sériciculteur Rebrow et l'illustre sucrier Bobrinsky, dont les portraits ornent les murs de la salle des séances.

J'ai cité tout à l'heure le prince Serge Gagarine, qui jusqu'à ces derniers jours est resté président de la Société d'agriculture, qui date, je crois, de 1818.

J'ai eu l'honneur et le plaisir de m'entretenir plusieurs fois avec le prince Gagarine; j'exprimerai brièvement mon opinion sur lui, en disant que je souhaite fort pour la Société qu'elle puisse lui trouver un successeur aussi courtois et aussi désireux du bien et du progrès que le prince Serge l'a toujours été. Je parle de successeur, parce que je sais qu'en raison de son grand âge (plus de quatre-vingts ans, si je ne me trompe), le prince, qui reste président honoraire, vient de donner sa démission de président actif, et cette dernière expression a été exacte dans toute la force du terme, à peu près jusqu'au dernier moment.

Depuis 1845 que le prince Serge Gagarine préside la Société d'agriculture de Moscou, il a non-seulement donné son concours chaque fois que besoin était au sein de la Société même, mais encore il a prêché d'exemple dans sa propre terre de Yassinowa, où il a introduit le fameux assolement de douze années, dont je donnerai le détail dans mon volume, parce que ce serait trop long ici. Il a de plus introduit chez lui une des premières herses perfectionnées de Rogers, et le merveilleux *rouleau-squelette* à barres de fer, divisé en deux sections pour la commodité des tournants. J'ai vu ce rouleau, qui est très-bien établi, et j'ai pris bonne note des services qu'il a rendus au prince, parce que cela justifie pleinement les prévisions que j'ai déjà exprimées ici sur l'utilité de l'introduction du rouleau en Russie.

Quand je pourrai m'étendre plus que je ne puis le faire ici, je donnerai les rendements différentiels qui ont été obtenus par le prince-président sur des terres semées en seigle avec un semoir, d'une part, et par l'ancienne méthode, d'autre part.

Je dirai alors, en me résumant, combien il serait à désirer que la Russie fût poussée franchement et vigoureusement dans cette voie de progrès que plusieurs des siens ont déjà suivie avec tant de succès ou tout au moins tant de persévérance.

Je sais bien que malheureusement les hommes dévoués au bien public et désintéressés, surtout comme l'est le prince Serge Gagarine, ne sont pas très-communs; mais enfin, il y en a cependant, il s'agit de savoir les chercher et les choisir en dehors des positions administratives, qui peuvent changer.

Je ne doute pas qu'il n'y ait assez d'hommes de bonne volonté qui ne demanderaient pas mieux que de grossir les rangs de ces champions de progrès sérieux de l'agriculture; il ne s'agirait peut-être que de savoir les encourager un peu pour les décider.

Je voudrais pouvoir remplir ma part de cette tâche, en m'étendant plus que je ne puis le faire, et sur les hommes qui ont déjà montré l'exemple, et surtout sur le présent sujet ; mais je me propose de revenir sur tout ceci en son temps ; je serai alors plus complet que je ne puis l'être aujourd'hui.

Les hommes d'action, je le répète, sont tellement rares qu'on ne saurait trop ménager ceux qu'on a, même quand ils abusent un peu des choses, ce qui est souvent une conséquence de l'exercice du pouvoir.

C'est ainsi qu'en étudiant plus à fond les travaux de la Société d'agriculture de Moscou, j'ai reconnu que son secrétaire perpétuel, M. Masslow, lui avait rendu de très-réels services. Je me fais d'autant plus un devoir de le déclarer, que M. Masslow n'a peut-être pas été toujours l'interprète *bien empressé* des intentions de tous ses collègues en ce qui concerne les charges que lui imposent ses fonctions envers les étrangers visiteurs, mais c'est une raison de plus pour que je sois impartial à son égard (¹).

L'école d'agriculture dont je viens de parler plus haut est postérieure de quatre ans à la Société mère. Celle-ci me paraît avoir exercé positivement une influence très-notable sur les progrès agricoles qui ont été accomplis en Russie depuis qu'elle existe. Dès 1825, en effet, un de ses principaux membres, M. Malzow, après le général Gérard, je crois, a donné une vigoureuse impulsion à la fabrication du sucre de betterave.

En 1822, elle aida M. Procopovitch à fonder une école spéciale destinée à faire avancer l'*apiculture*.

(¹) Je me félicite d'autant plus d'avoir rendu à M. Masslow la part de justice qui me semblait devoir lui revenir que j'ai appris depuis peu qu'il s'était démis de ses fonctions.

L'année suivante, elle en faisait autant pour l'amélioration des laines.

En 1832, elle a encouragé l'établissement des frères Boutenopp, que j'ai visité déjà trois fois avec soin, et qui se montre réellement digne des encouragements qu'il a reçus ; je veux parler notamment des ateliers de construction pour les machines du pays, car je suis moins partisan que jamais de l'importation des coûteuses machines anglaises qui s'y fait ; je dirai incessamment pourquoi.

Je ne trouve pas néanmoins que la Société ait favorisé MM. Youditzky et Rebrow en ce qui concerne la sériciculture à laquelle ces messieurs se sont voués ; mais je me réserve aussi d'expliquer en son temps pourquoi je considère un peu cette industrie comme factice pour la Russie ; j'en dirai presque autant de l'industrie des sucres telle qu'elle est comprise aujourd'hui, mais ce n'est pas le moment encore de m'étendre sur ce grave sujet.

Je n'en ai pas moins visité avec attention l'école des soies de Moscou, qui me paraît menée avec soin et intelligence. Je n'ai trouvé personne à l'établissement quand je m'y suis présenté, mais j'ai pu y rentrer néanmoins, grâce à la persévérance et à l'obligeance du prince Léon Gagarine, avec lequel j'étais.

J'ai trouvé les machines en bon état d'entretien pour des machines qui ne travaillent pas en ce moment ; les graines de vers à soie étaient bien chaudement abritées ; les plantations de mûrier m'ont paru bien aménagées ; en somme, je le répète, l'établissement m'a semblé généralement bien tenu, et dans la saison favorable ce doit être un bon modèle à montrer, bien qu'il soit loin de l'endroit où je préférerais le voir ; mais cela importe peu pour le moment.

Je ne suis entré dans aucun détail sur les collections de l'école d'agriculture, et cependant il y en a un que je veux noter en passant, c'est celui des échantillons de *garance* et des têtes de chardon à foulon que j'y ai vus.

Il y a là deux genres de concurrence redoutables pour nous.

La *garance*, Брускъ, dit de *Derbent* avait déjà attiré mon attention par sa belle qualité, mais j'ai acquis depuis la preuve que nos producteurs du midi de la France doivent avoir de très-graves raisons de la redouter.

En visitant la belle usine de M. Hubner au *Dévitchipolé*, j'ai appris qu'en effet cette garance était de beaucoup supérieure à la nôtre, même à celle d'Avignon, surtout celle qui était ce qu'on appelle *marainée*. Il y a une différence de qualité telle que M. Hubner, dont personne ne conteste l'intelligence et le savoir, préfère payer cette garance du Caucase 17 roubles argent le poud que d'employer la nôtre à 7 roubles argent!

Je compléterai mes renseignements à ce sujet, cela en vaut bien la peine comme on voit.

Quant aux *chardons* à carder, ворсянка и плоды, j'ai eu la preuve qu'on peut très-bien en récolter en Russie, et cependant MM. Alexeïew en font venir de France.

C'est encore là une question à étudier, car *tout s'enchaîne* comme on le voit. Industrie et agriculture ne font qu'un au fond; l'un se greffe sur l'autre, et voilà tout. C'est ce que je ferai ressortir surabondamment, je l'espère, dans mon prochain ouvrage, dès que je pourrai l'achever, et y développer mon sujet comme je l'entends.

XLII.

La ferme, la société et l'école d'agriculture de Moscou. — L'inoculation. — La luzerne.

St-Pétersbourg, ce ......

Avant de quitter Moscou on m'a donné des renseignements sur la ferme de la Société d'agriculture dont je n'avais pu parler qu'en passant et sur laquelle je suis bien aise d'avoir occasion de revenir pour me compléter.

Et d'abord on a tenu beaucoup à m'établir qu'il ne pouvait pas y avoir de comparaison entre cet établissement et celui de Kazan, puisque celui-ci était tout à fait à la charge de l'Etat, tandis que la ferme de Moscou n'était que subventionnée pour la modique somme de 3,000 roubles.

Je réponds à ceci que telle ou telle intervention que ce soit ne peut gêner en rien les comparaisons relatives qu'on fait entre des choses de même nature; par conséquent, j'ai été fondé à dire que l'une était mieux tenue que l'autre dès l'instant que je me borne à ce simple exposé des faits.

La question des moyens dont chaque établissement dispose est en effet tout à fait différente, et je n'ai à m'en occuper que comme renseignement d'appréciation.

A ce titre je conviens donc très-volontiers que la ferme de Moscou n'a pas les mêmes moyens que celle de Kazan, mais elle a mieux peut-être, sous un certain rapport du moins ; elle a des personnes qui lui portent intérêt et qui peuvent agir directement et immédiatement sur elle, sans entrave administrative ou *bureaucratique*, et cela vaut bien quelque chose

Donc je reconnaîtrai avec plaisir que l'intervention effective de M. Schipow par exemple est très-louable et digne des plus grands éloges, je souhaite même vivement qu'il ait des imitateurs. C'est assez dire que je désire la prospérité de la ferme. Puisque l'impulsion est maintenant donnée, il n'y a plus à y revenir, il faut prendre les choses comme elles sont ; mais, encore une fois, on aurait pu trouver beaucoup mieux son emplacement. C'est là une critique que je ne puis absolument pas modifier, puisqu'on a assis la ferme, comme je l'ai déjà dit je crois, sur un sol marécageux, alors qu'il y avait à choisir des endroits bien meilleurs aux environs de Moscou même.

Quoi qu'il en soit, avec le faible prix de location qu'on paye à l'église de Boutyrky, qui est propriétaire, 300 roubles je crois pour 150 déciatines, il y a quelque chose à faire au point de vue de l'application du travail salarié. Ce qui m'étonne seulement, c'est que depuis trente ans que la Société possède la ferme comme locataire, il n'y ait réellement que trois ans qu'elle s'en occupe un peu activement.

J'ai visité avec attention les améliorations qui ont été faites par M. Bajanow, son directeur actuel, et je reconnais qu'elles sont intelligemment appliquées, les fossés notamment qu'il a fait creuser, environ 8,000 sagènes, étaient tout à fait indispensables pour rendre productives 95 déciatines de terre qui depuis vingt-sept ans ne rapportaient absolument rien à la Société.

En présence d'améliorations foncières de cette nature, il n'est pas étonnant que la première année de la direction actuelle, qui date de trois ans seulement, se soit soldée par 700 roubles de perte : ce sont là des avances faites à l'avenir.

J'approuve fort aussi l'application au même usage des 1,200 roubles de bénéfices qui ont été réalisés la seconde année.

Cette année-ci, ces mêmes bénéfices se seraient élevés à la somme assez ronde de 3,000 roubles; malheureusement, la perte de tout le bétail est venue tout reculer au compte *profits et pertes:* 63 vaches à 120 roubles la pièce, parce qu'elles étaient toutes de la belle race *Kalmagorsky,* c'est une véritable cause de ruine pour un particulier, et heureusement la ferme n'est pas dans ce cas, et elle saura bien se relever de cet échec.

C'est ainsi malheureusement que vont assez fréquemment les choses ici, faute d'hommes spéciaux qui soient capables de lutter contre le mal.

Si cependant quelque chose m'étonne plus que ce mal lui-même, c'est assurément l'*indifférence* ou tout au moins l'*inaction* des parties intéressées.

Comment donc ne s'est-il pas trouvé une réunion de quelques propriétaires d'une même localité qui aient été assez soucieux de leurs intérêts pour se cotiser ensemble de façon à faire venir de bons vétérinaires de l'étranger? Est-ce que la moindre mortalité ne leur coûte pas dix fois plus que n'importe quelque vétérinaire que ce soit, outre le découragement qui en résulte et qui ne peut être compensé par rien?

Mais ne revenons pas sur ce sujet que j'ai abordé suffisamment, me voici à St-Pétersbourg ([1]), et nous verrons bien si je puis enfin être mis à même de faire une expérience utile; ce qui me plaît en ceci, c'est qu'on m'a assuré que des essais d'*inoculation* ont été faits avec un plein succès par M. Rasdolsky, professeur de l'institut agronomique de Gorigoretz, dans le gouvernement de Mohilev, dans les biens mêmes de M. Khristofowitch, propriétaire du gouvernement de Smolensk.

S'il en est bien ainsi et qu'il s'agisse de la péripneumonie, ce que je ne puis affirmer, — je n'ai pas suffisamment été ren-

([1]) J'apprends à l'instant que l'*inoculation* vient d'être pratiquée à la villa du grand-duc Constantin et chez le prince d'Oldenbourg. Je vais aller, ces jours-ci, voir les sujets inoculés, avec le vétérinaire Langenbasch qui les a opérés.

seigné sur ce point, — il est permis de se demander comment il se fait que des expériences de ce genre ne soient pas plus connues et plus multipliées.

Je ferai les mêmes observations au sujet des essais du même genre qui ont été faits à la ferme-école de Kazan et sur lesquels je n'ai pas pu avoir des documents précis, même sur place.

J'ai déjà dit quelques mots de la bonne influence exercée par la Société d'agriculture de Moscou, tant par ses travaux que par ses bons exemples et les encouragements qu'elle cherche à répandre autour d'elle. J'ajouterai qu'on doit particulièrement lui savoir bon gré de la fondation récente de son *hôpital vétérinaire pratique* et des tentatives qu'elle fait pour propager l'instruction dans la classe rurale.

Elle doit tenir à honneur aussi d'avoir pu récolter des œufs de *vers à soie* qui ne sont pas atteints de la maladie épidémique comme chez nous: aussi devrons-nous lui être reconnaissants pour le cadeau d'une livre et demie de graine qu'elle nous a fait récemment.

J'ai indiqué seulement en passant les services que pouvait rendre la section d'acclimatation de la Société, qui est présidée par M. Annenkow, le nouveau rédacteur du *Journal d'agriculture*. Je suis bien aise de pouvoir dire aujourd'hui que déjà, par les soins de ce comité spécial, mes prévisions sur l'avenir possible de la *luzerne* en Russie sont complètement confirmées, notamment en ce qui concerne la variété chinoise dite *mou syou*. Depuis huit ans cette luzerne est cultivée et vient à graine sur les terres de feu le baron Schlippenbach aux environs de St-Pétersbourg.

Il paraît, d'après M. le comte Tolstoï, que depuis une dixaine d'années la luzerne est également cultivée avec succès dans le district de Makarieff, sans que jamais la gelée ait causé le moindre dégât.

J'ai enfin un fait plus colossal encore à ajouter à ceux-ci; c'est celui d'un ensemencement de 2,500 déciatines de luzerne dans les terres de M. le comte Bobrinsky, à Smielo, gouvernement de Kiew.

Ce fait, je le répète, est considérable et il prouve que partout où on a échoué, il faut recommencer les essais avec plus de soin que précédemment; voilà tout. Il doit y avoir des causes à chaque insuccès; il faut les rechercher et les vaincre.

Je me propose l'année prochaine de faire quelques ensemencements moi-même, quand l'occasion se présentera favorable pour cela. Jusqu'à présent, en effet, je n'avais connu que des essais malheureux : c'est ainsi que ces jours-ci même M. de Nesselrode m'assurait que dans sa terre de Pétrowsk, je crois, ou tout près, non loin du Volga et en plein tchernozème, il n'avait jamais pu faire venir la luzerne, malgré le vif désir qu'il aurait eu d'en avoir; beaucoup de propriétaires que j'ai visités ont constamment été dans le même cas, mais je n'ai jamais pu malheureusement juger par moi-même des faits, aussi m'y attacherais-je désormais avec une attention tout à fait spéciale.

Je n'ai rien dit jusqu'à présent d'un levier important en matière agricole comme en toutes choses, levier sans lequel il n'y a, à proprement parler, aucun progrès possible: c'est celui de la *comptabilité*. Je voulais attendre jusqu'à la dernière heure pour voir si sur mon chemin je n'en trouverais pas au moins des traces autres que celles qu'on rencontre à peu près dans tous les *comptoirs* des grands seigneurs, c'est-à-dire plutôt de la *paperasserie* que de la comptabilité proprement dite. Au dernier moment j'ai enfin trouvé un bon exemple à citer, et j'ai le projet d'en parler dans mon prochain article qui clora sans doute la première série des présentes études qui vont être aussitôt réunies en volume pour la commodité du lecteur; cependant j'en consacrerai peut-être encore un à la question de la *petite* et de la *grande* propriété.

XLIII.

L'école d'agriculture des apanages.

Viborg-Storona, ce . . . . . .

J'avais entendu porter des jugements si divers et généralement si peu bienveillants sur l'école d'agriculture des apanages que j'étais doublement désireux de la visiter.

Je tenais extrêmement à me former une opinion par moi-même.

Maintenant que j'ai vu, je me félicite singulièrement d'avoir agi ainsi que j'ai l'ai fait.

Il est vrai que j'ai été secondé à souhaits par les circonstances puisque M. le comte d'Adlerberg a eu l'extrême obligeance de faciliter ma tâche. C'est une dette de plus à ajouter à celle que j'avais contractée déjà pour l'accueil si affable qu'il m'avait fait avec cette bonté particulière dont personne n'a plus le secret que lui, et qui est d'ailleurs à juste titre proverbiale.

Je serais injuste et ingrat si j'oubliais de dire que M. le prince Troubetskoï, directeur de l'établissement, n'a rien négligé de son côté pour me fournir les moyens d'investigations et les renseignements dont j'avais besoin.

Enfin, je dois remercier aussi M. le prince Boris André Galitzyne qui, malgré ses préférences passionnelles pour le cheval, n'a pas dédaigné de venir voir avec moi le terre à terre des choses ; mais il est vrai que nous avons tous les deux une communauté d'idées à cet égard qui devait nous rapprocher.

Ceci posé, j'entre en matière exactement comme si j'étais déjà en France, c'est-à-dire, en donnant quelques renseignements préliminaires comme il en faut absolument quand on parle à des personnes qui ne connaissent rien de ce dont il s'agit.

C'est qu'en effet, en ce qui concerne l'école d'agriculture des apanages, je suis bien convaincu qu'elle n'est nulle part moins bien connue qu'en Russie et à St-Pétersbourg notamment.

L'école et la ferme des apanages de Viborg-Storona ont été fondées en 1833 par le comte Pérovsky.

Il devait y avoir 250 élèves choisis dans les familles des paysans pauvres des apanages et aussi parmi les orphelins.

L'idée qui a présidé à la fondation de cet établissement était et est encore excellente : on voulait former des fermiers qui fussent en état d'exploiter de petits domaines et de servir ainsi de modèles dans la localité où ils seraient placés.

De cette façon, ils auraient prêché d'exemple et propagé petit à petit les bonnes méthodes et les instruments perfectionnés.

Il paraît que les résultats obtenus jusqu'à présent n'ont pas été satisfaisants. Une fois aux prises avec la pratique, les élèves n'ont pas tardé à retomber dans l'antique routine après s'être difficilement soutenus dans une position souvent médiocre. Il n'y a eu que de rares exceptions à citer, soit par exemple dans le gouvernement de Vologda et dans les environs de Krasnoé-Sélo, et encore ne s'agit-il que de cultures potagères et fourragères.

Quoi qu'il en soit, de 1833 jusqu'à ce jour, 600 élèves sont sortis de l'école, et dussent-ils avoir coûté très-cher à produire — ce qui n'est pas douteux — malgré le peu de satisfaction qu'on en a, je n'hésite pas à déclarer qu'il ne faut pas regretter un copek des dépenses inconnues qui ont été faites, parce que l'idée est bonne, qu'elle est pratique, et qu'elle ne demande qu'à être bien appliquée pour porter fruits.

L'expérience, il ne faut pas l'oublier, coûte toujours beaucoup à acquérir ; mais quand on sait bien s'en servir, elle finit infailliblement par rapporter, et je crois que cela peut être ici le cas.

Mais poursuivons avant tout notre examen expositif.

Le programme des études est simple ; on enseigne :

1. La langue russe ;
2. Le catéchisme et l'histoire sainte ;
3. L'arithmétique ;
4. Le dessin linéaire ;
5. L'agronomie ;
6. L'art vétérinaire.

L'arpentage est l'objet d'une classe à part dans laquelle on apprend les éléments de géométrie, la levée des plans, le nivellement, etc.

L'établissement possède comme moyens pratiques d'instruction :

Une très-bonne *forge,*

Un atelier de *serrurerie,*

Un atelier de *charronage,*

Un atelier de *tonnelier,*

Un atelier pour la confection et la réparation des *harnais,*

Un atelier de *peinture* pour les instruments d'agriculture et les voitures,

Un atelier de *tailleur,*

Un atelier de *cordonnier.*

Ces deux derniers états sont de rigueur, chaque élève devant faire lui-même ses vêtements et ses chaussures. Ceci est parfait suivant moi.

Parmi les trop nombreux bâtiments de l'école — il y en a près de 100, ce qui est absurde à cause de l'entretien et de la difficulté de la surveillance — il y en a qui sont admirablement appropriés à leur destination ; je citerai notamment :

1. Le musée des instruments et des machines d'agriculture, dans lequel se trouvent également de petits modèles. Il contient en tout 2,000 articles en très-bon état. Il sera toujours visité avec profit par tel bon agriculteur que ce soit ;

2. L'exposition des produits de l'industrie de tous les domaines des apanages, où il y a plus de 800 échantillons. Cette exposition est extrêmement curieuse et très-intéressante ;

3. Les dortoirs, très-proprement tenus et bien aérés ;

4. L'infirmerie, où tous les soins peuvent être donnés en cas d'accident ou de maladie ;

5. Enfin les classes, où les élèves sont très-convenablement installés.

L'atelier des machines d'agriculture laisse à désirer ; mais il paraît que le président du comité des apanages, M. le général Mouraview, va faire venir des contre-maîtres belges qu'il mettra à la tête de cette partie importante de l'établissement ; de nombreux bâtiments doivent même être construits exprès cet été d'après des plans qu'on dit excellents.

Il restera maintenant à bien choisir les modèles qui conviennent le mieux à l'agriculture russe, et pour cela il y aura de grandes exécutions à faire parmi les types qui ont été admis jusqu'à ce jour.

Enfin, pour rendre utile cette entreprise spéciale, il faudra s'appliquer à vendre à très-bas prix. On a bien l'intention, m'a-t-on assuré, de donner les machines au *prix de revient ;* mais qu'on y prenne bien garde ! il y a *prix de revient* et *prix de revient,* comme il y a *fagot* et *fagot.* Ainsi, si on faisait supporter à la fabrique sa part des frais généraux, chaque chose coûterait par trop cher ; à ce compte, je suis certain que les machines des précédents exercices ne se vendraient jamais.

Il faut donc bien s'entendre sur les mots et sur les choses :

quand même on vendrait à perte, je dis que l'essentiel c'est qu'on fasse bien et qu'on livre à très-bon marché (¹).

Quand je parlais dernièrement de l'urgence qu'il y aurait, suivant moi, à fonder aux environs de St-Pétersbourg une fabrique d'instruments d'agriculture *appropriés aux besoins du pays*, je ne savais pas que le germe existât déjà. Aujourd'hui que je le sais, j'appelle de tous mes vœux le développement de ce germe, parce que j'ai la conviction qu'un établissement de ce genre rendrait les plus grands services aux propriétaires et à l'agriculture russe en général.

On ne saurait trop le répéter, il ne suffit pas d'importer des machines; le principal, c'est qu'elles fonctionnent. Or, j'affirme de nouveau que presque toutes celles que j'ai vues à l'intérieur ont été hors de service dès les premiers jours, souvent même dès le premier jour de marche.

Un établissement de ce genre serait d'autant mieux placé à l'école d'agriculture des apanages de Viborg-Storona que ses

---

(¹) Voici quelques-uns des prix du tarif actuel, qui est établi depuis longtemps déjà :
Machine à battre américaine, 200 r. argent.
Tarare, 35 r.
Assortisseur de grains, 25 r.
Hache-paille, 50 r.
Charrue anglaise à deux chevaux, 23 r.
Charrue américaine à deux chevaux, 18 r.
Charrue américaine à un cheval, 14 r.
Charrue en fer à deux chevaux, 20 r.
Charrue à défricher-*sabane,* 25 r.
Extirpateurs et scarificateurs à trois, cinq et sept socs, de 12 à 20 r.
Herses américaines, 15 r.
Herses anglaises, 14 r.
Herses à vingt-cinq dents pour un cheval, 8 r.
Herses des colonistes, 10 r.
Rateau américain pour ramasser le foin, 15 r.
Barattes, suivant la capacité, de 12 à 20 r.
Tous les prix sont augmentés du prix de l'emballage.
Dès à présent on exécute sur commande.

225 élèves actuels deviendraient autant d'ouvriers habiles pour le mouvement et la réparation de chaque objet qui sortirait des ateliers.

De plus, l'école est mitoyenne d'une ferme qui appartient à la même administration et qui contient 360 déciatines de terre.

On voit tout de suite le parti qu'on pourrait tirer de ce voisinage, c'est-à-dire que pas une machine, pas un instrument ne devrait être livré à l'acheteur sans qu'il eût travaillé dans la ferme même, et assez longtemps pour qu'il eût subi ce qu'on appelle l'épreuve, et comme solidité et comme justesse d'agencement.

Je reviendrai une autre fois sur la ferme elle-même, que j'ai trouvée bien tenue, contrairement à ce qu'on m'en avait dit.

Sans doute la ferme et l'école ne sont pas complétement exemptes de critiques ; elles auraient peut-être besoin d'être réorganisées d'une manière particulière et plus en harmonie avec les besoins actuels et surtout avec les besoins futurs du pays ; mais aborder un tel sujet en ce moment m'entraînerait beaucoup plus loin que je ne veux aller.

Je me résume donc en ce que je voulais dire principalement aujourd'hui.

Il y a de grands éléments d'étude, d'instruction et de propagande à l'école d'agriculture des apanages, il ne s'agit que de savoir en tirer parti, et j'ai la conviction qu'on réussira si on veut bien s'en donner la peine.

Tel qu'il est, cet établissement peut rendre les plus grands services, car il répond en partie à beaucoup de vœux que j'avais formés précédemment en faveur de l'agriculture russe.

Ceci m'a prouvé une fois de plus qu'il y a en Russie plus de ressources que les Russes ne le pensent eux-mêmes.

Il en est de cela comme des lois ; elles ne font défaut ni comme quantité, ni comme qualité ; il ne s'agit que de bien les appliquer et de les bien suivre.

Ce que je viens de dire pour les choses, je pourrais le dire aussi pour les hommes; ce ne sont pas eux qui manquent et j'en ai trouvé, même dans ma spécialité, beaucoup plus que je ne le pensais.

Pour n'en citer que quelques-uns, je mentionnerai, par exemple, M. le baron Alexandre de Meyendorff, qui a écrit sur l'agriculture russe un mémoire extrêmement remarquable à plusieurs égards et dont je compte bien tirer un grand profit dans le premier volume que je vais publier dès ma rentrée en France, avant de revenir ici au mois de mai prochain. Je puis affirmer qu'il est impossible d'avoir des vues plus justes et plus pratiques que celle que M. de Meyendorff a exposées dans ledit mémoire, après avoir préalablement consacré à la connaissance intime du pays tout ce que vingt ans d'observation et d'expérience ont pu lui fournir.

Je suis heureux d'avoir l'occasion de payer ici un faible à-compte au tribut de reconnaissance que je dois à M. de Meyendorff pour les efforts qu'il n'a cessé de faire, ainsi que ses deux frères et son cousin le grand écuyer, pour m'aider dans ma tâche. Le nom qu'il porte a d'ailleurs toujours été heureux aux voyageurs, car, si je ne me trompe, M. le baron Haxthausen a dû beaucoup aussi à M. le baron Pierre de Meyendorff, actuellement chef du cabinet de l'Empereur, dont les connaissances profondes, variées et sûres ne peuvent être comparées qu'à sa modestie et à l'affabilité distinguée de son caractère obligeant par goût et bon par nature.

Je dois citer aussi, pour en revenir aux agriculteurs, M. Joltoukine, membre du comité de rédaction pour la grande question qui est à l'ordre du jour, cultivateur praticien et publiciste, avec lequel j'ai été assez heureux pour causer plusieurs fois, avec beaucoup de fruit pour moi, sur notre cher sujet agricole.

Enfin, je dois nommer le grand maître en pratique et en science, M. Jean de Sabouroff, propriétaire à Penza, le Mathieu de Dombasle russe, dont le savoir est aussi étendu que profond, et dont les conseils m'ont déjà été extrêmement précieux.

J'en oublie sans doute encore quelques autres, dont les noms, que je pourrais mentionner à titres divers, me reviendront certainement quand le moment sera venu de payer toutes mes dettes de reconnaissance; mais pour l'instant je voulais seulement établir que s'il s'agissait de réorganiser ou de créer n'importe quelque établissement d'intérêt agricole que ce soit, la Russie possède déjà, sinon un très-grand nombre, au moins suffisamment de très-notables talents propres, et nationaux par excellence, qu'elle pourrait dès à présent utilement consulter et mettre à l'œuvre du jour au lendemain, si elle le voulait.

TABLE DES MATIÈRES.

	PAGES
I. A M^r le Rédacteur en chef du Journal de St.-Pétersbourg	1
II. Le gros bétail. — Manque de Vétérinaires. — La Peripneumonie. — Le Piétin	6
III. Le bétail des steppes et les postes sanitaires. — Défectuosités de la culture du sol russe. — Les instruments de labourage et de hersage. — Le rouleau . . .	15
IV. Du rehersage des céréales	22
V. Les machines à faucher, à faner, à râteler et à moissonner. — D'un établissement pour la construction et l'épreuve des machines agricoles perfectionnées à bon marché	29
VI. Salaison des foins compromis pour les préserver de la pourriture en cas de pluies continues pendant la fenaison. — Méthode Klappmayer	35
VII. De la coupe des céréales un peu avant leur maturité complète	42
VIII. De l'insuffisance des labours. — Du meilleur emploi de la force des chevaux. — Du mal-emploi des fumiers. — De la destruction des mauvaises herbes . . .	48
IX. Du parcage des moutons avant et après les semailles d'automne	55
X. Inconvénient de la mise en gerbe des céréales alors que les mauvaises herbes ne sont pas sèches . . .	62
XI. Sur le cheval russe	68
XII. De l'état actuel de la médecine vétérinaire . .	76
XIII. De la création d'écoles d'économie rurale . .	82
XIV. Du chaulage des céréales avant les semailles .	90
XV. De la meunerie et des moulins	97
XVI. Des FORCES qui restent IMPRODUCTIVES en Russie .	103
XVII. Des forces improductives de la Russie . . .	110
XVIII. Des machines à moissonner	117
XIX. De la fumure des terres	125
XX. La ferme-école de Kazan	132
XXI. Des fumiers perdus. — Du rehersage des prairies. — Des foins salés. — De la peste du gros bétail ou *tchouma*. — De la fabrication du cidre. — Ile de Biby-Pétrovna, ou Ile de sable. — Klutchichy. — Matiouchkine. — Tachofska. — Grébéni. — Chelanga . .	142
XXII. Les haras russes et le haras d'Elpatievo . . .	150

		PAGES
XXIII.	Du kwass et du cidre	160
XXIV.	Le topinambour ou poire de terre (земляная груша) .	168
XXV.	Le crédit agricole en espèces et le crédit en nature (cheptel). — Les seigneurs, les paysans et l'agriculture plus productive. — Augmentation et répartition des richesses. — Le prix de l'argent et la rente de la terre	175
XXVI.	De l'exploitation rationnelle d'un domaine de 7,500 déciatines dans le gouvernement de Vladimir . .	187
XXVII.	Dito Dito (Deuxième article)	194
XXVIII.	Dito Dito (Troisième article)	201
XXIX.	Dito Dito (Quatrième article)	210
XXX.	Les industries agricoles. — Féculerie et amidonnerie	219
XXXI.	L'ignorance du propriétaire en matière agricole. — L'absentéisme. — Le spécifique	226
XXXII.	La culture et l'industrie du lin	234
XXXIII.	La ferme-école de la société d'agriculture de Moscou .	244
XXXIV.	L'agriculture à la ville. — Prix du topinambour sur le marché de Moscou	252
XXXV.	Encore la ferme de la Société d'agriculture de Moscou. — A propos de mon itinéraire pour l'année prochaine. — Le musée des industries nationales russes de Mr Kokhorew. — Matières fertilisantes perdues aux abattoirs de Moscou	260
XXXVI.	Des plantes qu'il conviendrait le plus d'acclimater ou de propager en Russie. — Céréales . . .	266
XXXVII.	Moyen à employer contre la mortalité du bétail russe. — Vétérinaires cantonaux par cotisation et par abonnement	274
XXXVIII.	Les plantes dont il conviendrait d'importer ou de propager la culture. — Les plantes fourragères . .	283
XXXIX.	Des plantes dont il conviendrait d'importer ou de propager la culture. — Plantes oléifères, filamenteuses et économiques	291
XL.	Encore les vétérinaires. — Les bourreliers. — Des avantages que la Russie offre aux occidentaux . .	297
XLI.	La société et l'école d'agriculture de Moscou . .	303
XLII.	La ferme, la société et l'école d'agriculture de Moscou. — L'inoculation. — La luzerne	311
XLIII.	L'école d'agriculture des apanages	316

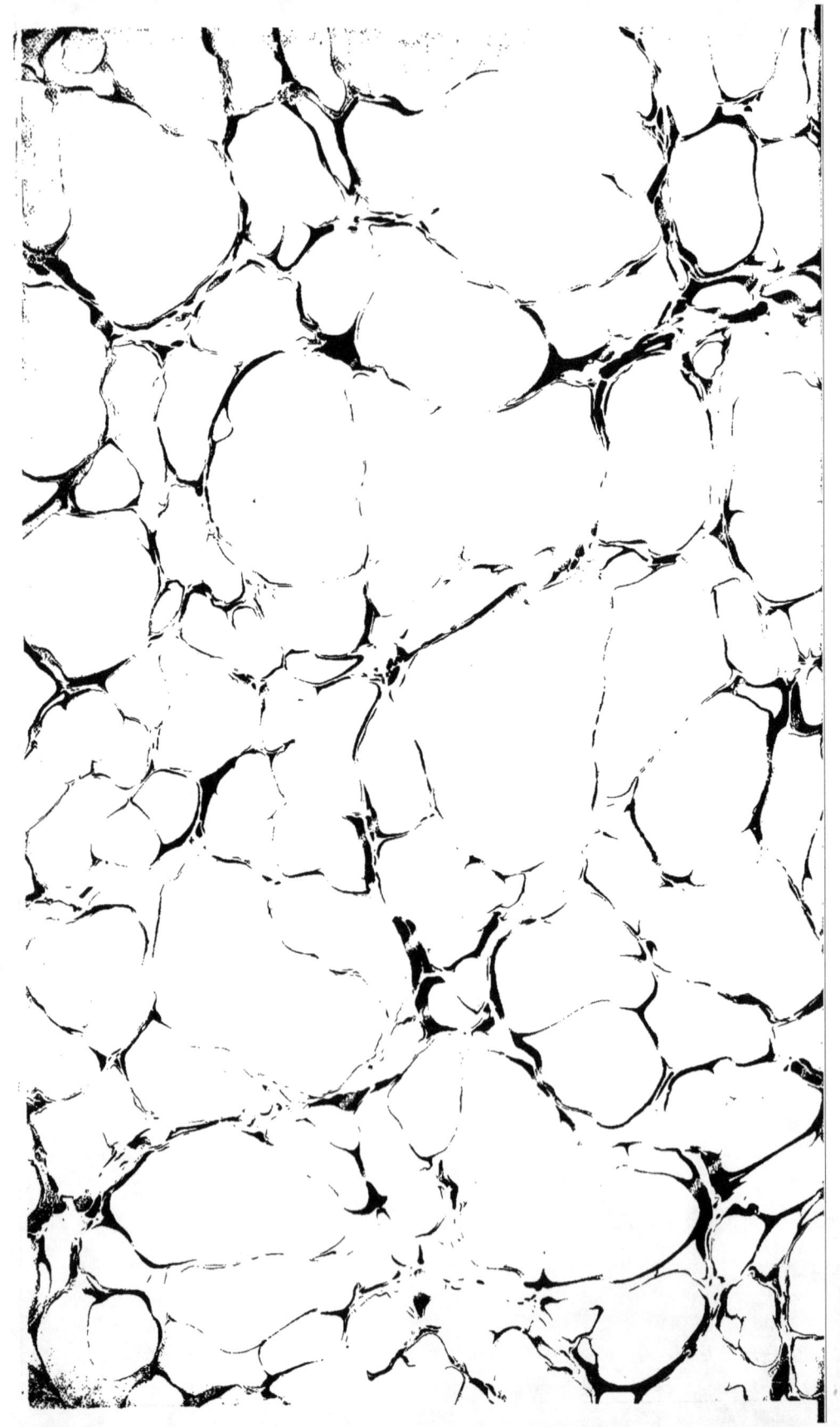

www.ingramcontent.com/pod-product-compliance
Lightning Source LLC
Chambersburg PA
CBHW072009150426
43194CB00008B/1048

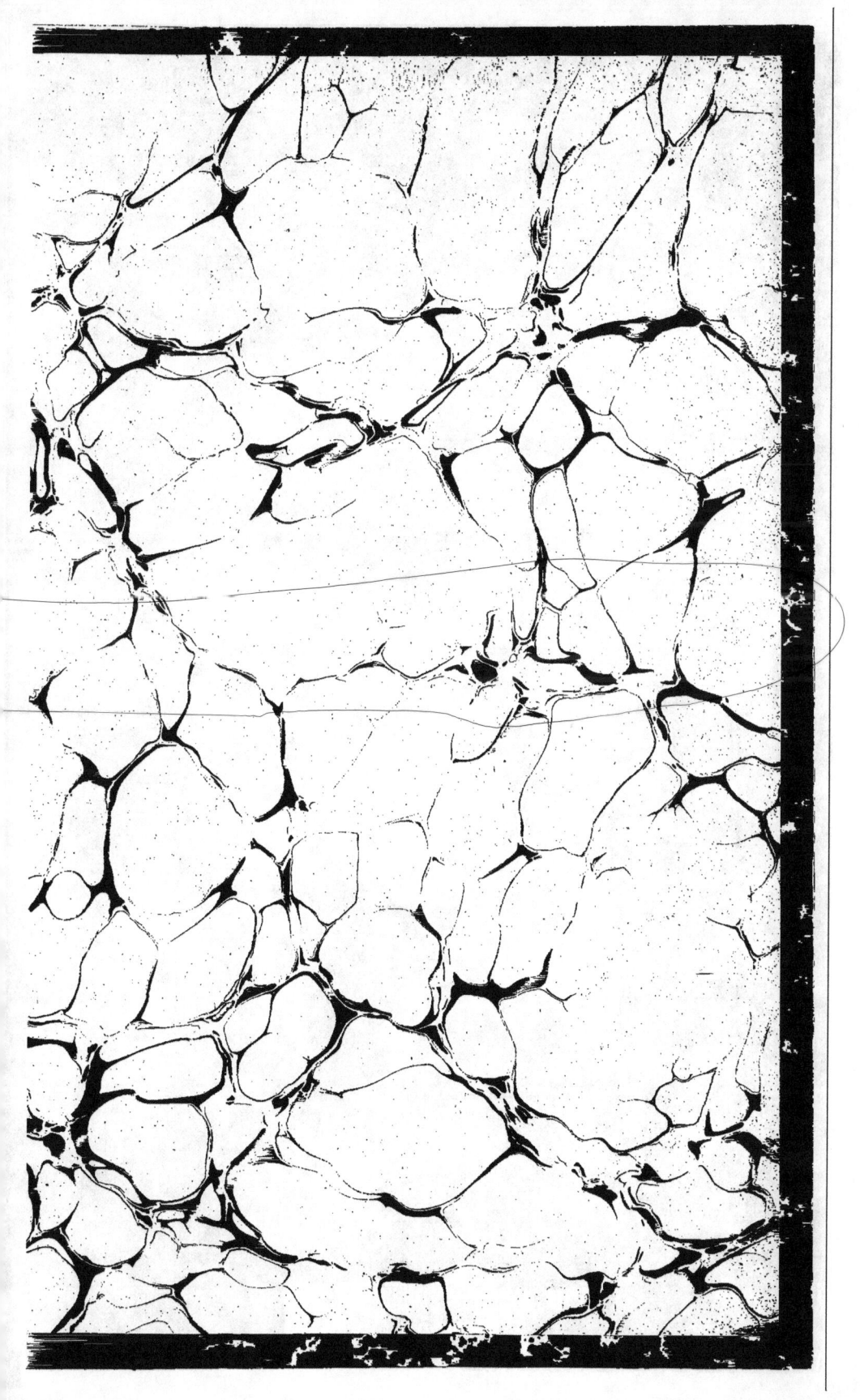

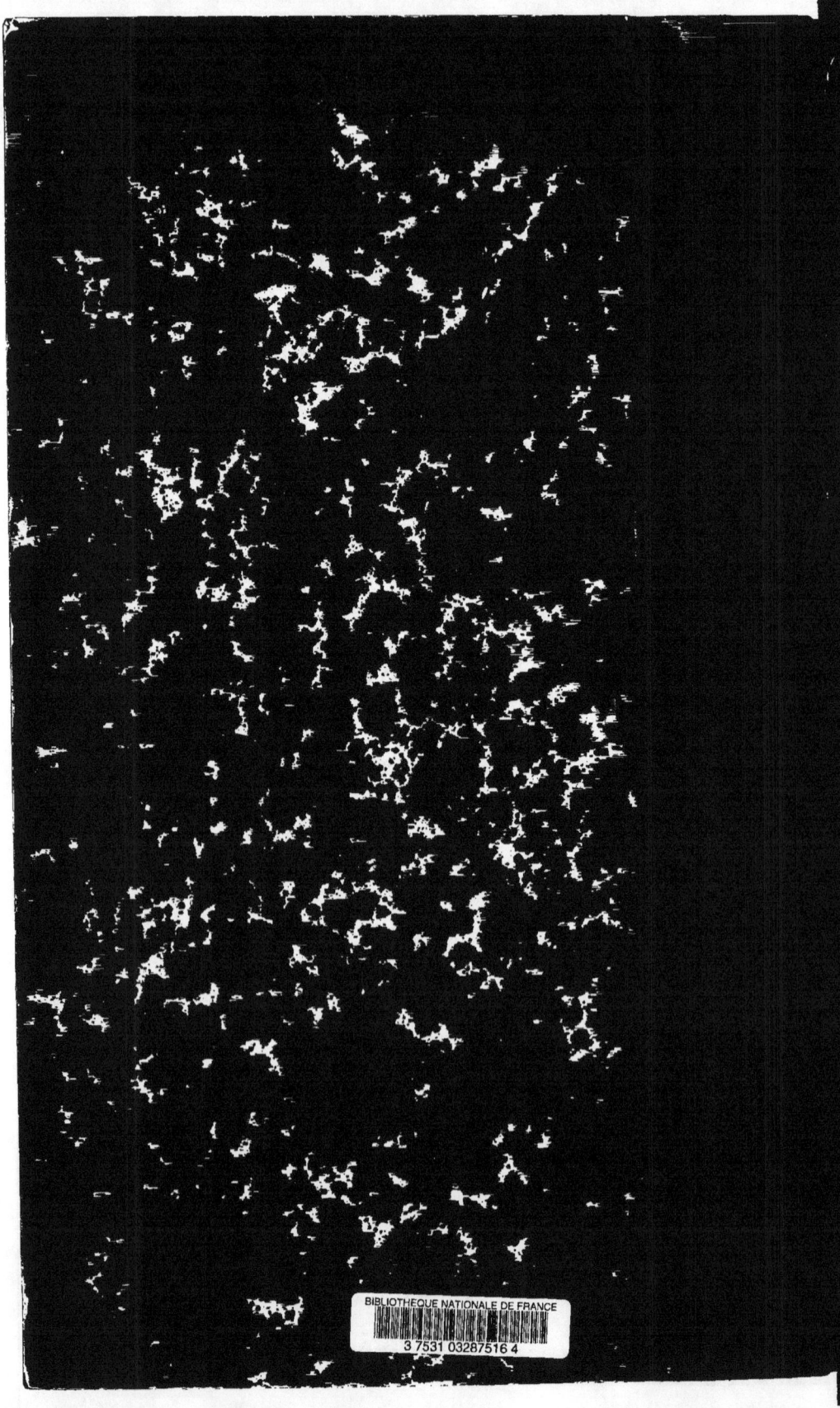

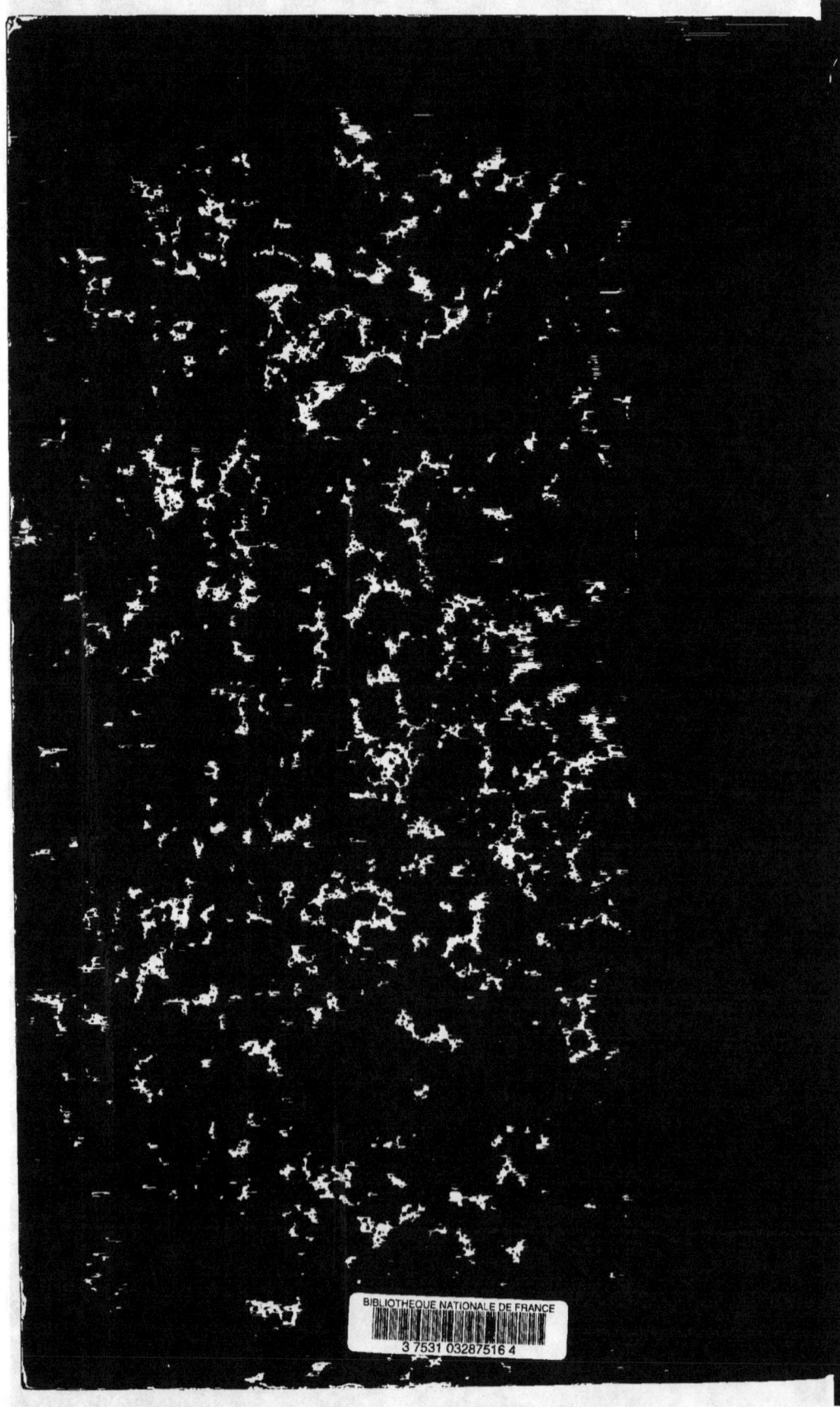